21 世纪全国高职高专电子信息系列技能型规划教材

基于汇编语言的单片机仿真教程与实训

主　编　张秀国

副主编　刘玉洁

内 容 简 介

本书以可视化的嵌入式应用系统仿真软件Proteus ISIS和单片机汇编语言开发平台Keil μ vision4为基础，结合高职高专的教学特点，从实用角度出发，较详细地介绍了51系列单片机汇编语言程序设计方法。

本书共分6章，以项目为导向，内容包括单片机应用开发工具、单片机汇编语言程序设计、显示器与键盘、中断系统与定时器/计数器、串行口通信技术、小型应用系统编程实例。另外，51系列单片机的组成原理、存储结构、寻址方式、指令系统等方面的基本知识，以附录形式体现，以便读者查阅。

本书秉持“好教好学”原则，项目难易程度适中，例题丰富，例程翔实，便于多媒体教学，可作为高职高专电子信息工程技术、计算机技术、机电一体化、数控技术、电气自动化等专业的教材，也可供从事单片机应用系统研发的工程技术人员参考。

图书在版编目(CIP)数据

基于汇编语言的单片机仿真教程与实训/张秀国主编. —北京：北京大学出版社，2011.8

(21世纪全国高职高专电子信息系列技能型规划教材)

ISBN 978-7-301-19302-0

I. ①基… II. ①张… III. ①汇编语言—程序设计—高等职业教育—教材②单片微型计算机—系统仿真—高等职业教育—教材 IV. ①TP313②TP368.1

中国版本图书馆CIP数据核字(2011)第155015号

书　　名：基于汇编语言的单片机仿真教程与实训

著作责任者：张秀国　主编

责 任 编 辑：刘　丽

标 准 书 号：ISBN 978-7-301-19302-0/TP・1176

出 版 者：北京大学出版社

地　　址：北京市海淀区成府路205号　100871

网　　址：http://www.pup.cn　http://www.pup6.com

电　　话：邮购部62752015　发行部62750672　编辑部62750667　出版部62754962

电 子 邮 箱：pup_6@163.com

印 刷 者：河北滦县鑫华书刊印刷厂

发 行 者：北京大学出版社

经 销 者：新华书店

787mm×1092mm　16开本　16.75印张　387千字

2011年8月第1版　2011年8月第1次印刷

定　　价：32.00元

前　言

近年来单片机产品市场不断涌现出功能各异的新品，但其中许多仍以8051为内核。本书以可视化的嵌入式应用系统开发软件Proteus ISIS和Keil μ vision4为平台，根据高职高专的教学特点，从实用角度出发，较详细地介绍了80C51系列单片机应用技术。

1. 本书背景

传统单片机教材，均以单片机结构为主线，按单片机的内部结构、指令系统、软件编程、中断系统、外围设备接口电路、应用系统的顺序展开论述，理论性强。根据高职高专课程改革要求，本书以单片机应用技术为主线，以项目为导向，将相关的知识和技能融入实例演练中，从而实现做中学、学中做的教学理念。

2. 本书内容

第1章 单片机应用开发工具。以项目为载体，简单介绍Keil μ vision4和Proteus ISIS软件的使用方法。

第2章 单片机汇编语言程序设计。通过例题详细介绍了简单程序、分支程序、循环程序、子程序设计与堆栈技术的汇编语言程序设计方法。

第3章 显示器与键盘。以项目为导向，由项目引入单片机系统中常用的显示器与键盘，如LED数码管、LED点阵、字符型LCD、非编码键盘、编码键盘等的相关知识与汇编语言编程方法。

第4章 中断系统与定时器/计数器。重点介绍中断相关的特殊功能寄存器在外部中断、定时器/计数器中断中的应用。

第5章 串行口通信技术。重点介绍51系列单片机的串行口及其通信应用。

第6章 小型应用系统编程实例。通过实例介绍51系列单片机小型应用系统的编程方法及常用外围芯片(如DS18B20、DS1302、ADC0809等)的使用方法。

51系列单片机的组成原理、存储结构、寻址方式、指令系统等方面的基本知识，以附录形式体现，以便读者查阅。

3. 本书特点

(1) 学习内容难易适中，符合高职高专的教学要求。

(2) 重视开发工具应用，便于实现教、学、做一体化。

(3) 每章以项目为驱动，引导教与学，通过精心选择项目，力求实现好教好学。

(4) 例题可操作性强，内容阐述丰富翔实，每一例题均配备流程图和完整源程序。

(5) 单片机系统结构和指令系统的相关理论知识融入实例进行讲解，同时以附录形式展示知识的完整性和系统性。

4．本书教学

本书参考教学时间为 72～108 学时(含实训)，具体安排如下：第 1 章 8 学时，第 2 章 26～32 学时，第 3 章 16～24 学时，第 4 章 14～18 学时，第 5 章 8～10 学时，第 6 章 16 学时。第 6 章建议教师可根据学生具体情况对学时进行适当增减。

本书配有电子教案方便教师备课和教学，欢迎任课教师和读者通过北京大学出版社第六事业部网站下载，网址是 http://www.pup6.com。

本书由珠海城市职业技术学院张秀国任主编，珠海城市职业技术学院刘玉洁任副主编。其中张秀国负责本书的总体策划和统稿，并编写第 1、2、5、6 章，刘玉洁编写第 3、4 章，并协助完成统稿工作。

由于编写时间仓促，编者水平有限，疏漏之处在所难免，恳请广大专家和读者对本书提出批评与建议。

编　者

2011 年 5 月

目　　录

第1章

单片机应用开发工具

教学提示

通过“二-十六进制数转换器”的仿真设计，简要介绍单片机应用仿真开发工具软件Keil、Proteus及两者配合使用的方法。Keil主要用于单片机源程序的编辑、编译、连接以及调试；Proteus主要用于单片机硬件电路的设计(包括原理图和PCB图)以及单片机应用系统的软硬件联合仿真调试。

教学要求

掌握使用Keil编调汇编程序的方法；掌握使用Proteus仿真运行单片机应用系统的方法；了解单片机的组成原理。

项目一　二-十六进制数转换器

项目目的

通过“二-十六进制数转换器”的仿真设计，掌握单片机应用仿真开发工具软件 Keil、Proteus 及两者配合使用的方法，熟悉单片机应用系统开发流程，了解什么是单片机以及单片机的组成原理。

项目要求

(1) 在 Keil μ Vision4 中完成给定程序的录入、调试和编译，产生 HEX 文件。

(2) 通过 Proteus ISIS 7，将 HEX 文件装入单片机中，并仿真运行。

项目引入

1. 二-十六进制数转换器的功能

二-十六进制数转换器的功能见表 1-1。

表 1-1　二-十六进制数转换器的功能

开关状态				指示灯状态				数码管显示	开关状态				指示灯状态				数码管显示
S4	S3	S2	S1	D4	D3	D2	D1		S4	S3	S2	S1	D4	D3	D2	D1	
0	0	0	0	0	0	0	0	0	1	0	0	0	1	0	0	0	8
0	0	0	1	0	0	0	1	1	1	0	0	1	1	0	0	1	9
0	0	1	0	0	0	1	0	2	1	0	1	0	1	0	1	0	A
0	0	1	1	0	0	1	1	3	1	0	1	1	1	0	1	1	b
0	1	0	0	0	1	0	0	4	1	1	0	0	1	1	0	0	C
0	1	0	1	0	1	0	1	5	1	1	0	1	1	1	0	1	d
0	1	1	0	0	1	1	0	6	1	1	1	0	1	1	1	0	E
0	1	1	1	0	1	1	1	7	1	1	1	1	1	1	1	1	F

开关状态：1 表示打开，0 表示闭合；指示灯状态：1 表示亮，0 表示灭。开关(S4、S3、S2、S1)状态与指示灯(D4、D3、D2、D1)状态一一对应，构成 4 位二进制数。数码管用于显示开关所设定的 4 位二进制数所对应的十六进制数。

2. 二-十六进制数转换器的硬件电路

二-十六进制数转换器的硬件电路如图 1.1 所示，包括单片机、时钟电路、复位电路、显示电路和键盘电路，元器件清单见表 1-2。

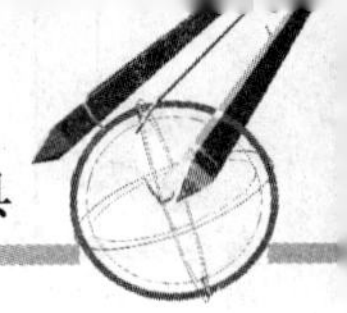

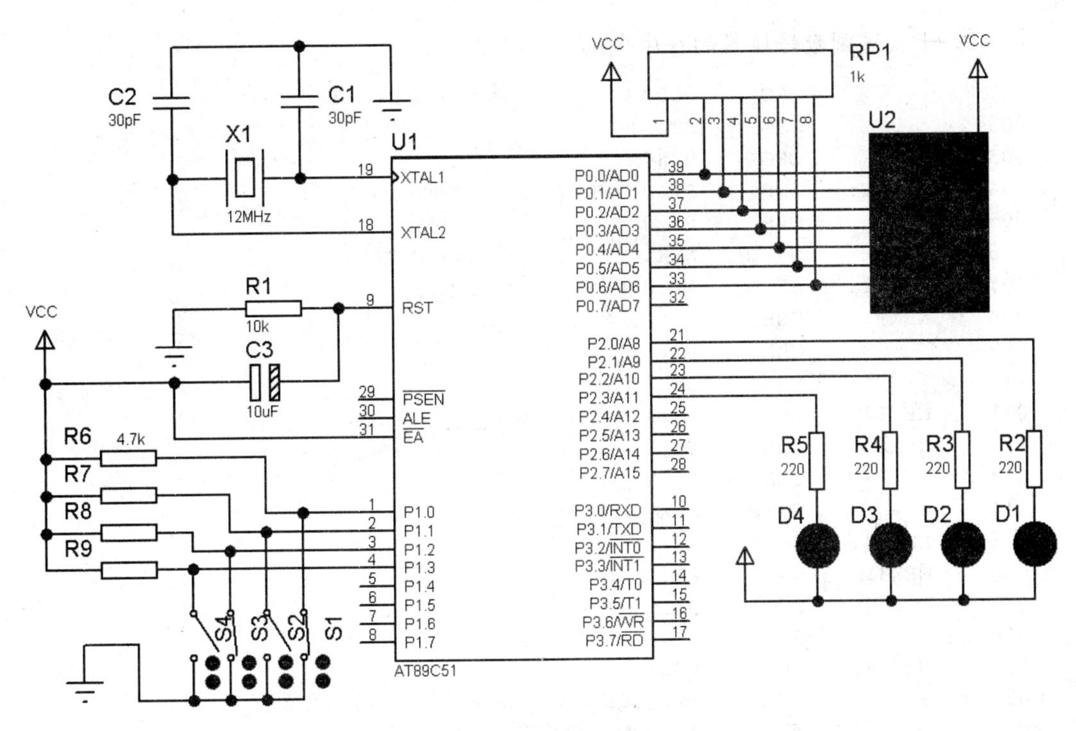

图 1.1　二-十六进制数转换器的硬件电路

表 1-2　二-十六进制数转换器的元器件清单

元器件名称	电路中标号	参　　数	数　　量	Proteus 中的名称
单片机芯片	U1	AT89C51	1	AT89C51
晶体振荡器	X1	12MHz	1	CRYSTAL
瓷片电容	C1，C2	30pF	2	CAP
电解电容	C3	10μF	1	CAP-ELEC
电阻	R1	10kΩ	1	RES
	R2，R3，R4，R5	220Ω	4	
	R6，R7，R8，R9	4.7kΩ	4	
排阻	RP1	1kΩ×7	1	RESPACK-7
数码管	U2	7 段 LED	1	7SEG-COM-ANODE
红色 LED 灯	D1，D2，D3，D4		4	LED-RED
单刀单掷开关	S1，S2，S3，S4		4	SWITCH

单片机选用 AT89C51(U1)，$\overline{EA}$ 接+5V 电源，表示程序装在单片机片内 ROM 中。时钟电路由一个 12MHz 晶振(X1)和两个 30pF 瓷片电容(C1、C2)组成；复位电路采用上电自动复位方式，由一个 10kΩ电阻(R1)和一个 10μF 电解电容(C3)组成；显示电路采用静态显示方式，由一个共阳极数码管(U2)、一个带公共端的 7 路排阻(RP1)、4 个 220Ω电阻(R2～R5)和 4 个 LED 灯(D1～D4)组成；键盘电路采用独立键盘方式，由 4 个 4.7kΩ电阻(R6～R9)和 4 个单刀单掷开关(S1～S4)组成。

3. 二-十六进制数转换器的程序代码

```
001              ORG     0000H
002              LJMP    START
003              ORG     0030H
004   START:     JNB     P1.0, NEXT1          ;判断S1是否按下
005              CLR     P2.0                 ;点亮D1
006              SJMP    NEX1                 ;转入NEX1
007   NEXT1:     SETB    P2.0                 ;熄灭D1
008   NEX1:      JNB     P1.1, NEXT2
009              CLR     P2.1
010              SJMP    NEX2
011   NEXT2:     SETB    P2.1
012   NEX2:      JNB     P1.2, NEXT3
013              CLR     P2.2
014              SJMP    NEX3
015   NEXT3:     SETB    P2.2
016   NEX3:      JNB     P1.3, NEXT4
017              CLR     P2.3
018              SJMP    S1
019   NEXT4:     SETB    P2.3
020   S1:        MOV     P1, #0FFH            ;读入P1口引脚信号值
021              MOV     A, P1
022              ANL     A, #0FH              ;读取P1口低4位值
023              MOV     DPTR, #TABLE         ;指针指向表头地址
024              MOVC    A, @A+DPTR           ;查表取得段码,送A存储
025              MOV     P0, A                ;段码送数码管显示
026              LJMP    START                ;跳转回START
027   TABLE:     DB      0C0H, 0F9H, 0A4H, 0B0H, 99H, 92H, 82H, 0F8H;段码表
028              DB      80H, 90H, 088H, 03H, 046H, 021H, 06H, 8EH
029              END
```

项目分析

(1) 在 Proteus ISIS 中，如何选择、放置对象？

(2) 在 Keil μVision4 中，如何生成 HEX 文件？

(3) 如何将 HEX 文件装入单片机中？

相关知识

1.1 单片机应用开发工具 Keil A51

Keil μVision4 是 Keil Software 公司最新推出的嵌入式芯片应用软件开发工具包，其内含的 A51 编译器采用 Windows 界面的集成开发环境(IDE)，可以完成 51 系列兼容单片机汇编语言软件的编辑、编译、连接、调试、仿真等整个开发流程，是单片机汇编语言软件开发的理想工具。

正确安装后，单击计算机桌面上的 Keil μ Vision4 运行图标，即可进入 Keil μ Vision4 IDE，如图 1.2 所示。与其他常用的窗口软件一样，Keil μ Vision4 IDE 设置有菜单栏、可以快速选择命令的按钮工具栏、一些源代码文件窗口、对话窗口、信息显示窗口。

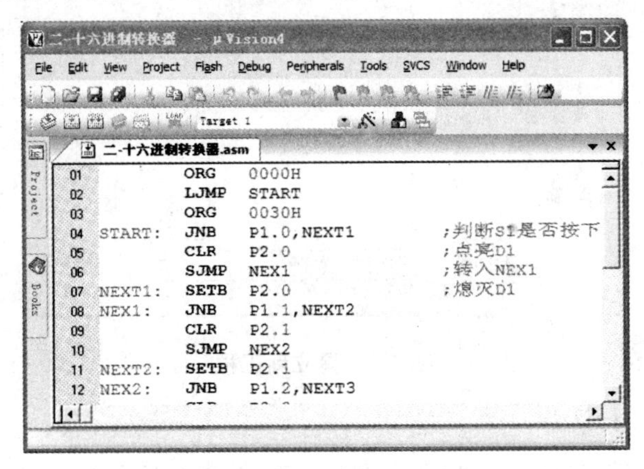

图 1.2　Keil μ Vision4 集成开发环境

1.1.1　工程的创建

熟悉 Keil μ Vision4 IDE 后，即可录入、编辑、调试、修改单片机汇编语言应用程序，具体包括以下步骤。

(1) 创建一个工程，从设备库中选择目标设备(CPU)，设置工程选项。

(2) 用汇编语言创建源程序。

(3) 将源程序添加到工程管理器中。

(4) 编译、链接源程序，并修改源程序中的错误。

(5) 生成可执行代码。

1. 建立工程

51 系列单片机种类繁多，不同种类的 CPU 特性不完全相同，在单片机应用项目的开发设计中，必须指定单片机的种类；指定对源程序的编译、链接参数；指定调试方式；指定列表文件的格式等。因此，在 Keil μ Vision4 IDE 中，使用工程的方法进行文件管理，即将汇编语言源程序、说明性的技术文档等都放置在一个工程里，只能对工程而不能对单一文件进行编译、链接等操作。

启动 Keil μ Vision4 IDE 后，μ Vision4 总是打开用户上一次处理的工程，要关闭它可以执行菜单命令 Project→Close Project。建立新工程可以通过执行菜单命令 Project→New μ Vision4 Project 来实现，此时将打开如图 1.3 所示的 Create New Project 对话框。

在此，需要做以下工作。

(1) 文件名：为新建的工程取一个名字，如“二-十六进制数转换器”。

(2) 保存类型：选择默认值。

(3) 保存在：选择新建工程存放的目录。建议为每个工程单独建立一个目录，并将工程中需要的所有文件都存放在这个目录下。

在完成上述工作后，单击“保存”按钮返回。

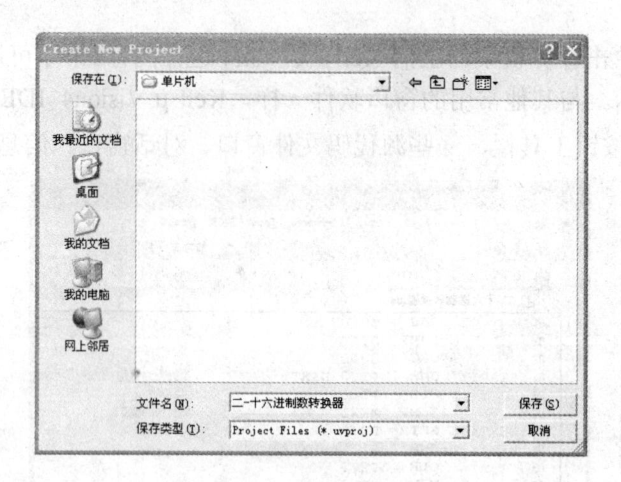

图 1.3　建立新工程

2. 为工程选择目标设备

在工程建立完毕后，μ Vision4 会立即打开如图 1.4 所示的 Select Device for Target ‘Target 1’对话框。列表框中列出了μ Vision4 支持的以生产厂家分组的所有型号的 51 系列单片机。项目一中单片机选择的是 Atmel 公司生产的 AT89C51。

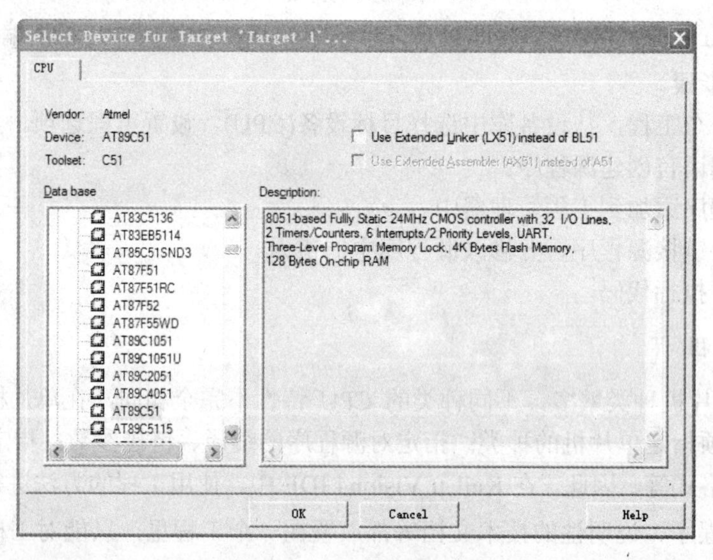

图 1.4　选择目标设备

单击 OK 按钮后，μ Vision4 会立即弹出如图 1.5 所示的提示对话框，询问是否将标准 8051 启动代码文件 STARTUP.A51 添加到所建工程中，一般单击“否”按钮。

图 1.5　选择目标设备

另外，如果在选择完目标设备后想重新改变目标设备，可以执行菜单命令 Project→Select Device for，在随后出现的“目标设备选择”对话框中重新加以选择。由于不同厂家许多型号的单片机性能相同或相近，因此，如果所需的目标设备型号在μ Vision4 中找不到，可以选择其他公司生产的相近型号。

3. 建立/编辑汇编语言源程序文件

到此，已经建立了一个空白的工程 Target 1，如图 1.6 所示，并为工程选择好了目标设备，但是这个工程中没有任何程序文件。程序文件的添加必须人工进行，如果程序文件在添加前还没有创建，必须先创建它。

1) 建立程序文件

执行菜单命令 File→New，打开名为 Text1 的新文件窗口(如果多次执行菜单命令 File→New，则会依次出现 Text2、Text3 等多个新文件窗口)。Text1 仅仅是一个文件框架，还需要将其保存起来，并正式命名。

执行菜单命令 File→Save As，打开如图 1.7 所示的对话框，在“文件名”文本框中输入文件的正式名称，如“二-十六进制数转换器. asm”。注意，文件后缀. asm 不能省略，因为μ Vision4 要根据文件后缀判断文件的类型，从而自动进行处理。另外，文件要与其所属的工程保存在同一个目录中，否则容易导致工程管理混乱。

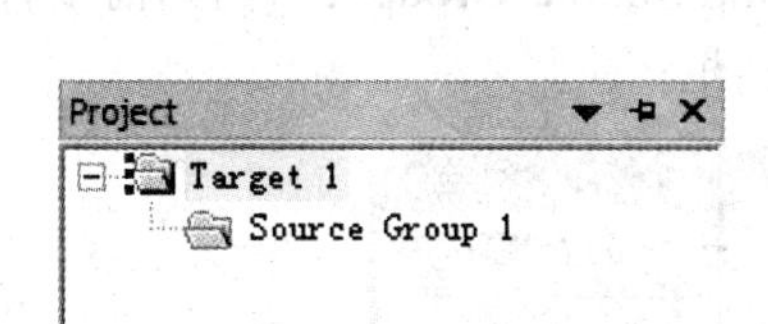

图 1.6　只有目标设备的空白工程

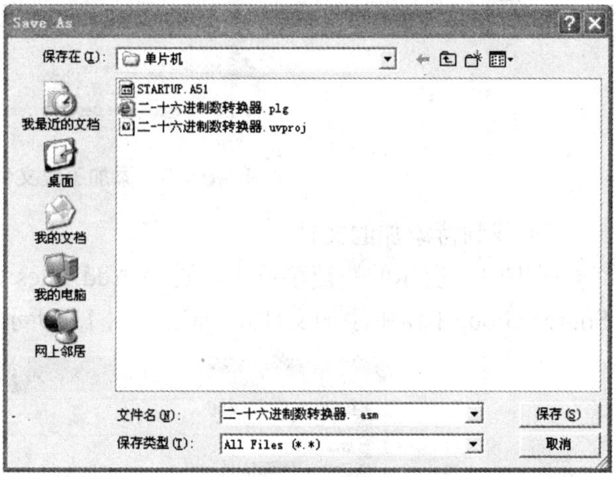

图 1.7　命名并保存新建文件

单击“保存”按钮返回，可见“Text1”已变成“二-十六进制数转换器. asm”。

2) 录入、编辑程序文件

至此，已建立了一个名为“二-十六进制数转换器. asm”的空白汇编语言程序文件，要让其起作用，还必须录入、编辑程序代码。μ Vision4 与其他文本编辑器类似，同样具有输入、删除、选择、复制、粘贴等基本的文本编辑功能。

动手练习

请将项目一“二-十六进制数转换器”的程序代码输入到汇编语言程序文件“二-十六进制数转换器. asm”中。

3) 保存文件

执行菜单命令 File→Save 可以保存当前文件。

4. *为工程添加文件*

至此，已经分别建立了一个工程“二-十六进制数转换器”和一个汇编语言源程序文件“二-十六进制数转换器. asm”，除了存放目录一致外，它们之间还没有建立任何关系。可以通过以下步骤将程序文件添加到工程中。

1) 提出添加文件要求

在图 1.6 所示的空白工程中，右击 Source Group 1，弹出如图 1.8 所示的快捷菜单。

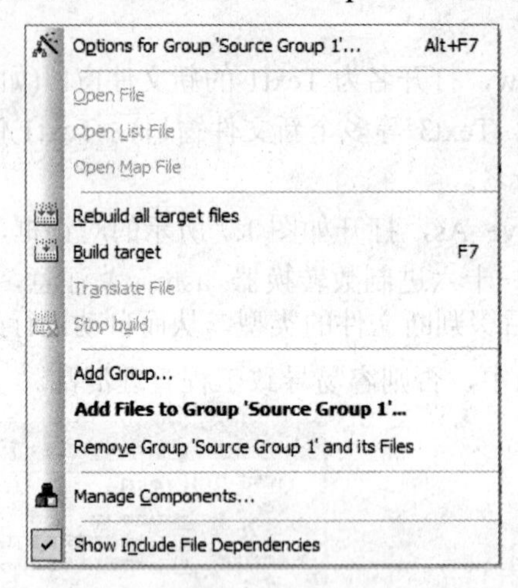

图 1.8　添加工程文件快捷菜单

2) 找到待添加的文件

在图 1.8 所示的快捷菜单中，选择 Add Files to Group‘Source Group 1’(向当前工程的 Source Group 1 组中添加文件)，弹出如图 1.9 所示的对话框。

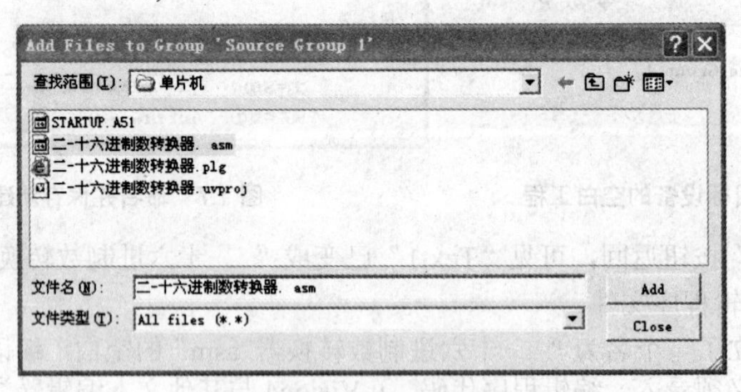

图 1.9　选择要添加的文件

3) 添加

在图 1.9 所示的对话框中，将“文件类型”设置为“All Files(*.*)”，μVision4 给出当前文件夹下所有文件的列表，选择“二-十六进制数转换器. asm”文件，单击 Add 按钮(注意，单击一次就可以了)，然后再单击 Close 按钮关闭窗口，将程序文件“二-十六进制数转换器. asm”添加到当前工程的 Source Group 1 中，如图 1.10 所示。

另外，在μ Vision4 中，除了可以向当前工程的组中添加文件外，还可以向当前工程添加组，方法是在图 1.6 或图 1.10 中右击 Target 1，在弹出的快捷菜单(图 1.8 所示)中选择 Add Group 选项，就会在 Target 1 下出现一个名为“New Group”的组，如图 1.11 所示。

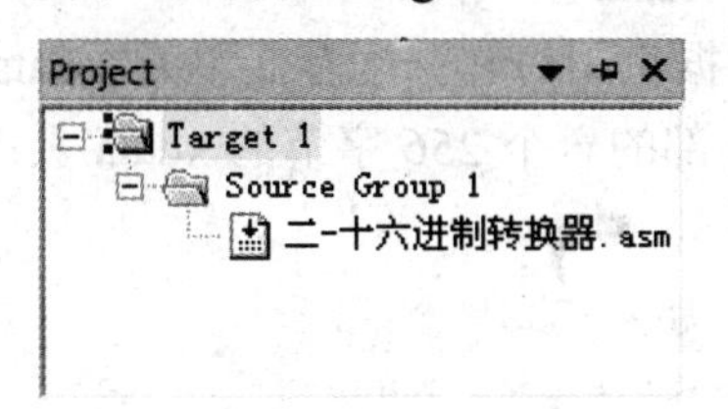

图 1.10　添加文件后的工程

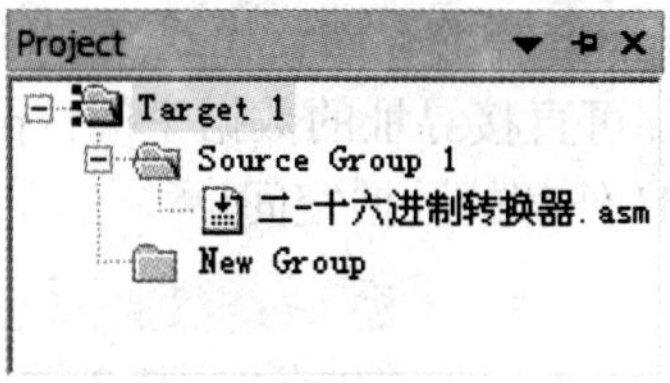

图 1.11　添加组后的工程

4) 删除已存在的文件或组

如果想删除已经加入的文件或组，可以在图 1.11 所示的对话框中，右击该文件或组，在弹出的快捷菜单中选择 Remove File 或 Remove Group 选项，即可将文件或组从工程中删除。值得注意的是，这种删除属于逻辑删除，被删除的文件仍旧保留在磁盘上的原目录下，如果需要，还可以再将其添加到工程中。

1.1.2　工程的设置

在工程建立后，还需要对工程进行设置。工程的设置分为软件设置和硬件设置。硬件设置主要针对仿真器，用于硬件仿真时使用；软件设置主要用于程序的编译、链接及仿真调试。由于本书未涉及硬件仿真器，因此这里将重点介绍工程的软件设置。

在μ Vision4 的工程管理器(Project，如图 1.11 所示)中，右击工程名 Target 1，弹出如图 1.12 所示的快捷菜单。选择菜单上的 Options for Target ‘Target 1’选项后，即打开“工程设置”对话框(图 1.13)。一个工程的设置分成 10 个部分，每个部分又包含若干项目。与后面的学习相关的主要有以下几个部分。

(1) Target：用户最终系统的工作模式设置，决定用户系统的最终框架。

(2) Output：工程输出文件的设置，如是否输出最终的 HEX 文件以及格式设置。

(3) Listing：列表文件的输出格式设置。

(4) A51：有关 A51 编译器的一些设置。

(5) Debug：有关仿真调试的一些设置。

1. Target 设置

在图 1.13 所示的 Target 选项卡中，可以设置的项目主要有以下几个部分。

1) 晶振频率选择 Xtal(MHz)

晶振频率的选择主要是在软件仿真时起作用，μ Vision4 将根据用户输入的频率来决定软件仿真时系统运行的时间和时序。

2) 存储器模式选择(Memory Model)

有 3 种存储器模式可供选择，默认为 Small。

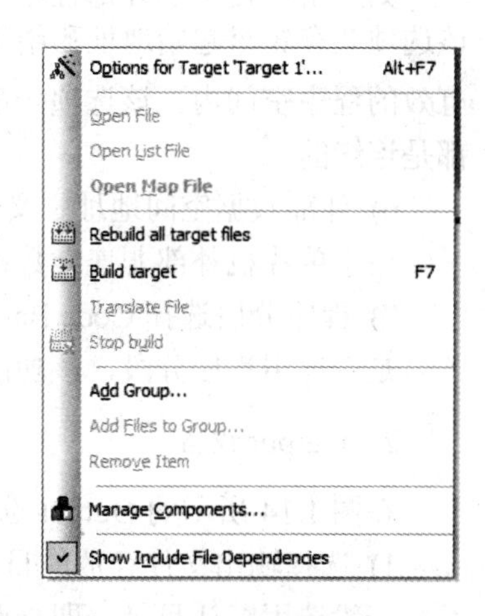

图 1.12 “工程设置”快捷菜单

(1) Small：没有指定存储区域的变量默认存放在 data 区域内。

(2) Compact：没有指定存储区域的变量默认存放在 pdata 区域内。

(3) Large：没有指定存储区域的变量默认存放在 xdata 区域内。

根据所选择的存储器模式，编译器会在相应的数据空间为其分配存储单元。data 表示 CPU 内部可直接寻址的数据空间；pdata 表示 CPU 外部的一个 256 字节的 xdata 页；xdata 表示 CPU 外部的数据空间。

图 1.13　Target 设置

3) 程序空间的选择(Code Rom Size)

有 Small 、Compact 、Large 3 种程序空间可供选择，默认为 Small。

4) 操作系统选择(Operating System)

有 None 、RTX-51 Tiny 、RTX-51 Full 3 种选择，默认为 None(无操作系统)。

5) 外部程序空间地址定义(Off-chip Code memory)

如果用户使用了外部程序空间，但在物理空间上又不是连续的，则需进行该项设置。该选项共有 3 组起始地址和结束地址的输入，μ Vision4 在链接定位时将把程序代码安排在有效的程序空间内。该选项一般只用于外部扩展的程序，因为单片机内部的程序空间多数都是连续的。

6) 外部数据空间地址定义(Off-chip Xdata memory)

用于单片机外部非连续数据空间的定义，设置方法与 5)类似。

7) 程序分段选择 Code Banking

是否选用程序分段，该功能一般用户不会用到。

2. Output 设置

在图 1.14 所示的 Output 选项卡中，需要设置项目主要包括以下几项。

1) 选择输出文件存放的目录(Select Folder for Objects)

一般选用默认目录，即当前工程所在的目录。

2) 输入目标文件的名称(Name of Executable)

默认为当前工程的名称。如果需要，可以修改。

3) 选择生成可执行代码文件(Create HEX File)

该项必须选中。可执行代码文件是最终写入单片机的运行文件，格式为“Intel HEX”，扩展名为“.hex”。值得注意的是，默认情况下该项未被选中。

图 1.14　Output 设置

3. Listing 设置

Listing 设置界面如图 1.15 所示。在源程序编译完成后将产生“*.lst”列表文件，在链接完成后将产生“*.m51”列表文件。该界面主要用于调整编译、链接后生成的列表文件的内容和形式，与汇编程序相关的设置有：Assembler Listing 选项区和 Linker Listing 选项区。

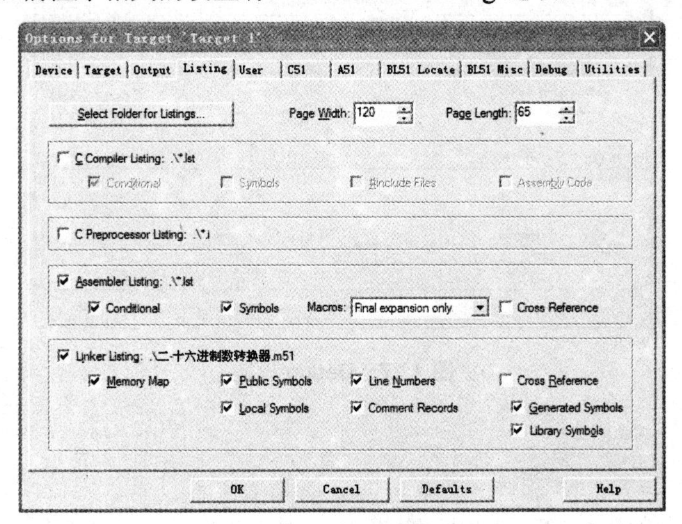

图 1.15　Listing 设置

4. A51 设置

A51 设置界面如图 1.16 所示。对 A51 的设置主要有 Macro processor、Special Function Registers 两项。

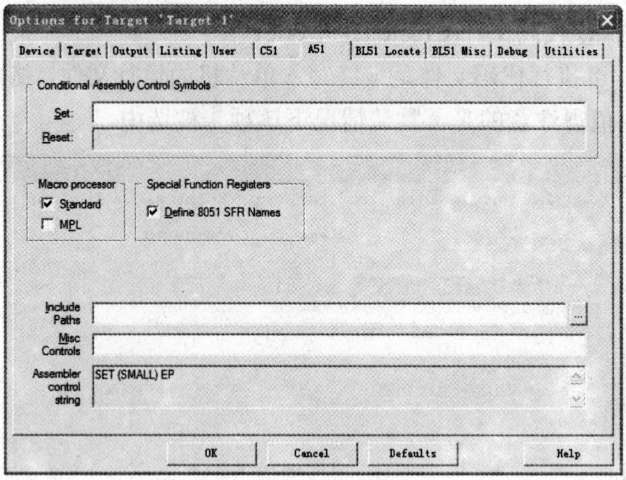

图 1.16　A51 设置

5. Debug 设置

如图 1.17 所示，Debug 设置界面分成两部分：软件仿真设置(左边)和硬件仿真设置(右边)。软件仿真和硬件仿真的设置基本一样，只是硬件仿真设置增加了仿真器参数设置。在此只需选中软件仿真 Use Simulator 单选项，其他选项保持默认设置。

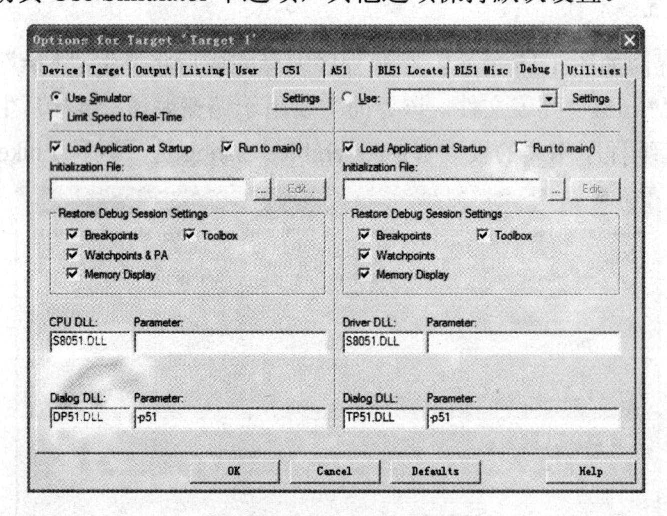

图 1.17　Debug 设置

特别提示

所谓软件仿真，是指使用计算机来模拟程序的运行，用户不需要建立硬件平台，就可以快速地得到某些运行结果。但是在仿真某些依赖于硬件的程序时，软件仿真则无法实现，为此将在 1.2 节介绍单片机硬件仿真开发工具 Proteus ISIS。

1.1.3　工程的调试运行

在 Keil μVision4 IDE 中，源程序编写完毕后还需要编译和链接才能够进行软件和硬件

仿真。在程序的编译/链接中，如果用户程序出现错误，还需要修正错误后重新编译/链接。

1. 程序编译/链接

在图 1.18 中执行菜单命令 Project→Build target，即可完成对汇编语言源程序的编译/链接，并同时弹出图 1.19 所示的 Build Output 对话框，其中给出了编译/链接操作相关信息。如果源程序和工程设置都没有错误，编译、链接就能顺利完成，此时 Build Output 对话框中的最后一行会显示：0 Error(s)，0 Warning(s)。

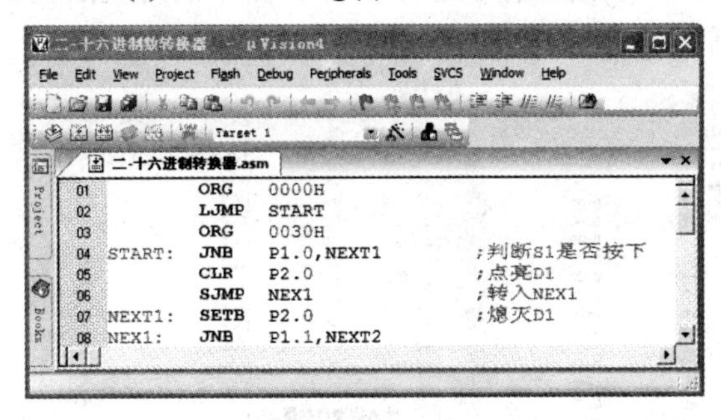

图 1.18　编译/链接

```
Build Output
Build target 'Target 1'
assembling 二-十六进制转换器.asm...
linking...
Program Size: data=8.0 xdata=0 code=116
"二-十六进制数转换器" - 0 Error(s), 0 Warning(s).
```

图 1.19　Build Output 对话框

2. 程序排错

如果源程序有错误，A51 编译器会在编译信息输出对话框 Build Output 中给出错误所在的行、错误代码以及错误的原因。例如，将“二-十六进制数转换器. asm”中第 04 行的 NEXT1 改成 NEST1，再重新编译、链接，结果如图 1.20 所示。

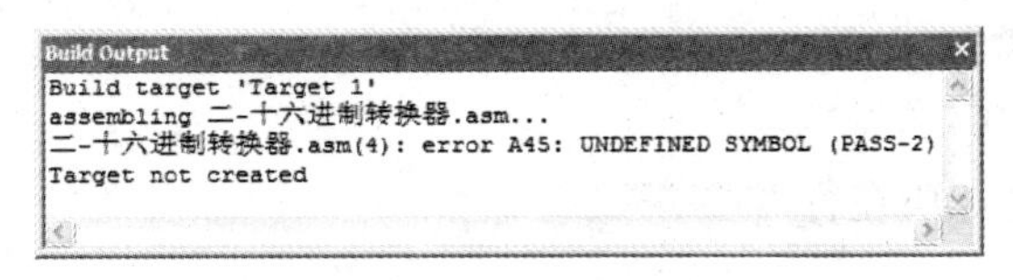

图 1.20　程序有错误时编译/链接的结果

输出信息显示在“二-十六进制数转换器. asm”文件的第(4)行，出现错误类型 A45 的错误，目标代码无法产生。µ Vision4 中有错误定位功能，在 Build Output 对话框用鼠标双击错误提示行，程序文件中的错误所在行的左侧会出现一个箭头标记(图 1.21)，以便于用户排错。

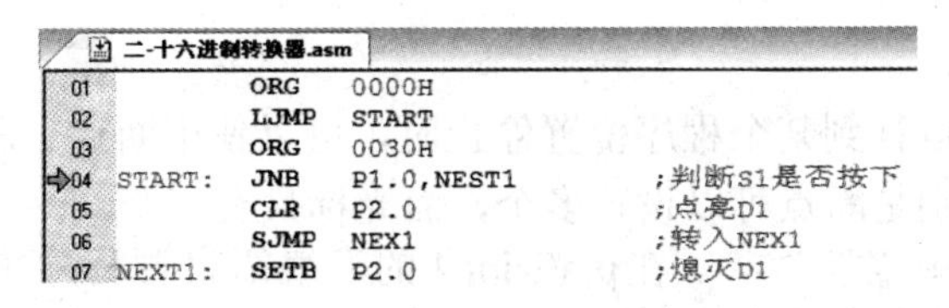

图 1.21　错误行标记

经过排错后，要对源程序重新进行编译和链接，直到编译、链接成功为止。

3. 程序运行

执行 Debug→Start/Stop Debug Session 或单击按钮，便进入软件仿真调试运行模式，同时弹出多个窗口，如图 1.22 所示。图中上部为调试工具条(Debug Toolbar)；下部左侧为寄存器(Register)窗口，用于显示当前工作寄存器组(R0～R7)、常用系统寄存器(A、B、SP、DPTR、PSW 等)的工作状态；下部右侧分别为反汇编窗口(Disassembly，其中箭头所指的行为当前等待运行的程序行)、程序文件窗口。

图 1.22　源程序的软件仿真运行

在 μ Vision4 中，有 5 种程序运行方式：Run、Step、Step Over、Step Out、Run to Cursor line。

(1) 运行。

(2) 运行当前行。

(3) 跳过当前行。

(4) 跳出当前子程序。

(5) 运行到当前光标所在行。

4. 程序复位/停止

在各种程序运行方式下，均可以对 CPU 进行，使程序从头重新开始运行；在 Run 方式下，可以随时终止程序运行。

(1) 程序复位。

(2) 程序终止。

5. 断点操作

当需要程序全速运行到某个程序位置停止时，可以使用断点。断点操作与运行到光标处的作用类似，其区别是断点可以设置多个，而光标只有一个。

(1) 断点设置/清除。在 μ Vision4 的汇编语言源程序窗口中，可以在任何有效位置设置断点或清除已设置断点。

将光标置于欲设置断点的行，单击上述工具按钮，在该行的左侧会出现一个红色的矩形断点标志，如图 1.23 所示。将光标置于含有断点的行，再次单击上述按钮，即可清除断点。

```
二-十六进制转换器.asm*
01            ORG    0000H
02            LJMP   START
03            ORG    0030H
04  START:    JNB    P1.0,NEXT1       ;判断S1是否按下
05            CLR    P2.0             ;点亮D1
06            SJMP   NEX1             ;转入NEX1
07  NEXT1:    SETB   P2.0             ;熄灭D1
08  NEX1:     JNB    P1.1,NEXT2
09            CLR    P2.1
10            SJMP   NEX2
11  NEXT2:    SETB   P2.1
12  NEX2:     JNB    P1.2,NEXT3
13            CLR    P2.2
14            SJMP   NEX3
15  NEXT3:    SETB   P2.2
16  NEX3:     JNB    P1.3,NEXT4
17            CLR    P2.3
18            SJMP   S1
```

图 1.23　断点设置、断点标志与断点清除

(2) 断点有效/无效。通过该工具按钮，可以使某个断点有效或无效。有效断点是红色填充的矩形，无效断点是白色填充的矩形，如图 1.24 所示。

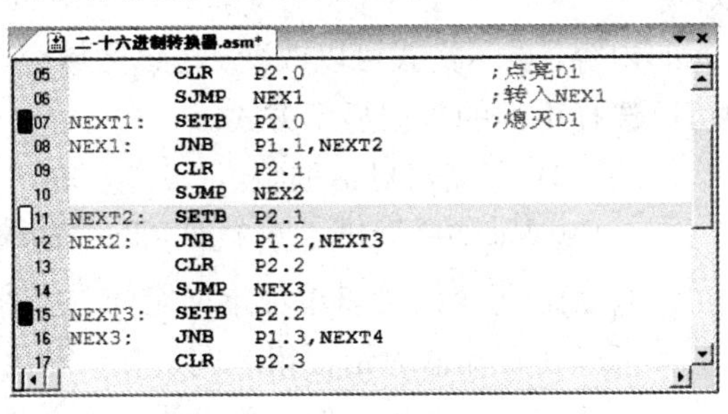

图 1.24　有效断点、无效断点

(3) 使所有断点均无效。

(4) 删除所有断点。

6. 退出软件仿真运行模式

如果想退出μVision4 的软件仿真运行环境，可以再次执行菜单命令 Debug→Start/Stop Debug Session 或单击工具按钮。

1.1.4　存储空间资源的查看和修改

在μVision4 的软件仿真运行环境中，标准 80C51 的所有有效存储空间资源都可以查看和修改。μVision4 把存储空间资源分成以下 4 种类型加以管理。

1. 内部可直接寻址 RAM(类型 data，简称 d)

在μVision4 中，把片内 0～0x7FH 范围内可直接寻址的 RAM 和 0x80～0xFFH 范围内的 SFR(特殊功能寄存器)组合成空间连续的可直接寻址的 data 空间。

data 存储空间可以使用存储器对话框进行查看和修改。

在仿真运行状态下，执行菜单命令 View→Memory Windows 或单击上述“工具”按钮可以打开/关闭存储器对话框，如图 1.25 所示。

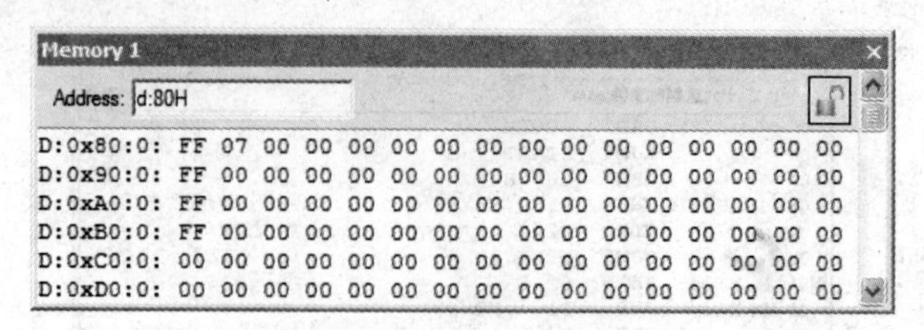

图 1.25　存储器对话框

从存储器对话框中可以看到以下内容。

1) 存储器地址输入栏 Address

用于输入存储空间类型和起始地址。图中，d 表示 data 区域，80H 表示显示起始地址。

2) 存储器地址栏

显示每一行的起始地址，便于观察和修改，如 D:0x80 和 D:0x90 等。data 区域的最大地址为 0xFFH。

3) 存储器数据区域

显示对应的存储单元的内容，显示格式可以改变。在该区域空白处，右击会弹出图 1.26 所示的快捷菜单，从中可以选择不同的数据显示方式。

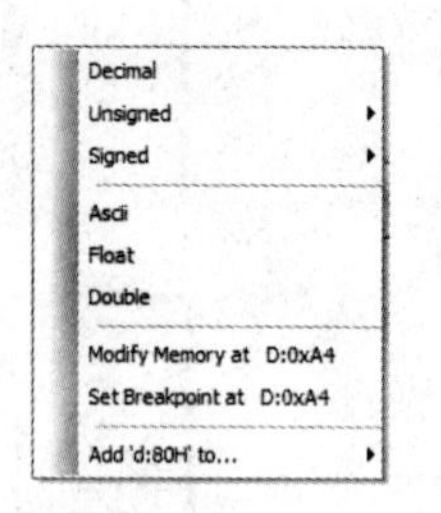

图 1.26　数据显示方式选择

4) 存储器对话框组

μ Vision4 提供了 4 个独立的存储器对话框组(Memory 1、2、3、4)，每个组可以单独定义空间类型和起始地址。选择组标签可以在存储器对话框组之间切换。

在存储器对话框中修改数据非常方便，方法如下。把鼠标指向待修改的数据，右击弹出如图 1.27 所示的快捷菜单。选择 Modify Memory at D:0x83 选项，表示要改动 data 区域 0x83 地址的数据内容。选择后系统会出现输入栏，输入新的数值后单击 OK 按钮返回。需要注意的是，有时改动并不一定能完成。例如，0xFF 位置的内容改动就不能正确完成，因为 80C51 在这个位置没有可操作的单元。

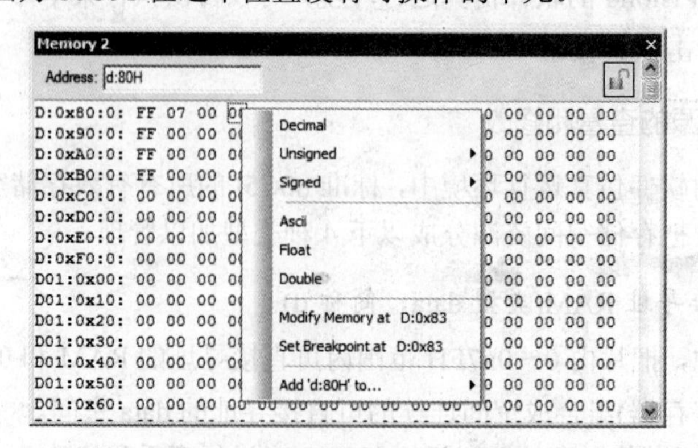

图 1.27　在存储器对话框中修改数据

2. 内部可间接寻址 RAM(类型 idata，简称 i)

在标准 80C51 中，片内 0x00～0x7FH 范围内的 RAM 和 0x80～0xFFH 范围内的 SFR 既可以间接寻址，也可以直接寻址；而 0x80～0xFFH 范围内的 RAM 只能间接寻址。在 μ Vision4 中把它们组合成空间连续的可间接寻址的 idata 空间。

使用存储器对话框同样可以查看和修改 idata 存储空间，操作方法与 data 空间完全相同，只是在“存储器地址输入栏 Address”输入的存储空间类型要变为“i”。例如，要显示、修改起始地址为 0x76 的 idata 数据，只需在“存储器地址输入栏 Address”内输入“i:0x76”。

3. 外部数据空间 XRAM(类型 xdata，简称 x)

在标准 80C5l 中，外部可间接寻址 64KB 地址范围的数据存储器，在 μ Vision4 中把它们组合成空间连续的可间接寻址的 xdata 空间。使用存储器对话框查看和修改 xdata 存储空间的操作方法与 idata 空间完全相同，只是在“存储器地址输入栏 Address”内输入的存储空间类型要变为“x”。

4. 程序空间 code(类型 code，简称 c)

在标准 80C5l 中，程序空间有 64KB 的地址范围。程序存储器的数据按用途不同可分为程序代码(用于程序执行)和程序数据(程序使用的固定参数)。使用存储器对话框查看和修改 code 存储空间的操作方法与 idata 空间完全相同，只是在“存储器地址输入栏 Address”内输入的存储空间类型要变为“c”。

课外阅读

Keil μ Vision4 IDE 功能非常强大，在此仅仅介绍了其中的一部分功能，有兴趣的读者可以参阅有关的专业书籍。

1.2　单片机应用开发工具 Proteus ISIS

Proteus 是 Lab Center Electronics 公司推出的用于仿真单片机及其外围设备的 EDA 工具软件，具有高级原理布图(ISIS)、混合模式仿真(PROSPICE)、PCB 设计以及自动布线(ARES)等功能。Proteus 与 Keil μ Vision4 配合使用，可以在不需要硬件投入的情况下，完成单片机应用系统的仿真开发，从而缩短实际系统的研发周期，降低开发成本。

下面以 Proteus 7 Professional 为例，简要介绍 ISIS 的使用方法。

1.2.1　Proteus ISIS 的用户界面

启动 Proteus ISIS 后，可以看到如图 1.28 所示的 ISIS 用户界面，与其他常用的窗口软件一样，ISIS 设置菜单栏、可以快速执行命令的按钮工具栏和各种各样的窗口(如原理图编辑窗口、原理图预览窗口、元器件选择窗口等)。

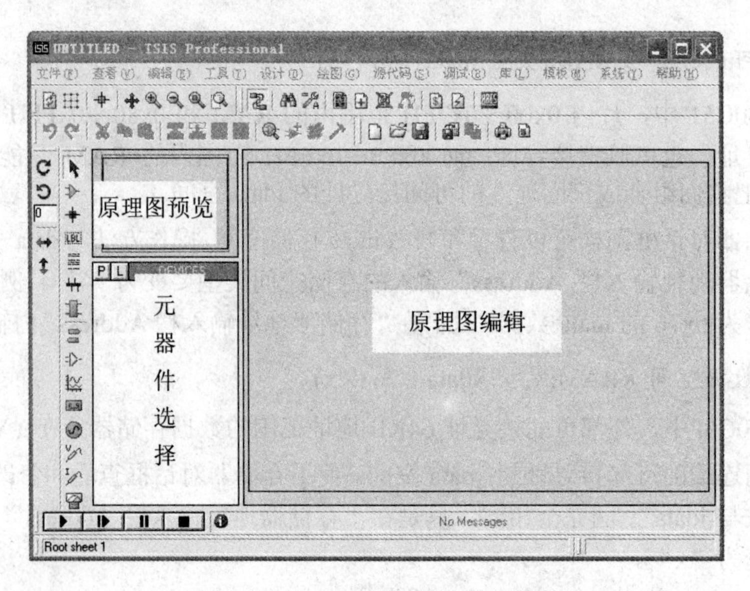

图 1.28　Proteus ISIS 的用户界面

1. 常用工具栏

Proteus ISIS 的常用工具栏有 4 个：File Toolbar、View Toolbar、Edit Toolbar、Design Toolbar。这 4 个工具栏均可以通过执行菜单命令“查看→工具条”关闭或打开。各工具按钮的功能，请读者查看 Proteus ISIS 的帮助文档，在此不再赘述。

1) 文件工具栏(File Toolbar)

从左到右依次是：新建文件(自默认模板)，打开，保存；导入区域，输出区域；打印，标记输出区域。

2) 查看工具栏(View Toolbar)

从左到右依次是：刷新显示，切换网格；切换伪原点；光标居中，放大，缩小，缩放到整图，缩放到区域。

3) 编辑工具栏(Edit Toolbar)

从左到右依次是：撤销，重做；剪切，复制，粘贴；块复制，块移动，块旋转，块删除；从库中选择器件，创建器件，封装工具，分解。

4) 设计工具栏(Design Toolbar)

从左到右依次是：切换自动连线器；搜索选中器件(新)，属性分配工具；设计浏览器，新(根)页面，移除/删除页面，退出到父页面；查看 BOM 报告，查看电气报告；生成网表并传输到 ARES。

2. 模式(Mode)工具箱

除了主菜单和主工具栏外，Proteus ISIS 在用户界面的左侧还提供了一个非常实用的 Mode 工具箱，如图 1.29 所示。正确、熟练地使用它们，对绘制单片机应用系统电路原理图及仿真调试均非常重要。

图 1.29　Mode 工具箱

选择 Mode 工具箱中不同的图标按钮，系统将提供不同的操作工具，并在对象选择窗口中显示不同的内容。从左到右，Mode 工具箱中各图标按钮对应的操作如下。

(1) 选择模式：单击选中对象，双击打开对象属性编辑窗口。

(2) 元件模式：元器件选择。

(3) 结点模式：在原理图中添加连接点。

(4) 连线标号模式：为连线添加网络标号(为线段命名)。

(5) 文字脚本模式：在原理图中添加脚本。

(6) 总线模式：在原理图中绘制总线。

(7) 子电路模式：绘制子电路。

(8) 终端模式：在对象选择窗口列出各种终端(如输入、输出、电源和地等)供选择。

(9) 器件引脚模式：在对象选择窗口列出各种引脚(如普通引脚、时钟引脚、反电压引脚和短接引脚等)供选择。

(10) 图表模式：在对象选择窗口列出各种仿真分析所需的图表(如模拟图表、数字图表、噪声图表、混合图表和 A/C 图表等)供选择。

(11) 录音机模式：当对设计电路分割仿真时采用此模式。

(12) 激励源模式：在对象选择窗口列出各种激励源(如正弦激励源、脉冲激励源、指数激励源和 FILE 激励源等)供选择。

(13) 电压探针模式：在原理图中添加电压探针。电路进入仿真模式时，可显示各探针处的电压值。

(14) 电流探针模式：在原理图中添加电流探针。电路进入仿真模式时，可显示各探针处的电流值。

(15) 虚拟仪器模式：在对象选择窗口列出各种虚拟仪器(如示波器、逻辑分析仪、定时/计数器和模式发生器等)供选择。

(16) 2D 图形直线模式：用于创建元器件或表示图表时绘制线。

(17) 2D 图形框体模式：用于创建元器件或表示图表时绘制方框。

(18) 2D 图形圆形模式：用于创建元器件或表示图表时绘制圆。

(19) 2D 图形弧线模式：用于创建元器件或表示图表时绘制弧线。

(20) 2D 图形闭合路径模式：用于创建元器件或表示图表时绘制任意形状的图标。

(21) 2D 图形文本模式：用于插入各种文字说明。

(22) 2D 图形符号模式：用于选择各种符号元器件。

(23) 2D 图形标记模式：用于产生各种标记图标。

3. 方向工具栏

方向工具栏用于在预览区改变对象的方向性，如图 1.30 所示。从左到右依次是：顺时针旋转、逆时针旋转、X-镜像、Y-镜像。中间的数字用于显示旋转/镜像的角度。

4. 仿真运行工具栏

仿真运行工具栏如图 1.31 所示，从左到右依次是：开始、帧进、暂停、停止、运行信息提示。

图 1.30　方向工具栏

图 1.31　运行工具栏

特别提示

Proteus ISIS 的工作环境设置包括编辑环境设置(“模板”下拉菜单)和系统环境设置(“系统”下拉菜单)两个方面。编辑环境设置主要是指模板的选择、图纸的选择、图纸的设置和格点的设置。系统环境设置主要是指 BOM 格式的选择、仿真运行环境的选择、各种文件路径的选择、键盘快捷方式的设置等。

1.2.2　电路原理图的设计与编辑

在 Proteus ISIS 中，电路原理图的设计与编辑非常方便，具体流程如图 1.32 所示。本节将通过项目一中电路原理图的绘制、编辑、修改，介绍 Proteus ISIS 的一些基本使用方法，更深层或更复杂的方法，读者可以参阅有关的专业书籍。

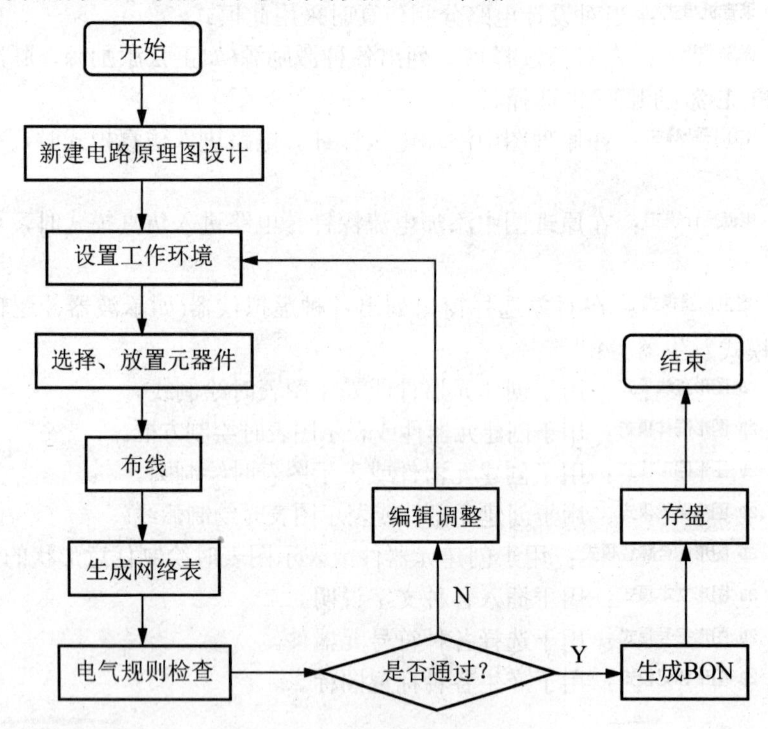

图 1.32　设计编辑原理图的流程

1. 新建设计文件

执行菜单命令“文件→新建设计”，打开“新建设计”对话框，如图 1.33 所示，为新建的设计选择一个模板(默认为 DEFAULT 模板)，单击“确定”按钮后，即进入图 1.28 所示的 Proteus ISIS 用户界面。

此时，对象选择窗口、原理图编辑窗口、原理图预览窗口均是空白的。

单击文件工具栏中的“保存”按钮，在打开的“保存 ISIS 设计文件”对话框中，可以选择新建设计文件的保存目录，输入新建设计文件的名称(如“二-十六进制转换器”)，保存类型采用默认值。完成上述工作后，单击“保存”按钮返回图 1.28 所示的 Proteus ISIS 用户界面，在其左上角可见设计文件名称已变成“二-十六进制转换器”。

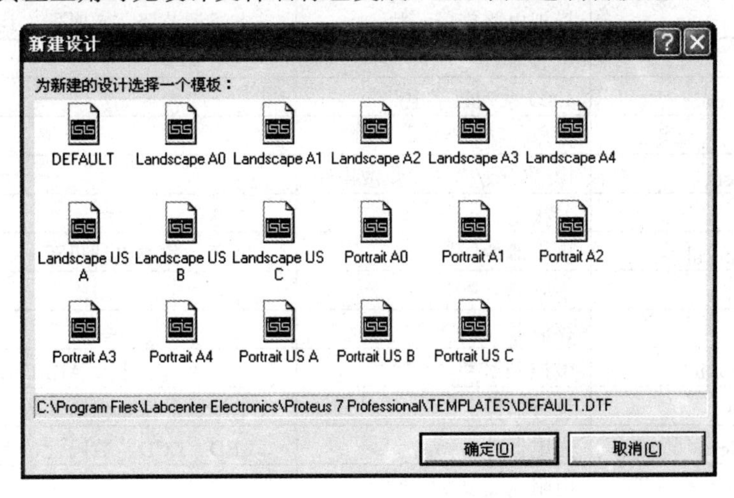

图 1.33　“新建设计”对话框

2. 对象的选择与放置

在项目一的电路原理图(图 1.1)中的对象按属性可分为两大类：元件(Component)和终端(Terminals)，表 1-3 给出了它们的清单。下面简要介绍这两类对象的选择和放置方法。

表 1-3　图 1.1 的对象清单

对象属性	对象名称	对象所属类别	对象所属子类别	图中标识
元件	AT89C51	Microprocessor ICs	8051 Family	U1
	RES	Resistors	Generic	R1～R9
	RESPACK-7		Resistor Packs	RP1
	LED-RED	Optoelectronics	LEDs	D1～D4
	7SEG-COM-ANODE		7-Segment Displays	U2
	CAP	Capacitors	Ceramic	C1，C2
	CAP-ELEC			C3
	CRYSTAL	Miscellaneous		X1
	SWITCH	Switches & Relays	Switches	S1～S4
终端	POWER			+5V
	GROUND			

1) 元器件的选择与放置

Proteus ISIS 的元器件库提供了大量元器件的原理图符号，在绘制原理图之前，必须知道每个元器件的所属类别及所属子类别，然后利用 Proteus ISIS 提供的搜索功能可以方便地查找到所需元器件。

在 Proteus ISIS 中元器件的所属类共有 40 多种，表 1-4 给出了本书涉及的部分元件的所属类别。

表 1-4　部分元件类别列表

所属类别名称	对应的中文名称	说　明
Analog Ics	模拟电路集成芯片	电源调节器、定时器、运算放大器等
Capacitors	电容器	
CMOS 4000 series	4000 系列数字电路	
Connectors	排座，排插	
Data Converters	模/数、数/模转换集成电路	
Diodes	二极管	
Electromechanical	机电器件	风扇、各类电动机等
Inductors	电感器	
Memory ICs	存储器	
Microprocessor ICs	微控制器	51 系列单片机、ARM7 等
Miscellaneous	各种器件	电池、晶振、保险丝等
Optoelectronics	光电器件	LED、LCD、数码管、光电耦合器等
Resistors	电阻	
Speakers & Sounders	扬声器	
Switches & Relays	开关与继电器	键盘、开关、继电器等
Switching Devices	晶闸管	单向、双向可控硅元件等
Transducers	传感器	压力传感器、温度传感器等
Transistors	晶体管	三极管、场效应管等
TTL 74 series	74 系列数字电路	
TTL 74LS series	74 系列低功耗数字电路	

单击“对象选择”窗口左上角的按钮 P 或执行菜单命令“库→拾取元件/符号”，都会打开 Pick Devices 对话框，如图 1.34 所示。从结构上看，该对话框共分成 3 列，左侧为查找条件，中间为查找结果，右侧为原理图、PCB 图预览及封装。

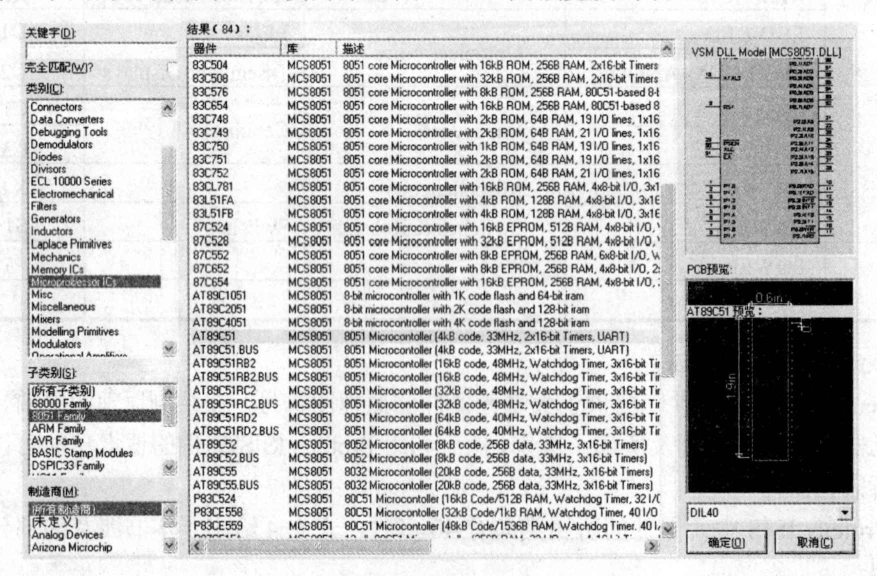

图 1.34　“选择元器件”对话框

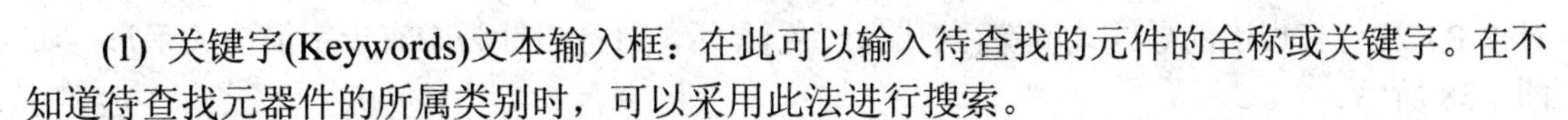

(1) 关键字(Keywords)文本输入框：在此可以输入待查找的元件的全称或关键字。在不知道待查找元器件的所属类别时，可以采用此法进行搜索。

(2) 类别(Category)列表窗口：在此给出了 Proteus ISIS 中元器件的类别。

(3) 子类别(Sub-category)列表窗口：在此给出了 Proteus ISIS 中元器件的子类别。

(4) 制造商(Manufacturer)列表窗口：在此给出了 Proteus ISIS 中元器件的生产厂家分类。

(5) 结果(Results)列表窗口：在此给出了符合要求的所有元器件的名称(数量)、所属库以及描述。

(6) PCB 预览(PCB Preview)窗口：在此给出了所选元器件的电路原理图预览、PCB 预览及其封装类型。

在图 1.34 所示的 Pick Devices 对话框中，按要求选好元器件(如 AT89C51)后，所选元器件的名称就会出现在对象选择窗口中，如图 1.35 所示。在对象选择窗口中单击 AT89C51 后，AT89C51 的电路原理图就会出现在预览窗口中，如图 1.36 所示。此时还可以通过方向工具栏中的旋转、镜像按钮改变 AT89C51 原理图的方向。然后将鼠标指向编辑窗口的合适位置(鼠标指针变为笔形)单击，就会看到 AT89C51 的电路原理图被放置到编辑窗口中。

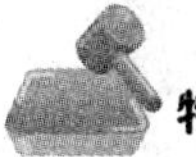
特别提示

同理，可以对其他元器件进行选择和放置。

2) 终端的选择与放置

单击终端模式按钮，Proteus ISIS 会在对象选择窗口中给出所有可供选择的终端类型，如图 1.37 所示。其中，DEFAULT 为默认终端，INPUT 为输入终端，OUTPUT 为输出终端，BIDIR 为双向(或输入/输出)终端，POWER 为电源终端，GROUND 为地终端，BUS 为总线终端。

特别提示

终端的预览、放置方法与元器件类似。模式工具箱中其他模式的操作方法又与终端模式类似，在此不再赘述。

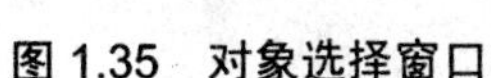
图 1.35　对象选择窗口

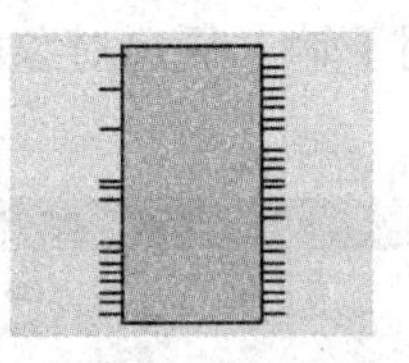
图 1.36　原理图预览窗口

图 1.37　终端选择窗口

3. 对象的编辑

在放置好绘制原理图所需的所有对象后，可以编辑对象的图形或文本属性。下面以电阻 R1 为例，简要介绍对象的编辑步骤。

1) 选中对象

将鼠标指向对象 R1，鼠标指针由空心箭头变成手形后，单击即可选中对象 R1。此时，

对象 R1 及与其相连的导线均高亮(默认为红色)显示，鼠标指针为带有十字箭头的手形，如图 1.38 所示。

2) 移动、编辑、删除对象

选中对象 R1 后，右击，弹出“对象处理”快捷菜单，如图 1.39 所示。通过该快捷菜单可以将对象 R1 进行移动、编辑、删除等。

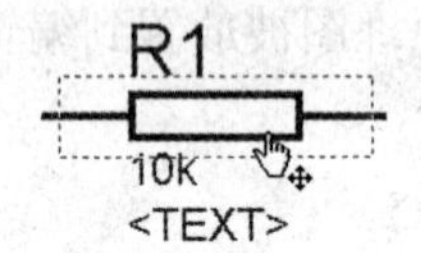

图 1.38 选中对象

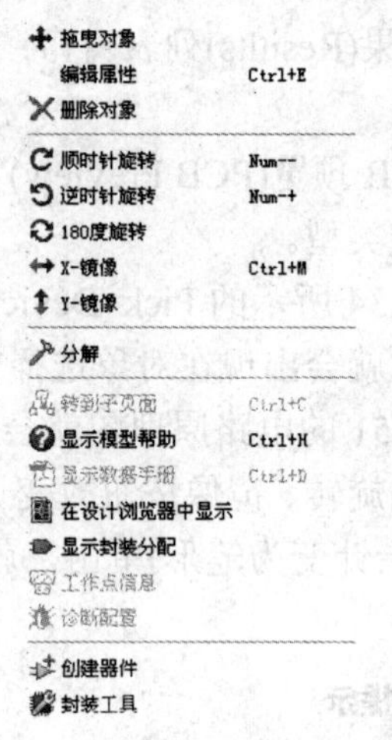

图 1.39 “对象处理”快捷菜单

若选择“编辑属性”命令，则打开编辑元件对话框，如图 1.40 所示。在选中对象 R1 后，单击也会弹出现这个对话框。

(1) 元件参考(Component Reference)文本框：显示默认的元器件在原理图中的参考标识，该标识是可以修改的。

(2) Resistance 文本框：显示默认的元器件在原理图中的参考值，该值是可以修改的。

特别提示

不同类别的元器件，该文本框的名称也不同。此处为电阻，而若是电容则为 Capacitance。

(3) 隐藏选择框：是否在原理图中显示对象的参考标识、参考值。

(4) Other Properties 文本框：用于输入所选对象的其他属性。输入的内容将在图 1.38 中的<TEXT>位置显示。

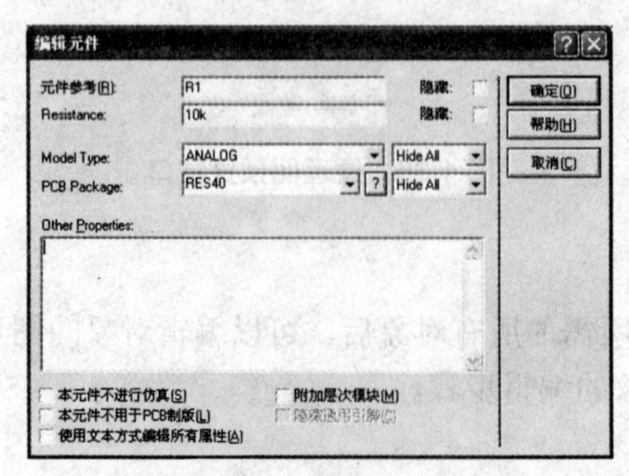

图 1.40 编辑对象文本属性

4. 布线

完成上述步骤后，可以开始在对象之间布线。按照连接的方式，布线可分为 3 种：两个对象之间的普通连接，使用输入、输出终端的无线连接，多个对象之间的总线连接。

1) 普通连接

在两个对象之间进行连线包括以下步骤。

(1) 在第一个对象的连接点处单击。

(2) 拖动鼠标到另一个对象的连接点处单击。在拖动鼠标的过程中，可以在希望拐弯之处单击，也可以右击放弃此次画线。

按照上述步骤，分别将 C1、C2、X1 及 GROUND 连接后的时钟电路如图 1.41 所示。

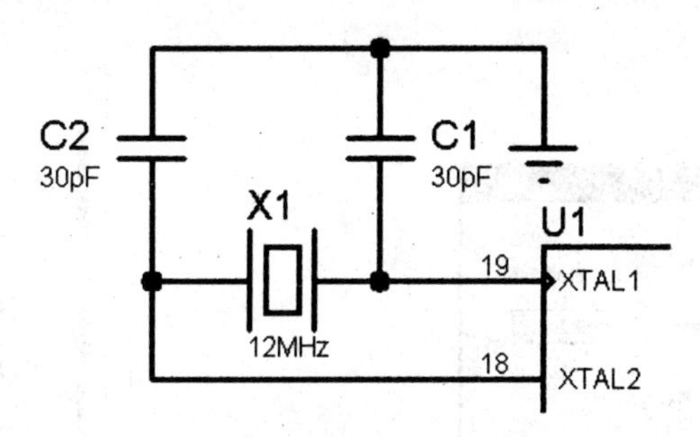

图 1.41　两个对象之间的普通连接

2) 无线连接

在绘制电路原理图时，为了整体布局的合理、简洁，可以使用输入、输出终端进行无线连接，如时钟电路与 AT89C51 之间的连接。无线连接包括以下步骤。

(1) 在第一个连接点处连接一个默认终端。

(2) 在另一个连接点处也连接一个默认终端。

(3) 利用对象的编辑方法对上面两个终端进行标识，两个终端的标识(Label)必须一致。

按照上述步骤，将 X1 的两端分别与 AT89C51 的 XTAL1、XTAL2 引脚连接后的电路如图 1.42 所示。

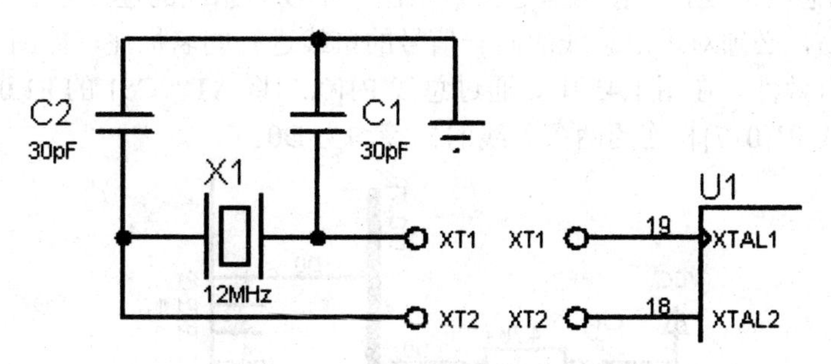

图 1.42　两个对象之间的无线连接

3) 总线连接

总线连接包括以下步骤。

(1) 放置总线。单击“总线模式”按钮，在期望总线起始端(一条已存在的总线或空白处)出现的位置单击；在期望总线路径的拐点处单击；若总线的终点为一条已存在的总线，

则在总线的终点处右击，可结束总线放置；若总线的终点为空白处，则先单击后，右击结束总线的放置。

(2) 放置或编辑总线标签。单击“连线标号模式”按钮，在期望放置标签的位置处单击，打开 Edit Wire Label 对话框，如图 1.43 所示。

在 Label 选项卡的标号文本框中输入相应的文本，如 D[0..7]或 A[8..15]等。如果忽略指定范围，系统将以 0 为底数，将连接到其总线的范围设置为默认范围。单击 OK 按钮，结束文本的输入。

在总线标签上右击，弹出如图 1.44 所示的快捷菜单，在这里可以拖曳连线(Drag Wire)、编辑连线风格(Edit Wire Style)、删除连线(Delete Wire)，也可以放置网络标号(Place Wire Label)。

图 1.43　编辑连线标签　　　图 1.44　线标签编辑快捷菜单

特别提示

不可将网络标号(Wire Label)放置到除连线、总线之外的其他对象上。总线的某一部分只能有一个网络标号。ISIS 将自动根据连线或总线的走向调整网络标号的方向。网络标号的方向可以采用默认值，也可以通过 Edit Wire Label 对话框(图 1.43)中的旋转选项和位置选项进行调整。

(3) 单线与总线的连接。由对象连接点引出的单线与总线的连接方法与普通连接类似。在建立连接之后，必须对进出总线的同一信号的单线进行同名标注，如图 1.45 所示，以保证信号连接的有效性。在图 1.45 中，通过总线 P1[0..7]将 AT89C51 的 P1.0 引脚与 R6 连接在一起，与总线 P1[0..7]相连的两条单线的标签均为 D0。

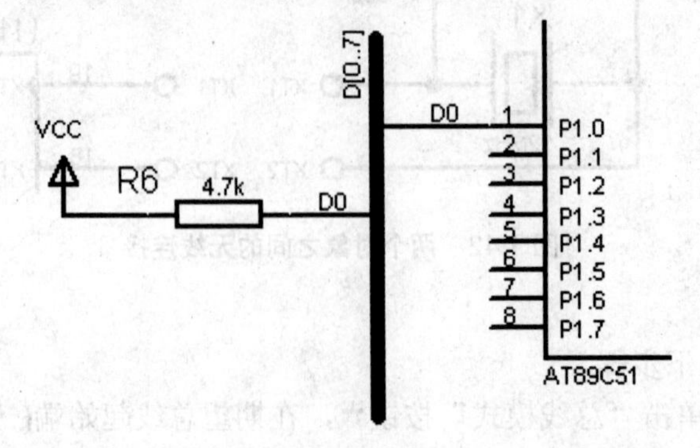

图 1.45　单线与总线的连接

5. 添加或编辑文字描述

单击“文字脚本模式”按钮，在希望放置文字描述的位置处单击，打开 Edit Script Block 对话框，如图 1.46 所示。

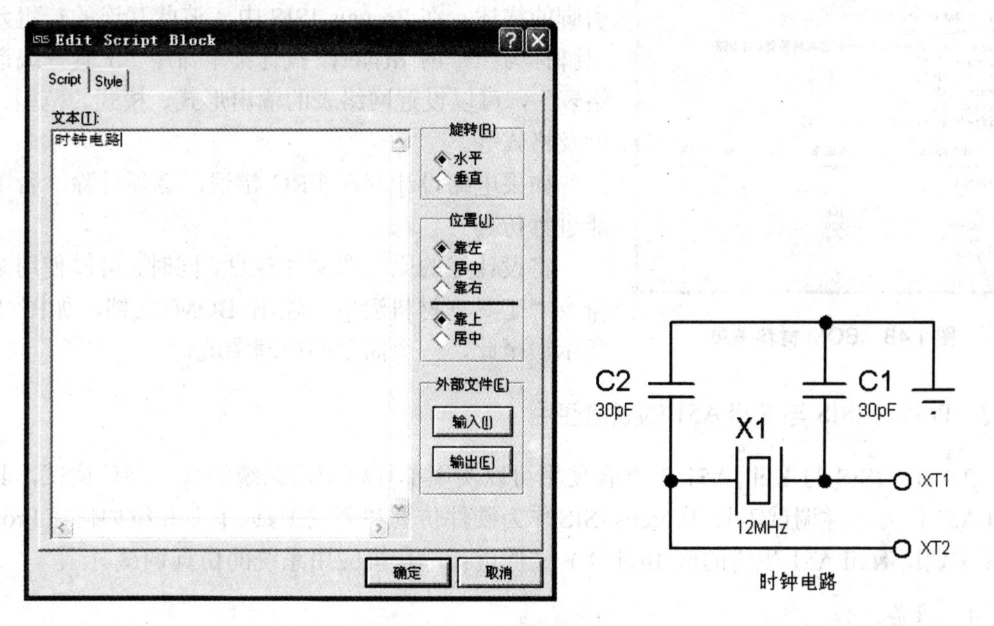

图 1.46　添加或编辑文字脚本

在 Script 选项卡的文本框中可以输入相应的描述文字，如时钟电路(图 1.46)等。文字脚本的放置方位可以采用默认值，也可以通过对话框中的旋转选项和位置选项进行调整。

通过 Style 选项卡，还可以对文字描述的风格做进一步的设置。

6. 电气规则检查

原理图绘制完毕后，必须进行电气规则检查(ERC)。执行菜单命令“工具→电气规则检查”，打开如图 1.47 所示的“ERC 报告单”窗口。

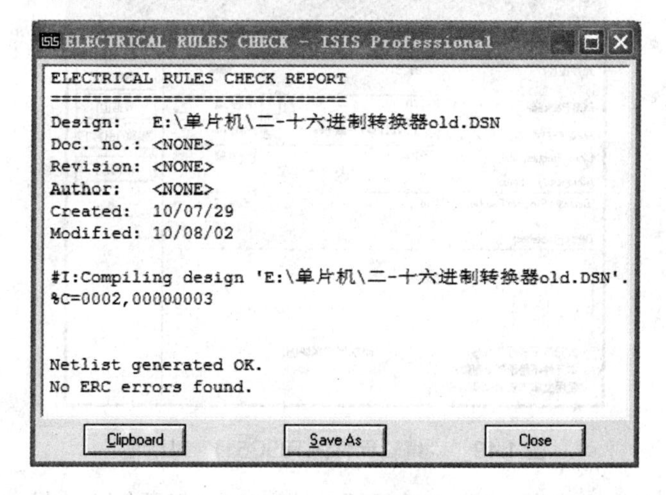

图 1.47　ERC 报告单

在该报告单中，系统提示网络表(Netlist)已生成，并且无 ERC 错误，即用户可执行下一步操作。

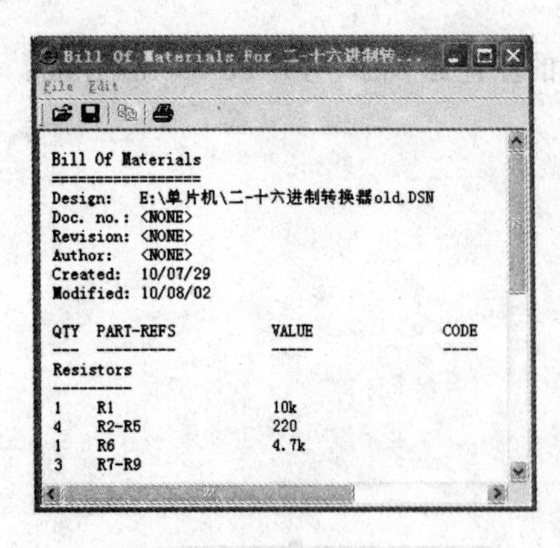

图 1.48 BOM 材料清单

所谓网络表，是对一个设计中有电气性连接的对象引脚的描述。在 Proteus ISIS 中，彼此互连的一组元件引脚称为一个网络(Net)。执行菜单命令“工具→编译网络表”，可以设置网络表的输出形式、模式、范围、深度及格式等。

如果电路设计存在 ERC 错误，必须排除，否则不能进行仿真。

将设计好的原理图文件存盘。同时，可以使用菜单命令“工具→材料清单”输出 BOM 文档，如图 1.48 所示。至此，一个简单的原理图就设计完成了。

1.2.3 Proteus ISIS 与 Keil A51 的联合使用

Proteus ISIS 与 Keil A51 的联合使用可以实现单片机应用系统的软、硬件调试，其中 Keil A51 作为软件调试工具，Proteus ISIS 作为硬件仿真和调试工具。下面介绍如何在 Proteus ISIS 中调用 Keil A51 生成的应用(HEX) 文件进行单片机应用系统的仿真调试。

1. 准备工作

首先，在 Keil A51 中完成汇编语言应用程序的编译、链接，并生成单片机可执行的 HEX 文件；然后，在 Proteus ISIS 中绘制电路原理图，并通过电气规则检查。

2. 装入 HEX 文件

做好准备工作后，还必须把 HEX 文件装入单片机中，才能进行整个系统的软、硬件联合仿真调试。在 Proteus ISIS 中，双击原理图中的单片机 AT89C51，打开如图 1.49 所示的对话框。

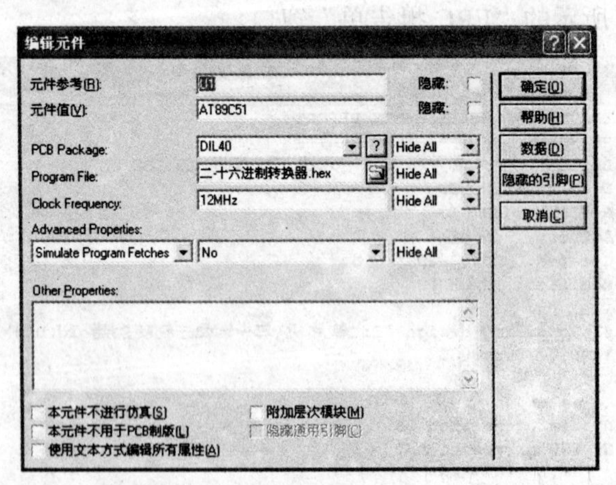

图 1.49 “编辑元件(AT89C51)”对话框

单击 Program File 文本框右侧的“打开”按钮，在打开的“选择文件名”对话框中，选择好要装入的 HEX 文件后单击“打开”按钮返回图 1.48，此时在 Program File 文本框中

显示 HEX 文件的名称及存放路径。单击“确定”按钮，即完成 HEX 文件的装入过程。

3. 仿真调试

装入 HEX 文件后，单击仿真运行工具栏上的“开始”按钮 ▶，在 Proteus ISIS 的编辑窗口中可以看到单片机应用系统的仿真运行效果。其中，高电平默认用红色方块表示，低电平默认用蓝色方块表示。

如果发现仿真运行效果不符合设计要求，应该单击仿真运行工具栏上的“停止”按钮 ■ 结束运行，然后从软件、硬件两个方面分析原因。完成软、硬件修改后，按照上述步骤重新开始仿真调试，直到仿真运行效果符合设计要求为止。

本 章 小 结

Keil A51 集成开发环境是 Keil Software 公司开发的基于 80C51 内核的微处理器软件开发平台，内嵌多种符合当前工业标准的开发工具，可以完成从工程建立和管理、编译、链接、目标代码生成、软件仿真调试等完整的开发流程，是单片机软件开发的理想工具。

Proteus ISIS 是 Lab Center Electronics 公司推出的用于仿真单片机及其外围设备的 EDA 工具软件。它具有高级原理布图、混合模式仿真、PCB 设计以及自动布线等功能。Proteus 的虚拟仿真技术，第一次真正实现了在物理原型出来之前对单片机应用系统进行设计开发和测试。

Proteus ISIS 与 Keil A51 配合使用，可以在不需要硬件投入的情况下，完成单片机汇编语言应用系统的仿真开发，从而缩短实际系统的研发周期，降低开发成本。其中，Keil A51 作为软件调试工具，Proteus ISIS 作为硬件仿真和调试工具。

第 2 章

单片机汇编语言程序设计

教学提示

基于“8 路键控 LED 灯”硬件电路，通过实现不同的控制要求，介绍单片机汇编语言程序设计的一些基本方法，如分支、散转、循环、查表、子程序等，同时讲解单片机汇编语言的寻址方式及指令系统等基本概念。

教学要求

掌握单片机汇编语言程序设计的基本方法，如分支、散转、查表、循环、子程序等；了解一些常用的子程序；进一步熟练单片机应用开发工具的使用方法。

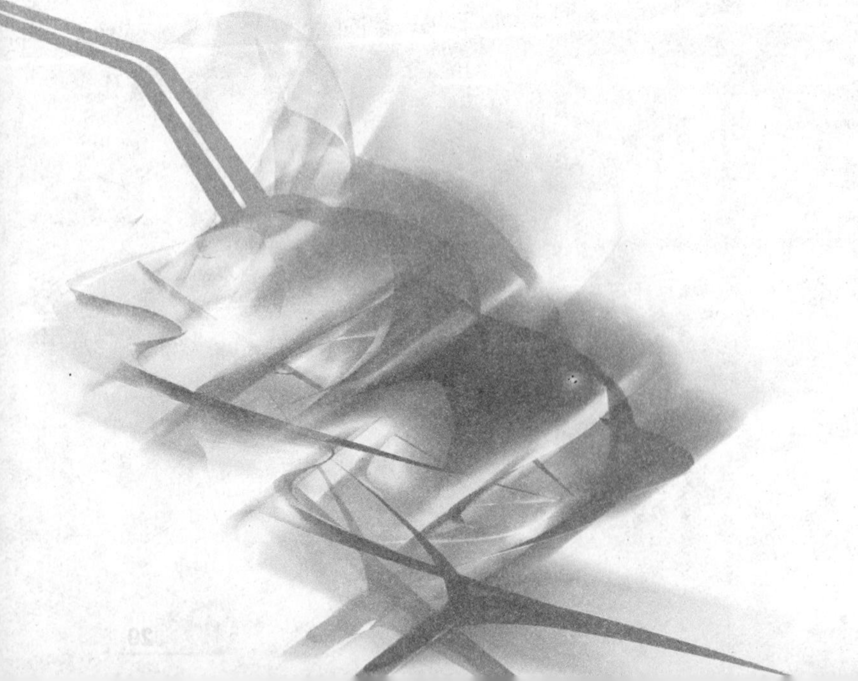

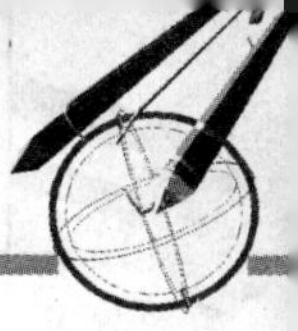

项目二　8 路键控 LED 灯

项目目的

基于“8 路键控 LED 灯”硬件电路，通过不同的汇编语言程序，实现不同的控制方式，从而掌握单片机汇编语言程序设计的一些基本方法，如分支、散转、循环、查表等。

项目要求

基于图 2.1 所示的硬件电路，编程用 8 个按键控制 LED 灯的 8 种显示方式，具体要求见表 2-1。

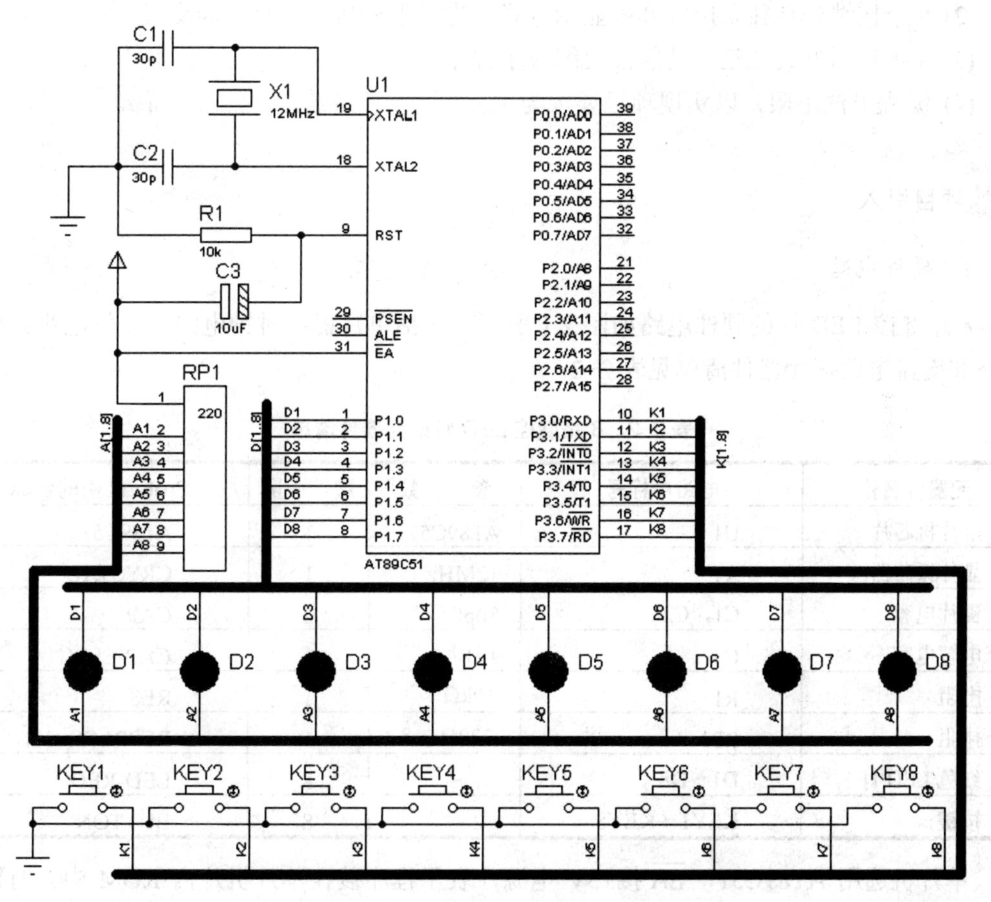

图 2.1　8 路键控 LED 灯的硬件电路

表 2-1　项目二的项目要求

按键状态								显示方式
KEY1	KEY2	KEY3	KEY4	KEY5	KEY6	KEY7	KEY8	D1 D2 D3 D4 D5 D6 D7 D8
1	1	1	1	1	1	1	1	开机全灭
0	×	×	×	×	×	×	×	奇数灯(D1、D3、D5、D7)亮
×	0	×	×	×	×	×	×	偶数灯(D2、D4、D6、D8)亮
×	×	0	×	×	×	×	×	全闪烁，时间间隔 1s
×	×	×	0	×	×	×	×	左流水，时间间隔 50ms
×	×	×	×	0	×	×	×	右流水，时间间隔 100ms
×	×	×	×	×	0	×	×	从中间向两边流水
×	×	×	×	×	×	0	×	从两边向中间流水
×	×	×	×	×	×	×	0	奇偶交替点亮

(1) 按键状态：0 表示按下；1 表示打开；×表示任意。

(2) 8 个按键分别独立控制 8 种显示方式，先按下先执行，且不能交叉。

(3) 8 种显示方式及延时功能都要编成子程序。

(4) 编程方法不限，以实现项目要求为主。

项目引入

1. 硬件电路

8 路键控 LED 灯的硬件电路如图 2.1 所示，包括单片机、时钟电路、复位电路、显示电路和键盘电路，元器件清单见表 2-2。

表 2-2　8 路键控 LED 灯的元器件清单

元器件名称	电路中标号	参　数	数　量	Proteus 中的名称
单片机芯片	U1	AT89C51	1	AT89C51
晶体振荡器	X1	12MHz	1	CRYSTAL
瓷片电容	C1，C2	30pF	2	CAP
电解电容	C3	10μF	1	CAP-ELEC
电阻	R1	10kΩ	1	RES
排阻	RP1	220Ω ×8	1	RESPACK-8
红色 LED 灯	D1～D8		8	LED-RED
按键	KEY1～KEY8		8	BUTTON

单片机选用 AT89C51，$\overline{EA}$ 接+5V 电源，表示程序装在单片机片内 ROM 中。时钟电路由一个 12MHz 晶振和两个 30pF 瓷片电容组成；复位电路采用上电自动复位方式，由一个10kΩ 电阻和一个 10μF 电解电容组成；显示电路由接在 P1 口的 8 只 LED 灯和上拉电阻组成，采用共阳极接法；键盘电路由接在 P3 口的 8 个独立按键组成。

2. 程序代码

下面给出部分项目要求的子程序。

1) 延时子程序

```
001     ;----------------------------------------------------------------------
002     ;子程序名：DELAY
003     ;程序功能：延时 Xms
004     ;入口参数：存放在累加器 A 中的 X
005     ;----------------------------------------------------------------------
006     DELAY:    MOV     R7, A              ;延时子程序
007     D7:       MOV     R6, #10            ;1ms
008     D6:       MOV     R5, #33            ;100μs
009     D5:       NOP
010               DJNZ    R5, D5
011               DJNZ    R6, D6
012               DJNZ    R7, D7
013               RET
```

2) 键盘扫描子程序

```
001     ;----------------------------------------------------------------------
002     ;子程序名：SCAN
003     ;程序功能：根据键值确定键名，如键值 0FEH 对应的键名为 1(KEY1)
004     ;出口参数：存放在41H中的键名
005     ;----------------------------------------------------------------------
006     SCAN:     MOV     P3, #0FFH
007               MOV     A, P3
008               MOV     40H, A             ;存键值
009               XRL     A, #0FFH
010               JNZ     HAVKEY
011               MOV     41H, #0            ;无按键
012               RET
013     HAVKEY:   MOV     DPTR, #KEYV
014     SCAN0:    MOV     R4, #0
015     SCAN1:    MOV     A, R4
016               MOVC    A, @A+DPTR         ;查表
017               CJNE    A, 40H, SCAN2      ;比较
018               LJMP    SCAN3
019     SCAN2:    INC     R4
020               CJNE    R4, #8, SCAN1
021               RET                        ;查表结束
022     SCAN3:    MOV     A, R4
023               ADD     A, #1
024               MOV     41H, A             ;存键名
025               RET
026     ;                 KEY1, KEY2, KEY3, KEY4,KEY5,KEY6,KEY7,KEY8
027     KEYV:     DB      0FEH, 0FDH, 0FBH, 0F7H, 0EFH, 0DFH, 0BFH, 07FH;键值
028     ;                 1,    2,    3,    4,    5,    6,    7,    8     ;键名
```

3) 散转子程序

```
001     ;----------------------------------------------------------------------
002     ;子程序名：SANZH
```

```
003        ;程序功能：根据存放在 41H 中的键名，转向执行不同的子程序
004        ;入口参数：存放在41H中的键名
005        ;------------------------------------------------------------------------
006        SANZH:    MOV     A, 41H
007                  JNZ     K1
008                  MOV     P1, #0FFH            ;无按键熄灭所有的 LED 灯
009                  RET
010        K1:       CJNE    A, #1, K2
011                  LCALL   子程序 1             ;显示方式 1
012                  RET
013        K2:       CJNE    A, #2, K3
014                  LCALL   子程序 2             ;显示方式 2
015                  RET
016        K3:       CJNE    A, #3, K4
017                  LCALL   子程序 3             ;显示方式 3
018                  RET
019        K4:       CJNE    A, #4, K5
020                  LCALL   子程序 4             ;显示方式 4
021                  RET
022        K5:       CJNE    A, #5, K6
023                  LCALL   子程序 5             ;显示方式 5
024                  RET
025        K6:       CJNE    A, #6, K7
026                  LCALL   子程序 6             ;显示方式 6
027                  RET
028        K7:       CJNE    A, #7, K8
029                  LCALL   子程序 7             ;显示方式 7
030                  RET
031        K8:       CJNE    A, #8, KNP
032                  LCALL   子程序 8             ;显示方式 8
033        KNP:      RET
```

项目分析

(1) 什么分支程序结构？分支程序设计的关键是什么？

(2) 有符号数在计算机中是如何表示的？

(3) 散转程序设计常用的方法有哪些？

(4) 循环程序主要由几部分组成？

(5) 使用嵌套循环结构时应注意什么？

(6) 主程序和子程序之间参数传递方法有几种？试举例说明。

相关知识

2.1 简单程序设计

程序设计是单片机应用系统设计的重要组成部分，计算机的全部动作都是在程序的控

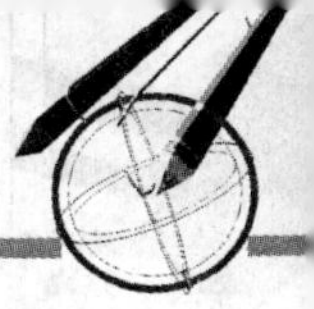

制下进行的。目前，大多数用户仍然使用汇编语言进行单片机应用系统的软件设计，本章介绍 MCS-51 单片机汇编语言的程序设计方法。

单片机汇编语言程序设计一般包括以下步骤。

(1) 分析建模。

(2) 画流程图。

(3) 编写代码。

(4) 仿真调试程序。

(5) 固化程序。

简单程序也就是顺序程序，它是最简单、最基本的程序结构，其特点是按指令的排列顺序一条条地执行，直到全部指令执行完毕为止。不管多么复杂的程序，总是由若干顺序程序段所组成的。

例 2.1　基于图 2.1，编程实现 8 只 LED 灯的闪烁一次，即全灭→全亮→全灭。

1. 分析建模

8 只 LED 灯以共阳极方式接在 AT89C51 的 P1 口上，因此，“全亮”时需向 P1 口传送#00H，“全灭”时需向 P1 口传送#0FFH。

为了实现闪烁，在“全亮”与“全灭”之间需延时一段时间。

2. 画流程图

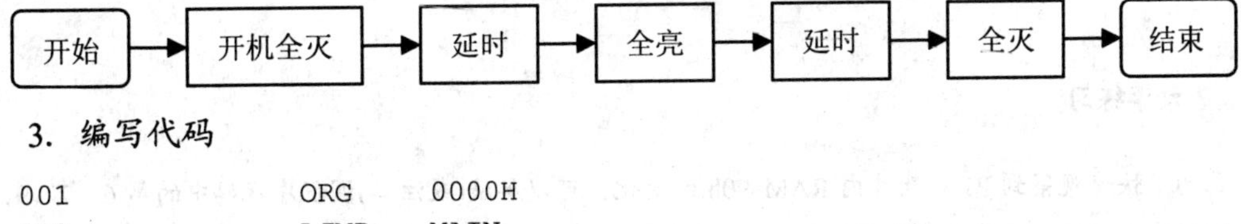

3. 编写代码

```
001              ORG     0000H
002              LJMP    MAIN
003              ORG     0100H
004    MAIN :    MOV     P1, #0FFH          ;全灭
005              MOV     R2, #0FFH
006              DJNZ    R2, $              ;原地踏步，延时
007
008              MOV     P1, #00H           ;全亮
009              MOV     R2, #0FFH
010              DJNZ    R2, $              ;原地踏步，延时
011
012              MOV     P1, #0FFH          ;全灭
013
014              END
```

4. 仿真调试

(1) 在 Keil μ Vision4 中单击 Start/Stop Debug Session (Ctrl+F5) 按钮进入仿真调试状态。

(2) 执行菜单命令 Peripherals→I/O-Ports▶→Port 1 打开 P1 口仿真对话框 Parallel Port 1，如图 2.2 所示。单击 Memory Windows 按钮打开片内 RAM 仿真对话框 Memory 1，并在 Address 文本框中输入“d:90h”，如图 2.3 所示，90h 是 P1 口的地址。

(3) 单击 Step (F11) 按钮，可以观察到 P1 口及片内 RAM 90h 的变化，同时在 Registers 对话

框中观察到 R2、PC 等寄存器的数值变化情况，如图 2.4 所示。

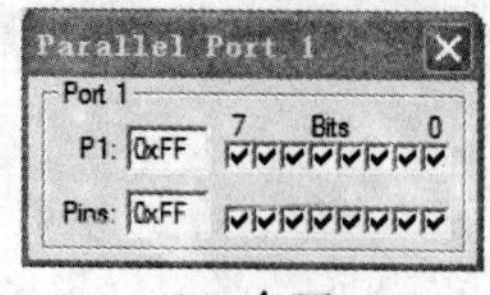

(a) 全灭

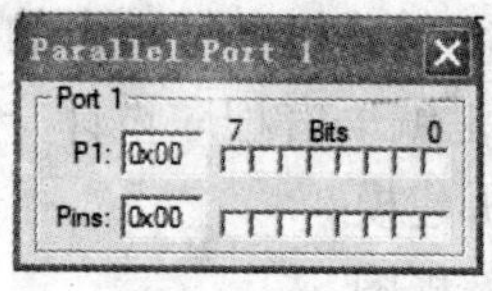

(b) 全亮

图 2.2　P1 口仿真对话框

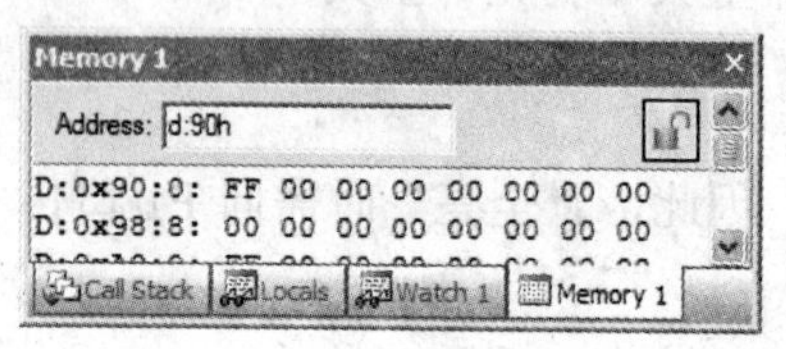

(a) 全灭

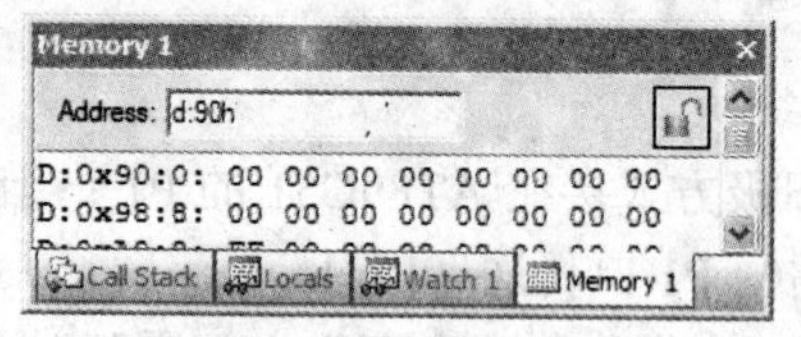

(b) 全亮

图 2.3　片内 RAM 仿真对话框

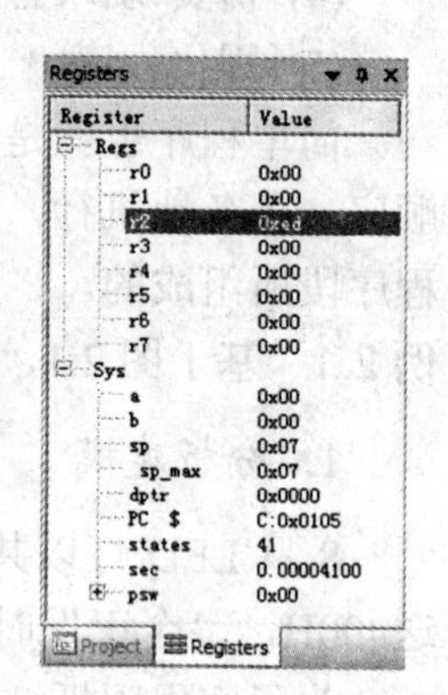

图 2.4　片内 RAM 仿真对话框

动手练习

①为了快速观察到 P1 口及片内 RAM 90h 的变化，可以屏蔽(或注释)调程序代码中的第 6、7、9、10 行，暂时省略延时。②为了连续观察到 P1 口及片内 RAM 90h 的变化，可以在程序代码中的第 13 行添加指令“LJMP MAIN”，此时可以单击 Run (F5) Start code execution 按钮，全速运行程序。单击 Stop Stop code execution 按钮停止运行。

(4) 在 Proteus ISIS 中打开或画出图 2.1 所示电路，将在 Keil μ Vision4 中产生的 HEX 文件装入 AT89C51，运行并查看效果。

例 2.2　基于图 2.1 所示电路，编程将片内 RAM　40H 中的数据以二进制方式用 D1～D8 显示，灯亮表示 1，灯灭表示 0。例如，若(40H)=#0AAH，则 8 支灯的亮灭情况为：

P1 口：	P1.0	P1.1	P1.2	P1.3	P1.4	P1.5	P1.6	P1.7
数据(#0AAH)：	0	1	0	1	0	1	0	1
指示灯：	D1	D2	D3	D4	D5	D6	D7	D8
指示灯状态：	灭	亮	灭	亮	灭	亮	灭	亮

1. 分析建模

题目要求用接在 P1 口的 LED 灯以二进制方式显示片内 RAM 40H 中的数据，如图 2.5 所示。值得注意的是，在图 2.1 所示的电路图中，LED 采用的是共阳极接线，即 P1 口引脚输出为 0，相应的灯才亮，因此，40H 中的数据在送 P1 口之前应先取反。

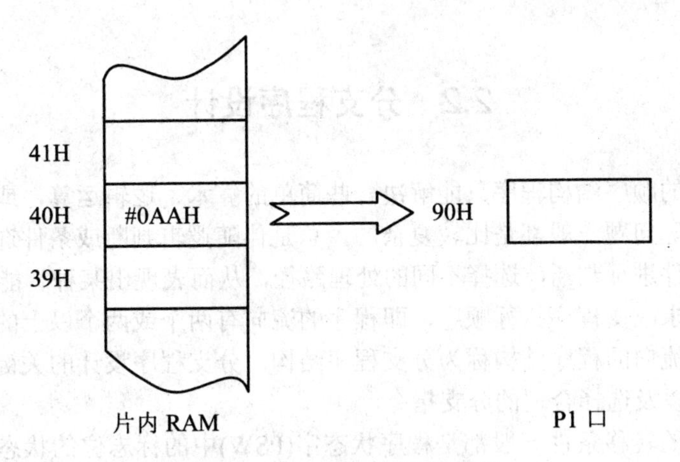

图 2.5　例 2.2 题意分析示意图

2. 画流程图

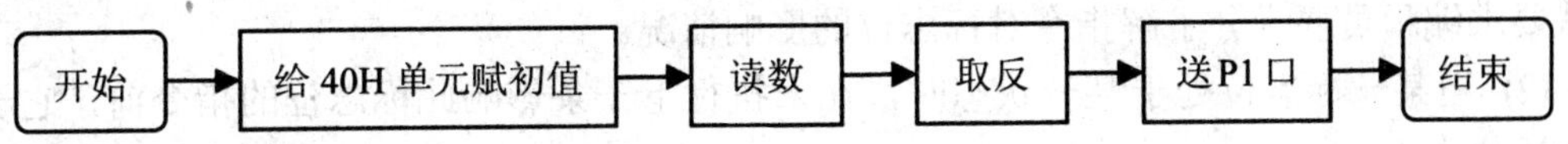

3. 编写代码

```
001                  ORG      0000H
002                  LJMP     MAIN
003                  ORG      0030H
004      MAIN :      MOV      40H, #0AAH       ;在片内 RAM 的 40H 中存入要显示的数据
005                  MOV      A, 40H
006                  CPL      A                ;取反，因指示灯是共阳极连接
007                  MOV      P1, A            ;向 P1 口传送数据
008
009                  END
```

4. 仿真调试

(1) 在 Keil μ Vision4 中单击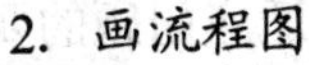按钮进入仿真调试状态。

(2) 执行菜单命令 Peripherals→I/O-Ports▶→Port 1 打开 P1 口仿真对话框 Parallel Port 1；单击按钮打开片内 RAM 仿真对话框 Memory 1，并在 Address 文本框中输入“d:40h”，如图 2.6 所示。

(3) 单击按钮，可以观察到 P1 口及片内 RAM 40h、90h 的变化，同时在 Registers 对话框中可以观察到 A、PC 等寄存器的数值变化情况。

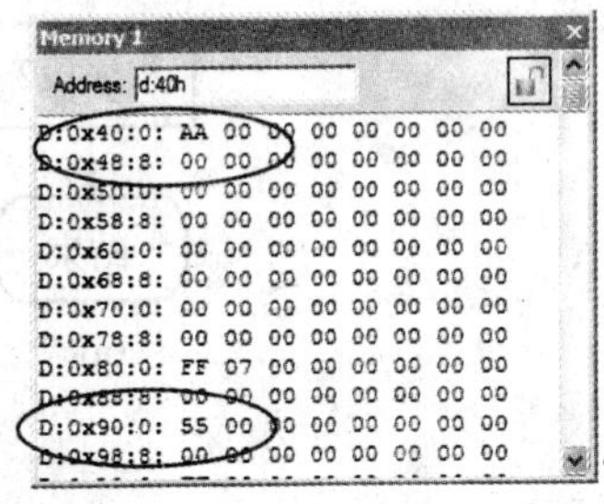

图 2.6　片内 RAM 仿真对话框

特别提示

为什么 40h 中的内容与 90h 的不一样？它们之间有什么关系？

(4) 在 Proteus ISIS 中打开或画出图 2.1 所示电路，将在 Keil μ Vision4 中产生的 HEX 文件装入 AT89C51，运行并查看效果。

2.2 分支程序设计

通常，单纯的顺序结构程序只能解决一些简单的算术、逻辑运算，或者简单的查表、传送操作等。实际问题一般都是比较复杂的，总是伴随逻辑判断或条件选择，要求计算机能根据给定的条件进行判断，选择不同的处理路径，从而表现出某种智能。

根据程序要求改变程序执行顺序，即程序的流向有两个或两个以上的出口，根据指定的条件选择程序流向的程序结构称为分支程序结构。分支程序设计的关键是如何确定供判断或选择的条件以及选择合理的分支指令。

分支程序中的转移条件一般都是程序状态字(PSW)中的标志位的状态，因此，保证分支程序正确流向的关键如下。

(1) 在判断之前，应执行对有关标志位影响的指令，使该标志位能够适应问题的要求，这就要求编程员要十分了解指令对标志位的影响情况。

(2) 当某一标志位处于某一状态时，在未执行下一条影响此标志位的指令前，它一直保持原状态不变。

(3) 正确理解PSW中各标志位的含义及变化情况，才能正确地判断转移。

2.2.1 二分支程序设计

二分支结构在程序设计中应用最广，拥有的指令也最多。二分支结构一般为：一个入口、两个出口，如图2.7所示。

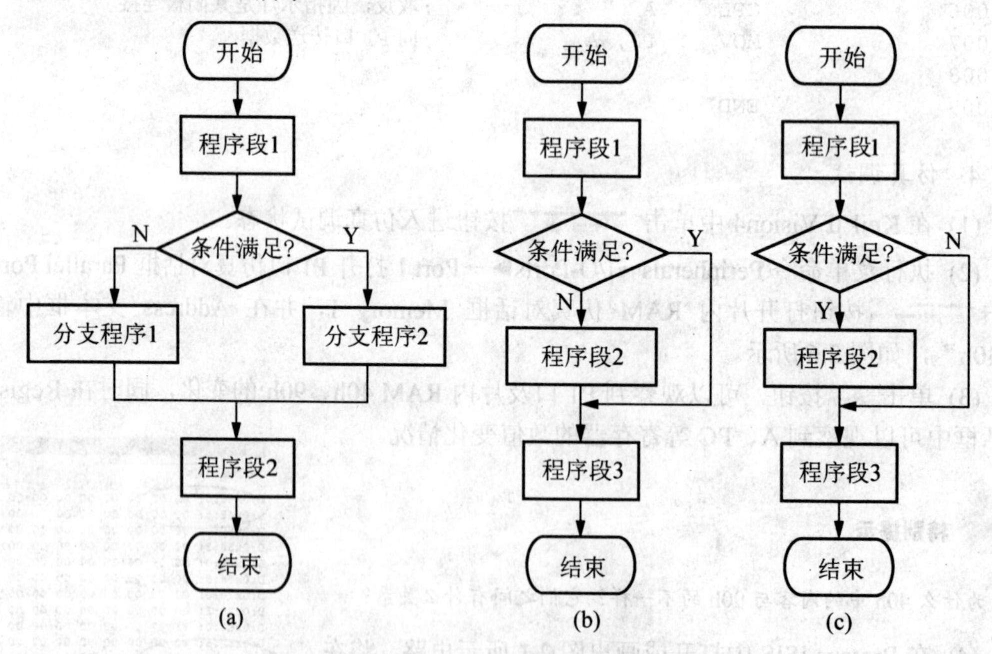

图2.7 二分支程序结构的典型形式

图2.7(a)当条件不满足时执行分支程序1，否则执行分支程序2。

图2.7(b)当条件满足时跳过程序段2，从程序段3往下执行，否则顺序执行程序段2和3。

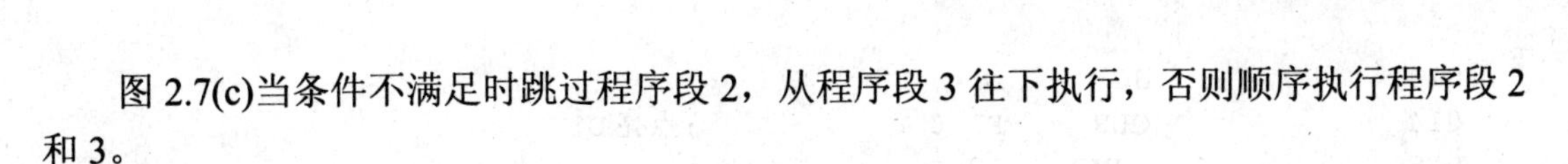

图 2.7(c)当条件不满足时跳过程序段 2，从程序段 3 往下执行，否则顺序执行程序段 2 和 3。

特别提示

分支结构程序允许嵌套，即一个分支内可以包含另一个分支，形成树形多级分支程序结构。

例 2.3　基于图 2.1 所示电路，编程比较片内 RAM 的 30H 单元和 31H 单元中两个 8 位无符号数的大小，比较结果分别用 D1、D2 指示：

若(31H)≥(30H)，则 D1 发光；

若(31H)<(30H)，则 D2 发光。

1. 分析建模

比较两个无符号数常用的方法是将两个数相减，即 X−Y，然后判断是否有借位 CY：

若 CY=0，无借位，则 X≥Y，点亮 D1；

若 CY=1，有借位，则 X<Y，点亮 D2。

2. 画流程图

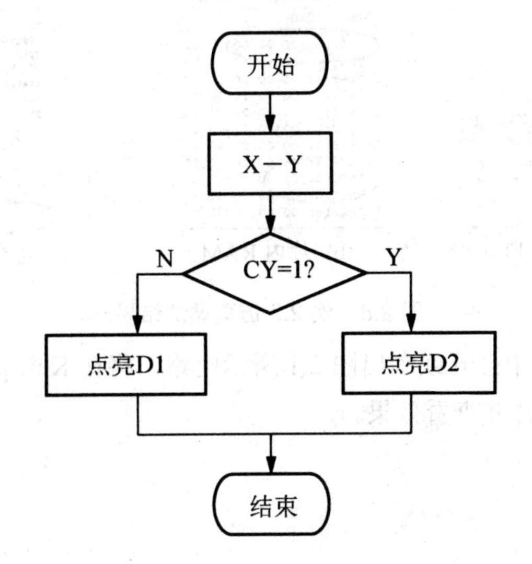

3. 编写代码

```
001        ;变量定义
002        X          DATA     31H                 ;DATA，数据地址赋值伪指令
003        Y          DATA     30H
004        ;主程序
005                   ORG      0000H
006                   LJMP     START
007                   ORG      0070H
008        START :    MOV      X, #12              ;给变量赋初值
009                   MOV      Y, #13
010                   MOV      A, X
011                   CLR      C
012                   SUBB     A, Y                ;带借位减法
```

```
013              JC      L1
014              CLR     P1.0              ;点亮 D1
015              SJMP    L2
016     L1:      CLR     P1.1              ;点亮 D2
017     L2:      SJMP    $
018
019              END
```

4. 仿真调试

(1) 在 Keil μ Vision4 中单击按钮进入仿真调试状态。

(2) 执行菜单命令 Peripherals→I/O-Ports▶→Port 1 打开 P1 口仿真对话框 Parallel Port 1；单击按钮打开片内 RAM 仿真对话框 Memory 1，并在 Address 文本框中输入“d:30h”，如图 2.8 所示。

(3) 单击按钮，可以观察到P1 口及片内 RAM 30h、31h、90h 的变化，同时在 Registers 对话框中可以观察到累加器 A、进位标志位 CY 等数值变化的情况。

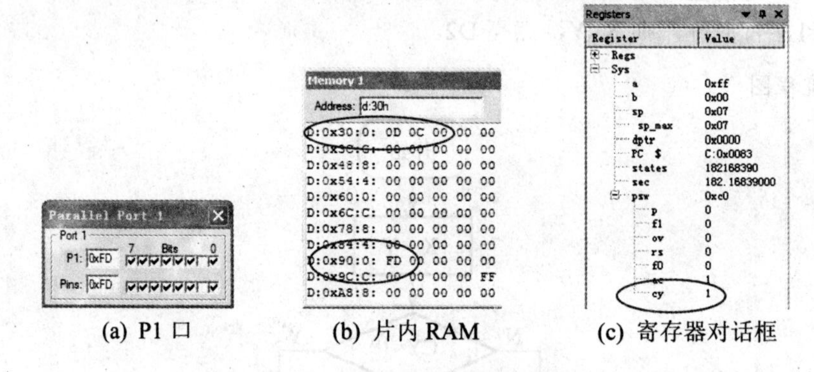

(a) P1 口　　(b) 片内 RAM　　(c) 寄存器对话框

图 2.8　例 2.3 仿真调试结果

(4) 在 Proteus ISIS 中打开或画出图 2.1 所示电路，将在 Keil μ Vision4 中产生的 HEX 文件装入 AT89C51，运行并查看效果。

动手练习

程序代码中的第 8、9 行是为变量 X、Y 赋初值，改变初值可以观察到不同的亮灯效果。

2.2.2　多分支程序设计

例 2.4　基于图 2.1 所示电路，编程比较片内 RAM 的 30H 单元和 31H 单元中两个 8 位有符号数的大小，比较结果分别用 D1、D2、D3 指示：

若(31H)>(30H)，则 D1 发光；

若(31H)=(30H)，则 D2 发光；

若(31H)<(30H)，则 D3 发光。

1. 分析建模

有符号数在计算机中的表示方式与无符号数是不相同的：正数以原码形式表示，负数

以补码形式表示，最高位为符号位(0 代表正数，1 代表负数)；8 位二进制数的补码所能表示的数值范围为+127～-128。

特别提示

计算机本身无法区分一串二进制数码组成的数字是有符号数或无符号数，也无法区分它是程序指令还是一个数据。程序员必须对程序中出现的每一个数据的含义非常清楚，并按此选择相应的操作。例如数据 FEH，看做无符号数其值为 254，看做有符号数为-2。

比较两个有符号数 X 和 Y 大小的一般思路如下。先判别两个有符号数 X 和 Y 的符号，如果 X、Y 两数符号相反，则正数大；如果 X、Y 两数符号相同，将两数相减，即 X-Y，根据借位标志 CY 进行判断即可。

总结提高

判断两个有符号数符号异同的方法：X、Y 的符号位分别为 X.7、Y.7，将 X 与 Y 进行异或操作，若 X.7 与 Y.7 相同，则 X.7 ⊕ Y.7 = 0；若 X.7 与 Y.7 不相同，则 X.7 ⊕ Y.7 = 1。

2. 画流程图

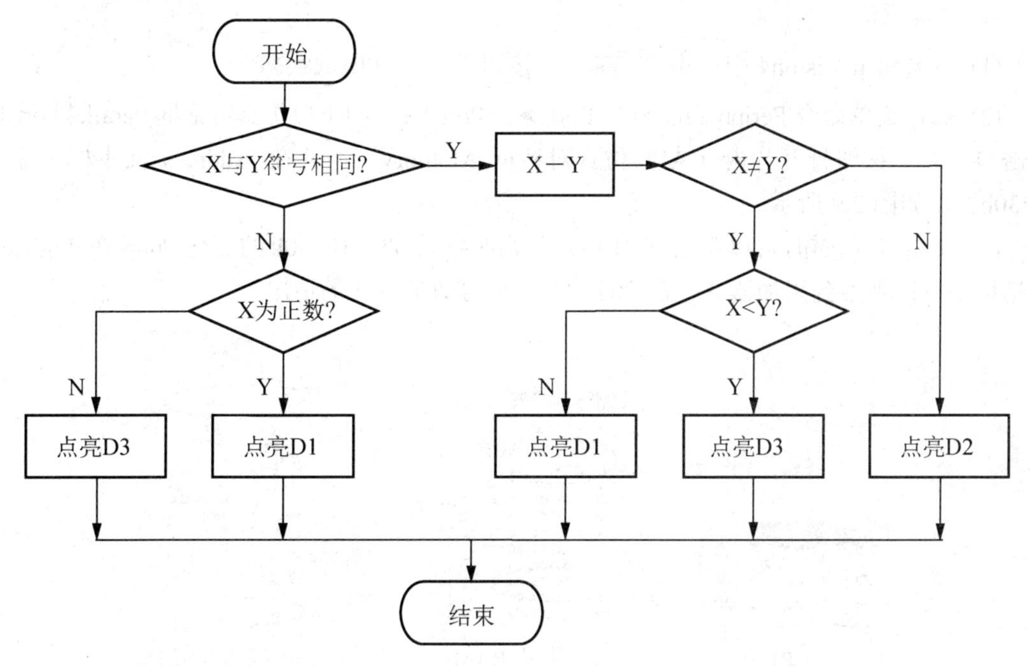

3. 编写代码

```
001        ;变量定义
002        X          DATA     31H                  ;DATA，数据地址赋值伪指令
003        Y          DATA     30H
004        ;主程序
005                   ORG      0000H
006                   LJMP     START
```

```
007              ORG     0070H
008    START:    MOV     X, #-2              ;变量初始化
009              MOV     Y, #-2
010              MOV     A, X
011              XRL     A, Y                ;X 与 Y 进行异或操作
012              JB      ACC.7, NT1          ;两数符号不同，转移到 NT1
013              MOV     A, X
014              CJNE    A, Y, NQ            ;X≠Y，转移到NQ
015              CLR     P1.1                ;X=Y，点亮D2
016              SJMP    NT2
017    NQ:       JC      XXY                 ;X<Y，转移到XXY
018              SJMP    XDY                 ;否则，X>Y，转移到XDY
019    NT1:      MOV     A, X
020              JNB     ACC.7, XDY          ;判断X的正负
021    XXY:      CLR     P1.2                ;X<Y，点亮D3
022              SJMP    NT2
023    XDY:      CLR     P1.0                ;X>Y，点亮D1
024    NT2:      SJMP    $
025
026              END
```

4. 仿真调试

(1) 在 Keil μ Vision4 中单击按钮进入仿真调试状态。

(2) 执行菜单命令 Peripherals→I/O-Ports▶→Port 1 打开 P1 口仿真对话框 Parallel Port 1；单击按钮打开片内 RAM 仿真对话框 Memory 1，并在 Address 文本框中输入“d:30h”，如图 2.9 所示。

(3) 单击按钮，可以观察到P1口及片内RAM 30h、31h、90h的变化，同时在Registers对话框中可以观察到累加器 A、进位标志位 CY 等数值变化的情况。

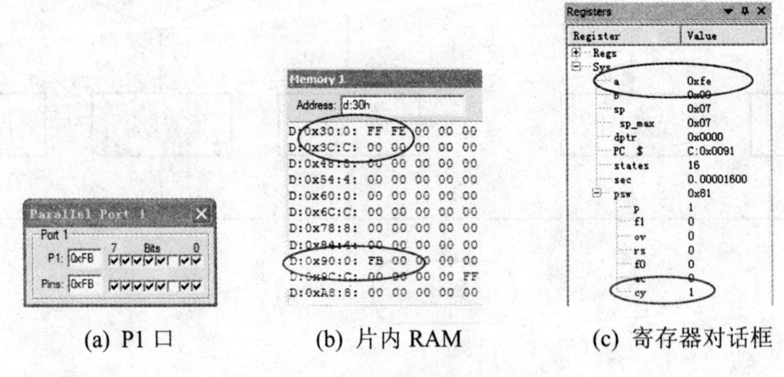

(a) P1 口　　(b) 片内 RAM　　(c) 寄存器对话框

图 2.9　例 2.4 仿真调试结果

(4) 在 Proteus ISIS 中打开或画出图 2.1 所示电路，将在 Keil μ Vision4 中产生的 HEX 文件装入 AT89C51，运行并查看效果。

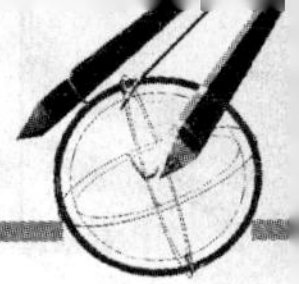

动手练习

程序代码中的第 8、9 行是为变量 X、Y 赋初值，改变初值可以观察到不同的亮灯效果。

总结提高

理解、掌握负数的表示方法，如-1 表示为 0FFH，计算过程如下。

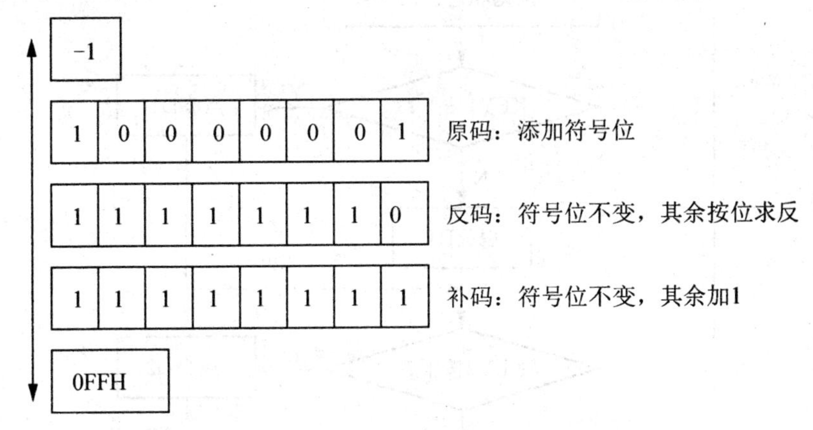

总结提高

利用溢出标志位 OV 的状态也可以判断两个有符号数的大小。

若 X−Y 为正数，则　　OV=0 时 X>Y;
　　　　　　　　　　　OV=1 时 X<Y。
若 X−Y 为负数，则　　OV=0 时 X<Y;
　　　　　　　　　　　OV=1 时 X>Y。

请读者利用这种方法改写本例。

例 2.5　基于图 2.1 所示电路，编程实现 8 个按键对 8 支灯的独立控制。如 KEY1 只控制 D1，按下 KEY1，D1 亮；松开 KEY1，D1 灭。

1. 分析建模

在图 2.1 所示的硬件电路中，8 个按键以共地方式分别接在 P3 口的 8 个引脚上，当按键按下时相应引脚为低电平(0)，否则为高电平(1)。通过判断 P3 口引脚的电平即可确定有无键按下以及按下的是哪个键，从而控制相应 LED 灯的亮灭。

特别提示

例 2.5 是一个典型的独立键盘控制应用实例。

2. 画流程图

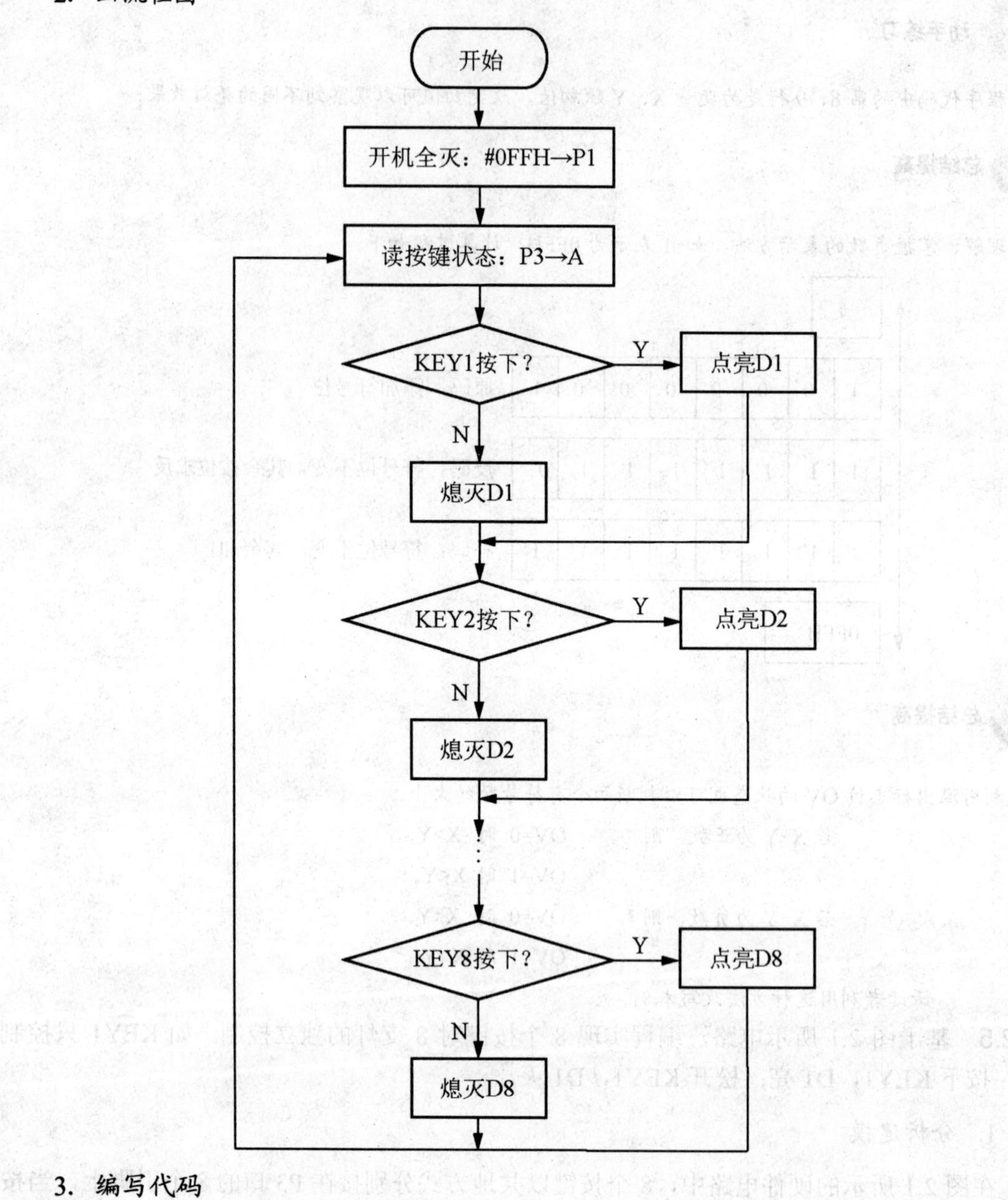

3. 编写代码

```
001              ORG     0000H
002              LJMP    START
003              ORG     0070H
004   START:     MOV     P1, #0FFH          ;开机全灭
005   LOOP:      MOV     A, P3
006              JNB     ACC.0, D1          ;判断 KEY1是否按下
007              SETB    P1.0               ;熄灭D1
008              SJMP    NEXT1
009   D1:        CLR     P1.0               ;点亮D1
010   NEXT1:     JNB     ACC.1, D2
```

```
011                SETB    P1.1
012                SJMP    NEXT2
013     D2:        CLR     P1.1
014     NEXT2:     JNB     ACC.2, D3
015                SETB    P1.2
016                SJMP    NEXT3
017     D3:        CLR     P1.2
018     NEXT3:     JNB     ACC.3, D4
019                SETB    P1.3
020                SJMP    NEXT4
021     D4:        CLR     P1.3
022     NEXT4:     JNB     ACC.4, D5
023                SETB    P1.4
024                SJMP    NEXT5
025     D5:        CLR     P1.4
026     NEXT5:     JNB     ACC.5, D6
027                SETB    P1.5
028                SJMP    NEXT6
029     D6:        CLR     P1.5
030     NEXT6:     JNB     ACC.6, D7
031                SETB    P1.6
032                SJMP    NEXT7
033     D7:        CLR     P1.6
034     NEXT7:     JNB     ACC.7, D8
035                SETB    P1.7
036                SJMP    NEXT8
037     D8:        CLR     P1.7
038     NEXT8:     AJMP    LOOP
039
040                END
```

4. *仿真调试*

(1) 在 Keil μ Vision4 中单击 Start/Stop Debug Session (Ctrl+F5) 按钮进入仿真调试状态。

(2) 执行菜单命令 Peripherals→I/O-Ports▶分别打开 P1 口仿真对话框 Parallel Port 1、P3 口仿真对话框 Parallel Port 3，如图 2.10 所示。

(3) 单击 Run (F5) 按钮，全速运行程序。通过设置 P3 口引脚的状态来模拟按键，通过 P1 口的变化来模拟灯的亮灭。在图 2.10 中，按下的是 KEY3，点亮的是 D3。

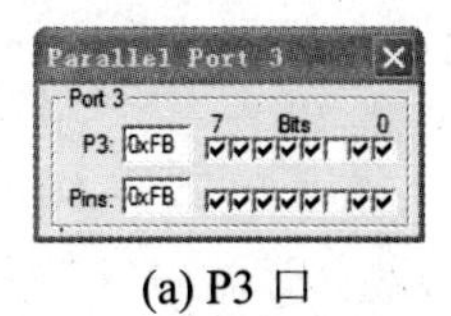

(a) P3 口

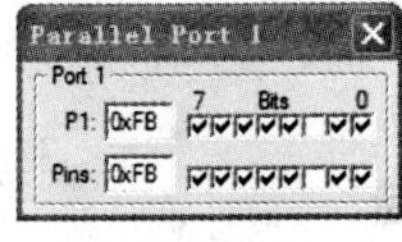

(b) P1 口

图 2.10　例 2.5 仿真调试结果

(4) 在 Proteus ISIS 中打开或画出图 2.1 所示电路，将在 Keil μ Vision4 中产生的 HEX 文件装入 AT89C51，运行并查看效果。

2.2.3 散转程序设计

散转程序是指经过某个条件判断之后，程序有多个流向(3 个以上)。MCS-51 单片机指令系统中专门提供了散转指令 JMP，使得散转程序的编制更加简洁。

散转程序设计常用的方法有：转移指令表法，地址偏移量表法，转移地址表法、利用 RET 指令(子程序返回指令)。

例 2.6 基于图 2.1 所示电路，用转移指令表法编程实现两个按键对 8 支 LED 灯的控制。控制要求如下(0 表示键按下，1 表示键未按下)。

KEY2	KEY1	LED 显示方式
0	0	D1、D3、D5、D7亮
0	1	D1～D4灭，D5～D8亮
1	0	D1～D4亮，D5～D8灭
1	1	D2、D4、D6、D8亮

1. 分析建模

两个按键有 4 种组合，分别对应 4 种 LED 显示方式，即对应两个按键的状态，程序有 4 个分支。

散转指令的指令格式：JMP　　@A+DPTR　　　;PC←(DPTR)+(A)

通常，数据指针 DPTR 固定，根据累加器 A 的内容，程序转入相应的分支程序中去。

转移指令表法就是先用无条件转移指令按一定的顺序组成一个转移表，再将转移表首地址装入数据指针 DPTR 中，然后将控制转移方向的数值装入累加器 A 中作变址，最后执行散转指令实现散转。指令转移表的存储格式如图 2.11 所示。

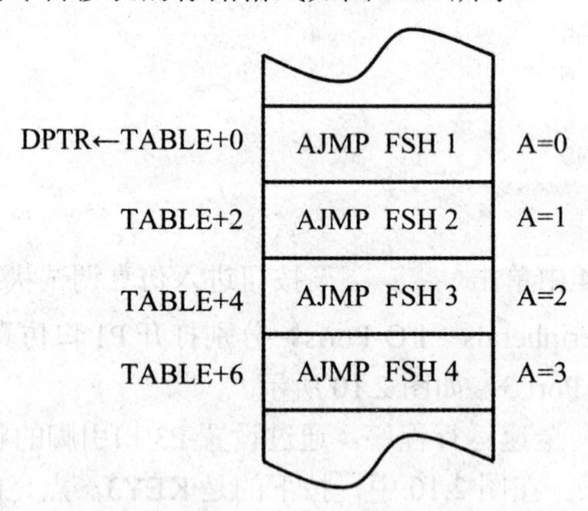

图 2.11 转移指令表的存储格式

特别提示

无条件转移指令 AJMP 是两字节指令，程序中从 P3 口读入的数据分别为 0、1、2、3，因此控制转移方向的 A 中的数值必须乘 2 修正。

2. 画流程图

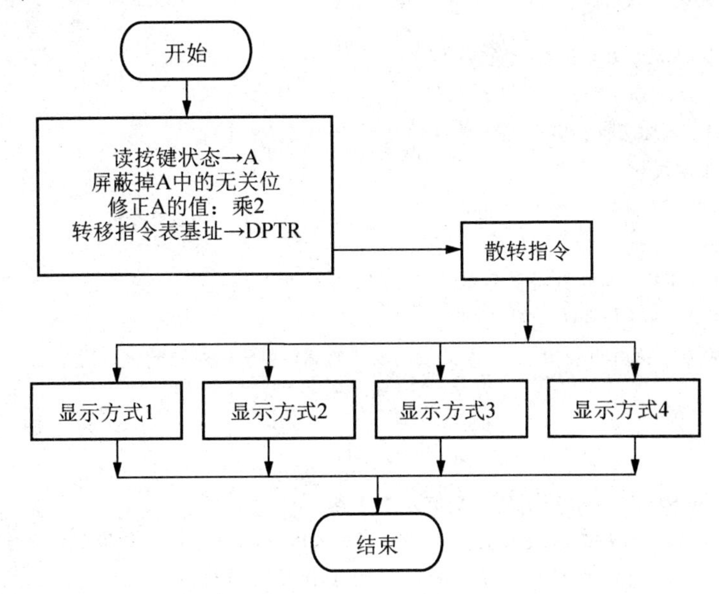

3. 编写代码

```
001              ORG     0000H
002              LJMP    BEGIN
003              ORG     0030H
004     BEGIN:   NOP
005              MOV     P3, #0FFH          ;置位 P3 口
006     LOOP:    MOV     A,P3               ;读 P3 口相应引脚线信号
007              ANL     A, #00000011B      ;屏蔽掉无关位
008              JZ      ALL_P              ;两个键均按下
009              RL      A                  ;计算偏移量，(A)*2→A
010     ALL_P:   MOV     DPTR, #TABLE       ;转移指令表的基址送DPTR
011              JMP     @A+DPTR            ;散转指令
012     FSH1:    MOV     P1, #0AAH          ;显示方式一
013              SJMP    LOOP
014     FSH2:    MOV     P1, #0FH           ;显示方式二
015              SJMP    LOOP
016     FSH3:    MOV     P1, #0F0H          ;显示方式三
017              SJMP    LOOP
018     FSH4:    MOV     P1, #55H           ;显示方式四
019              SJMP    LOOP
020     TABLE:   AJMP    FSH1               ;转移指令表
021              AJMP    FSH2
022              AJMP    FSH3
023              AJMP    FSH4
024
025              END
```

动手练习

程序中第 13 行、15 行、17 行、19 行是为了连续观察 4 种显示方式，如果每次运行只看一种，可将“LOOP”改成“$”，同时删除第 6 行的标号。

MCS-51 的 4 个 I/O 端口共有 3 种操作方式。

(1) 输出数据方式。如:

MOV P1, #00H ;输出数据 00H→P1 端口锁存器→P1 引脚

(2) 读端口数据方式如:

MOV A, P3; A←P3 端口锁存器

(3) 读端口引脚方式如:

MOV P3, #0FFH ;P3 口端口锁存器各位置 1

MOV A, P3 ;A←P3 端口引脚状态

读引脚方式必须连续使用两条指令，首先必须使欲读的端口引脚所对应的锁存器置位，然后再读引脚状态。

LJMP、AJMP 和 SJMP 在应用上的区别有以下 3 点。

(1) 转移距离不同，LJMP 可在 64KB 范围内转移，AJMP 指令可以在本指令取出后的 2KB 范围内转移，SJMP 的转移范围是以本指令为核心的-128～+127B 范围内转移。

(2) 汇编后机器码的字节数不同，LJMP 是三字节指令，AJMP 和 SJMP 都是两字节指令。

(3) LJMP 和 AJMP 都是绝对转移指令，可以计算得到转移目的地址，而 SJMP 是相对转移指令，只能通过转移偏移量来进行计算。

选择无条件转移指令的原则是根据跳转的远近，尽可能选择占用字节数少的指令。例如动态暂停指令一般都选用 SJMP $，而不用 LJMP $。

4. 仿真调试

(1) 在 Keil μ Vision4 中单击 Start/Stop Debug Session (Ctrl+F5) 按钮进入仿真调试状态。

(2) 执行菜单命令 Peripherals→I/O-Ports►，分别打开 P1 口仿真对话框 Parallel Port 1、P3 口仿真对话框 Parallel Port 3，如图 2.12 所示。

(3) 单击 Run (F5) 按钮，全速运行程序。通过设置 P3 口引脚的状态来模拟按键，通过 P1 口的变化来模拟灯的亮灭。在图 2.12 中，按下的是 KEY3，点亮的是 D3。

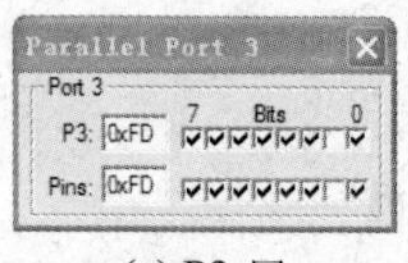

(a) P3 口

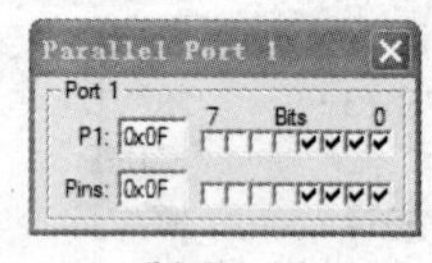

(b) P1 口

图 2.12 例 2.6 仿真调试结果

(4) 在 Proteus ISIS 中打开或画出图 2.1 所示电路，将在 Keil μ Vision4 中产生的 HEX 文件装入 AT89C51，运行并查看效果。

2.3 循环程序设计

循环结构程序是把需要多次重复使用的程序段，利用转移指令反复转向该程序段，从而大大缩短程序代码，减少占用程序空间，程序结构也大大优化。循环程序由以下 4 部分组成。

1. 初始化部分

程序在进入循环处理之前必须先设立初值，例如循环次数计数器、工作寄存器以及其他变量的初始值等，为进入循环做准备。

2. 循环体

循环体也称为循环处理部分，是循环程序的核心。循环体用于处理实际的数据，是重复执行部分。

3. 循环控制

在重复执行循环体的过程中，不断修改和判别循环变量，直到符合循环结束条件。循环控制主要有以下两种方式。

(1) 计数循环。如果循环次数已知，用计数器计数来控制循环次数，该种控制方式用得比较多。循环次数要在初始化部分设置，在控制部分修改，每循环一次计数器内容减 1。

(2) 条件控制循环。在循环次数未知的情况下，一般通过设立结束条件来控制循环的结束。

4. 循环结束处理

该部分程序用于存放执行循环程序所得结果以及恢复各工作单元的初值等。

循环程序通常有两种编制方法：一种是“先执行后判断”；另一种是“先判断后执行”，如图 2.13 所示。

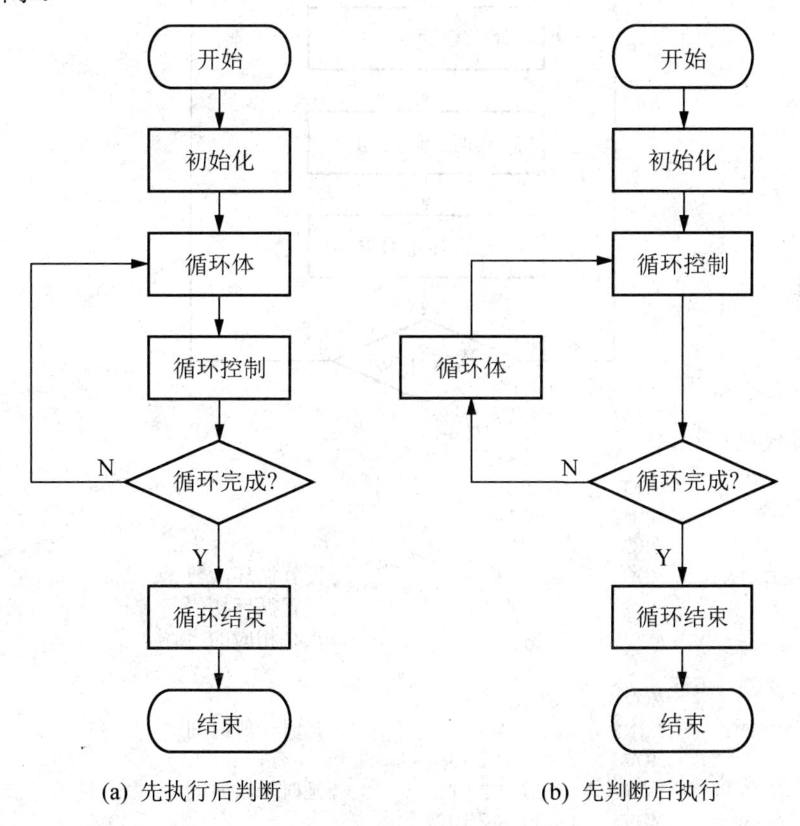

图 2.13　循环程序的两种基本结构

根据有无嵌套，循环结构又分为单循环、双循环和多重循环。

2.3.1 单循环程序设计

例 2.7 基于图 2.1 所示电路，编程实现 8 个 LED 灯右流水显示：从 D1 到 D8 再到 D1，间隔一定时间每次点亮一个灯，重复进行。

1. 分析建模

流水显示是一种动态显示方式，逐一点亮一个灯，使人们感觉到点亮灯的位置在移动。根据流水的方向，要向 P1 口重复依次送入以下立即数：FEH、FDH、FBH、F7H、EFH、DFH、BFH、7FH。

为了看清流水效果，必须在点亮一个 LED 灯后加一段延时程序，使该显示状态稍微停顿，这样人眼才能区别开来。

2. 画流程图

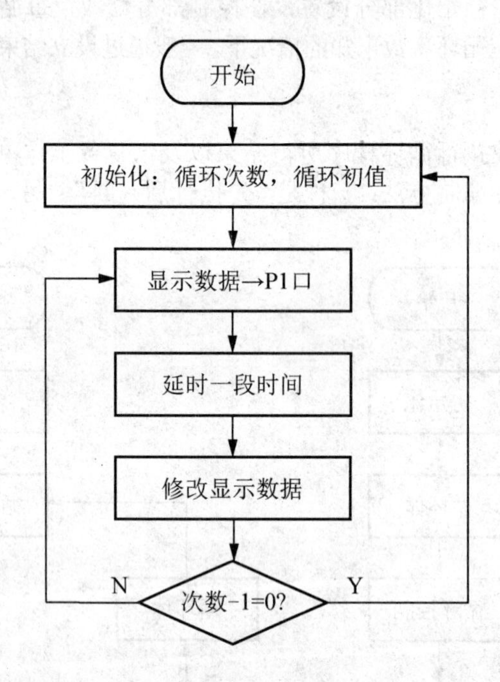

3. 编写代码

```
001            ORG    0000H
002            LJMP   BEGIN
003            ORG    0030H
004  BEGIN:    MOV    R2, #8          ;设置循环次数
005            MOV    A, #0FEH        ;设置循环初值
006  LOOP:     MOV    P1, A           ;点亮相应的LED灯
007
008            MOV    R3, #250
009  WAIT:     DJNZ   R3, WAIT        ;延时一段时间
010            MOV    R3, #250
011  WAIT1:    DJNZ   R3, WAIT1       ;延时一段时间
012            MOV    R3, #250
013  WAIT2:    DJNZ   R3, WAIT2       ;延时一段时间
014
015            RL     A
```

```
016              DJNZ    R2, LOOP
017              AJMP    BEGIN
018
019              END
```

特别提示

程序中的第 8～第 13 行是 3 段重复的用于延时的指令，可以用后面讲的延时子程序代替。

4. 仿真调试

(1) 在 Keil μ Vision4 中单击 按钮进入仿真调试状态。

(2) 执行菜单命令 Peripherals→I/O-Ports▶→Port 1 打开 P1 口仿真对话框 Parallel Port 1；单击 按钮打开片内 RAM 仿真对话框 Memory 1，并在 Address 文本框中输入“d:90h”，如图 2.14(b)所示。

特别提示

P1 口的地址是 90h。

(3) 单击 按钮，全速运行程序，可以观察 P1 口引脚状态及特殊功能寄存器 P1 数值的变化，如图 2.14 所示。

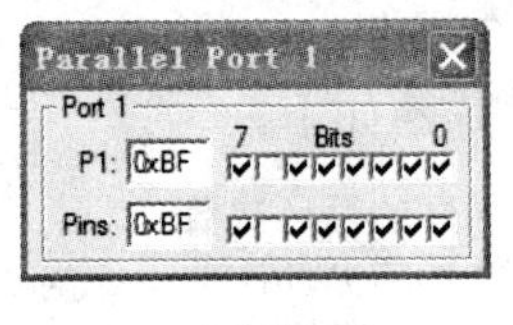

(a) P1 口

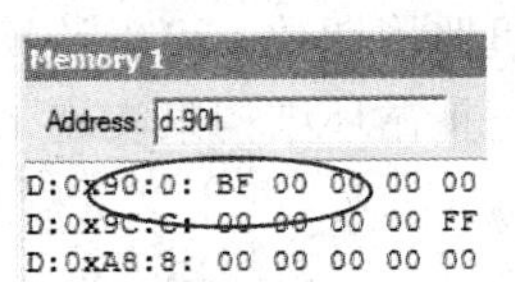

(b) 片内 RAM

图 2.14　例 2.7 仿真调试结果

(4) 在 Proteus ISIS 中打开或画出图 2.1 所示电路，将在 Keil μ Vision4 中产生的 HEX 文件装入 AT89C51，运行并查看效果。

2.3.2　嵌套循环程序设计

有些复杂问题(如例 2.7 中的延时)，必须采用多重循环的程序结构，即循环程序中包含循环程序或一个大循环中包含多个小循环程序。多重循环程序结构又称嵌套循环结构。使用嵌套循环结构应注意两点：一是各重循环不能交叉；二是不能从外循环跳入内循环。

在例 2.7 中使用了延时程序段之后，才能看到正确的显示结果。延时程序在单片机汇编语言程序设计中使用非常广泛，例如：键盘接口程序设计中的软件消除抖动、动态 LED 显示程序设计、LCD 接口程序设计、串行通信接口程序设计等。所谓延时就是让 CPU 做一些与主程序功能无关的操作(例如将一个数字逐次减 1 直到为 0)来空耗掉 CPU 的时间。由于已知 CPU 执行每条指令的准确时间，因此执行整个延时程序的时间也可以精确计算出来。也就是说，可以写出延时长度任意而且精度相当高的延时程序。

例 2.8　基于图 2.1 所示电路，编程实现 8 个 LED 灯右流水显示：从 D1 到 D8 再到 D1，间隔 1 秒，每次点亮一个灯，重复进行。设单片机时钟晶振频率为 f_{osc}=12MHz。

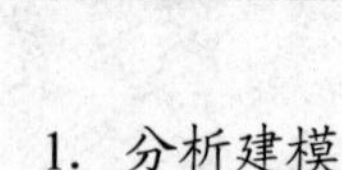

1. 分析建模

在例 2.7 的基础上，本例的重点是如何精确延时 1s。

延时程序一般采用循环程序结构编程，通过确定循环程序中的循环次数和循环程序段两个因素来确定延时时间。对于循环程序段来讲，必须知道每一条指令的执行时间，这里涉及几个非常重要的概念，即时钟周期、机器周期和指令周期。

1) 时钟周期 $T_{时钟}$

时钟周期是计算机基本时间单位，同单片机使用的晶振频率有关，计算公式为

$$T_{时钟}=\frac{1}{f_{osc}}$$

例 2.8 中 $T_{时钟}=\frac{1}{f_{osc}}$=12=83.3ns。

2) 机器周期 $T_{机器}$

机器周期是指 CPU 完成一个基本操作(如取指、读数据等)所需时间，计算公式为

$$T_{机器}=12\times T_{时钟}$$

例 2.8 中，$T_{机器}=12T_{时钟}=\frac{1}{12}\times 12=1\mu s$。

3) 指令周期

指令周期是指执行一条指令所需要的时间，由于指令汇编后有单字节指令、双字节指令和三字节指令，因此指令周期没有确定值，一般为 1～4 个 $T_{机器}$。在附录 D 中给出了每条指令所需的机器周期数，可以计算每一条指令的指令周期。

本例采用三重循环结构来实现 1s 精确定时，程序片断如下。

```
DELAY: MOV      R5, #W          ;外循环的循环次数
DEL2:  MOV      R6, #M          ;中循环的循环次数
DEL1:  MOV      R7, #N          ;内循环的循环次数
DEL0:  NOP
       DJNZ     R7, DEL0
       DJNZ     R6, DEL1
       DJNZ     R5, DEL2
```

程序中使用的 3 种指令执行一次所需指令周期(详见附录 D)分别为：

① MOV Rn, #data　　;$1\times T_{机器}=1\mu s$

② NOP　　;$1\times T_{机器}=1\mu s$

③ DJNZRn, rel　　;$2\times T_{机器}=2\mu s$

(1) 内循环。

```
       MOV      R7, #N          ;内循环的循环次数
DEL0:  NOP
       DJNZ     R7, DEL0
```

设置循环次数所需时间：1μs

执行循环 1 次所需时间：1μs +2μs = 3μs

因此内循环延时时间为：$(N\times3+1)\mu s$，其中 N 为内循环的循环次数。

(2) 中循环。

```
       MOV      R6, #M          ;中循环的循环次数
```

```
DEL1:           内循环
        DJNZ    R6, DEL1
```

设置循环次数所需时间：1μs

执行循环 1 次所需时间：$(N\times3+1)$ μs +1μs = $(N\times3+2)$ μs

因此中循环延时时间为：$(M\times(N\times3+2)+1)$μs，其中 M 为中循环的循环次数。

(3) 外循环。

```
        MOV     R5, #W                  ;外循环的循环次数
DEL2:           中循环
        DJNZ    R5, DEL2
```

设置循环次数所需时间：1μs

执行循环 1 次所需时间：$(M\times(N\times3+2)+1)$μs +1μs = $(M\times(N\times3+2)+2)$μs。

因此外循环延时时间为：$(W\times(M\times(N\times3+2)+2)+1)$μs，其中 W 为外循环的循环次数。

通过上面的分析，当 f_{osc}=12MHz 时，该三重循环延时程序精确的延时时间为：

$$(3WMN+2WM+2W+1)\mu s$$

要延时 1s，即 $3WMN+2WM+2W+1=1000000$。由于 W、M、N 的最大值为 255(FFH)，因此应合理地分配它们的值。假设 $W=100$，$M=100$，则 $N\approx33$，即内循环延时 100μs，中循环延时 10101μs=10.101ms，外循环延时 1010101μs=1010.101ms≈1.01s，误差 1%。通过调整于 W、M、N 的值，可以改善精度。

在精度要求不高的情况下，可将计算公式简化为：$3WMN=1000000$。假设 $W=200$，$M=20$，则 $N\approx83$。

精确计算的延时时间为：$(3WMN+2WM+2W+1)$μs≈1.004s，误差 0.4%。

粗略计算的延时时间为：$(3WMN)$μs = 0.996s，误差−0.4%。

2. 画流程图(延时部分)

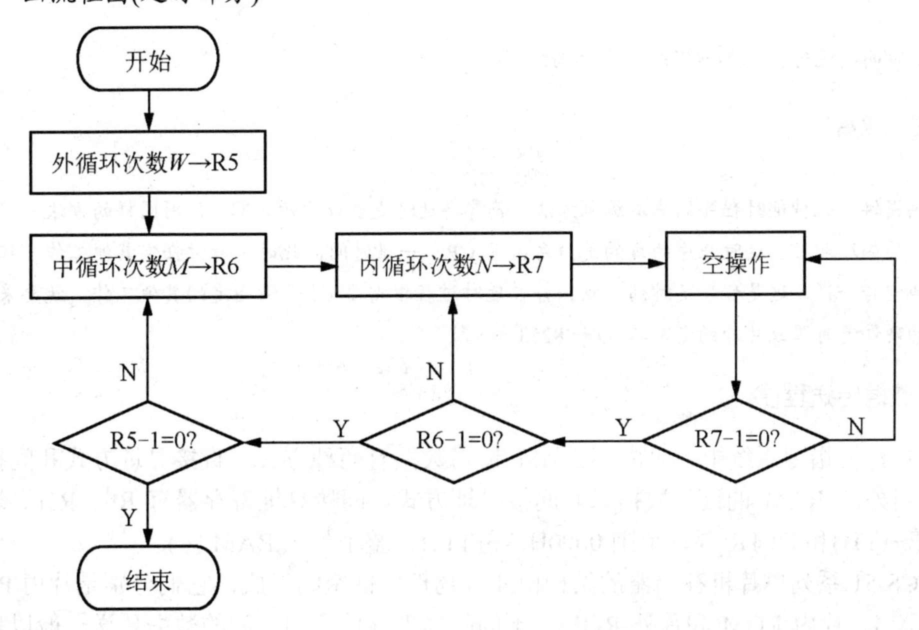

3. 编写代码

```
001              ORG     0000H
002              LJMP    BEGIN
003              ORG     0030H
004     BEGIN:   MOV     R2, #8            ;设置循环次数
005              MOV     A, #0FEH          ;设置循环初值
006     LOOP:    MOV     P1, A             ;点亮相应的LED灯
007
008     DELAY:                             ;延时1s
009              MOV     R5, #200          ;外循环的循环次数
010     DEL2:    MOV     R6, #20           ;中循环的循环次数
011     DEL1:    MOV     R7, #83           ;内循环的循环次数
012     DEL0:    NOP
013              DJNZ    R7, DEL0
014              DJNZ    R6, DEL1
015              DJNZ    R5, DEL2
016
017              RL      A
018              DJNZ    R2, LOOP
019              AJMP    BEGIN
020
021              END
```

4. 仿真调试

(1) 基本步骤与例 2.7 类似。

(2) 在 Proteus ISIS 中仿真运行时，注意观察亮灯的时间间隔。

动手练习

若要时间间隔为 2s，如何修改程序代码？

总结提高

本例提供了一种延时程序的基本编制方法，若需要延时更长或更短时间，只用同样的方法采用更多重或更少重的循环即可。延时程序的目的是白白占用 CPU 一段时间，此时不能做任何其他工作，就像机器在不停地空转一样，这是程序延时的缺点。若在延时过程中需要 CPU 做指定的其他工作，就要采用单片机内部的硬件定时器或片外的定时芯片(如 8253 等)。

2.3.3 数据传送程序

在单片机指令系统中，对内部 RAM 读写数据有两种方式：直接寻址方式和间接寻址方式。对外部 RAM 的读写数据只有间接寻址方式，间接寻址寄存器有 R0、R1(寻址范围是 00H～FFH)和 DPTR(寻址范围 0000H～FFFFH，整个外部 RAM 区)。

MCS-51 系列单片机存储器的结构由 4 种物理存储空间组成，它们分别是片内 RAM、片外 RAM、片内 ROM 和片外 ROM。不同的物理存储空间之间的数据传送一般以累加器

A 作为数据传输的中心，如图 2.15 所示。

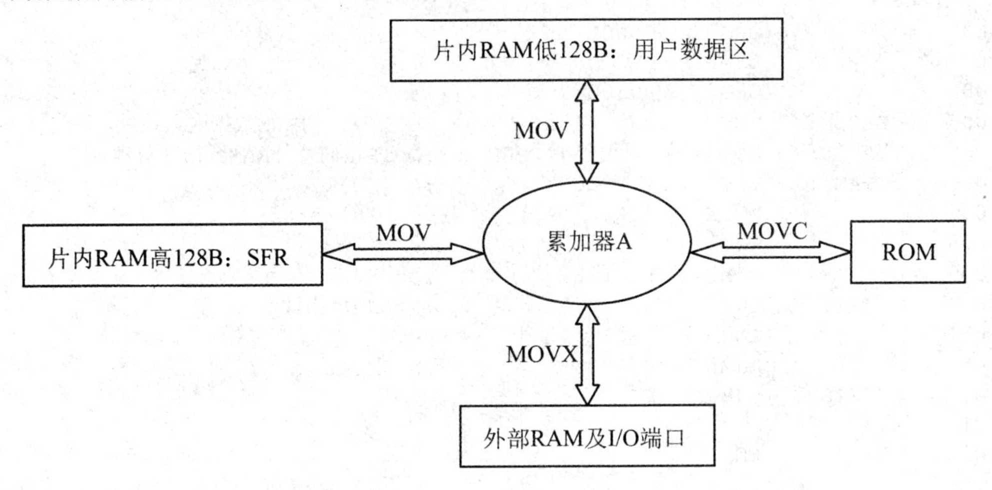

图 2.15　以累加器 A 为中心的不同存储空间的数据传送示意图

不同的存储空间是独立编址的，在传送指令中的区别在于不同的指令助记符，例如：

```
MOV     R0, #30H
MOV     A, @R0          ;内部 RAM(30H)→A
MOVX    A, @R0          ;外部 RAM(30H)→A
```

例 2.9　不同存储区域之间的数据传输。将内部 RAM 40H 单元开始的内容依次传送到外部 RAM　0200H 单元开始的区域，直到遇到传送的内容是 0FFH 为止。

1. 分析建模

例 2.9 要解决的关键问题是：数据块的传送和不同存储区域之间的数据传送。前者采用循环程序结构，以条件控制结束；后者采用间接寻址方式，以累加器 A 作为中间变量实现数据传输。

2. 画流程图

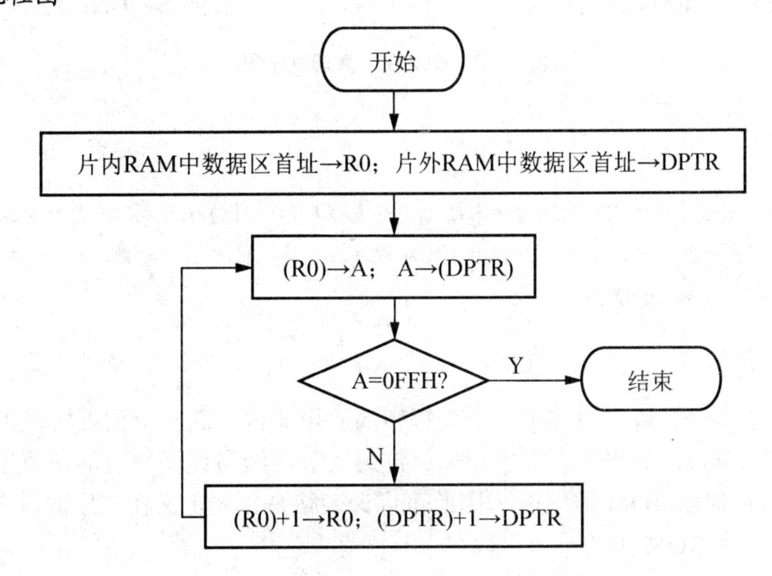

3. 编写代码

```
001                 ORG     0000H
002                 LJMP    BEGIN
003                 ORG     0030H
004     BEGIN:      MOV     R0, #40H            ;R0指向片内RAM数据区首地址
005                 MOV     DPTR, #0200H        ;DPTR指向片外RAM数据区首地址
006     TRANS:      MOV     A, @R0              ;A←(R0)
007                 MOVX    @DPTR, A            ;(DPTR)←A
008                 CJNE    A, #0FFH, NEXT
009                 SJMP    FINISH              ;A=0FFH，传送完成
010     NEXT:       INC     R0                  ;修改地址指针
011                 INC     DPTR
012                 AJMP    TRANS               ;继续传送
013     FINISH:     SJMP    $
014
015                 END
```

4. 仿真调试

(1) 在 Keil μ Vision4 中单击按钮进入仿真调试状态。

(2) 单击按钮打开片内 RAM 仿真对话框 Memory 1、Memory 2，并分别在其 Address 文本框中输入“d:40h”、“x:0200h”，分别用来模拟片内 RAM 数据区、片外 RAM 数据区，如图 2.16 所示。

(3) 在 Memory 1 对话框中，将 40H～49H 单元的数据分别改为 01H、02H、03H、04H、0FFH、06H、07H、08H、09H、0AH，如图 2.16(a)所示，用来模拟片内 RAM 数据。

(4) 打开 Memory 2 对话框，单击按钮，全速运行程序，可以观察到数据传送的结果，如图 2.16(b)所示；如连续单击按钮，可以观察到数据传送的过程。

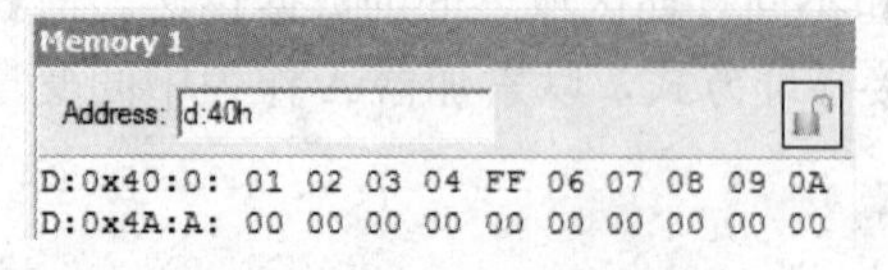

(a) 片内 RAM 数据区

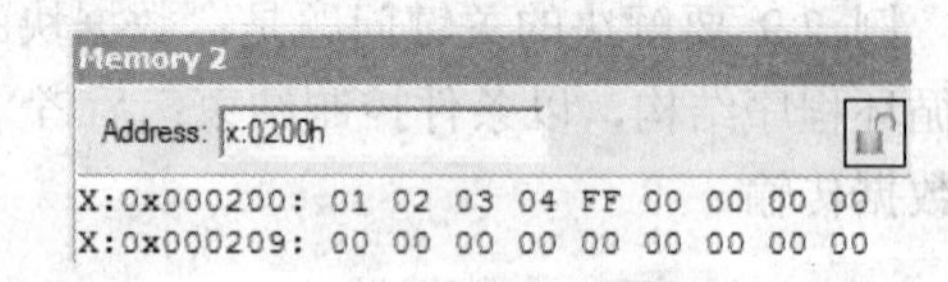

(b) 片外 RAM 数据区

图 2.16 例 2.9 仿真调试结果

总结提高

循环程序与分支程序的比较：循环程序本质上是分支程序的一种特殊形式，凡是分支程序可以使用的转移指令，循环程序一般都可以使用。并且由于循环程序在程序设计中的重要性，单片机指令系统还专门提供了循环控制指令，如 DJNZ 等。

2.3.4 查表程序

在单片机汇编语言程序设计中，查表程序的应用非常广泛。所谓表格是指在程序中定义的一串有序的常数，如平方表、字型码、键码表等。因为程序一般都是固化在程序存储器(通常是只读存储器 ROM 类型)中，因此可以说表格是预先定义在程序的数据区中，然后和程序一起固化在 ROM 中的一串常数。

查表程序的关键是表格的定义和如何实现查表。

单片机提供了两条专门用于查表操作的查表指令：

```
MOVC    A,@A+DPTR          ;(A+DPTR)→A
MOVC    A,@A+PC            ;PC+1→PC, (A+PC)→A
```

例 2.10　基于图 2.1 所示电路，用查表方式编程实现 8 个 LED 灯右流水显示：从 D1 到 D8 再到 D1，间隔 1s，每次点亮一个灯，重复进行。

1. 分析建模

8 个 LED 灯以共阳极方式接在 P1 口上，因此，向 P1 口输出数据 0FEH、0FDH、0FBH、0F7H、0EFH、0DFH、0BFH、7FH，可分别点亮 D1～D8。将上述 8 个数据在程序代码中定义成表格，通过变址寻址查表获得相应的数据，如图 2.17 所示。

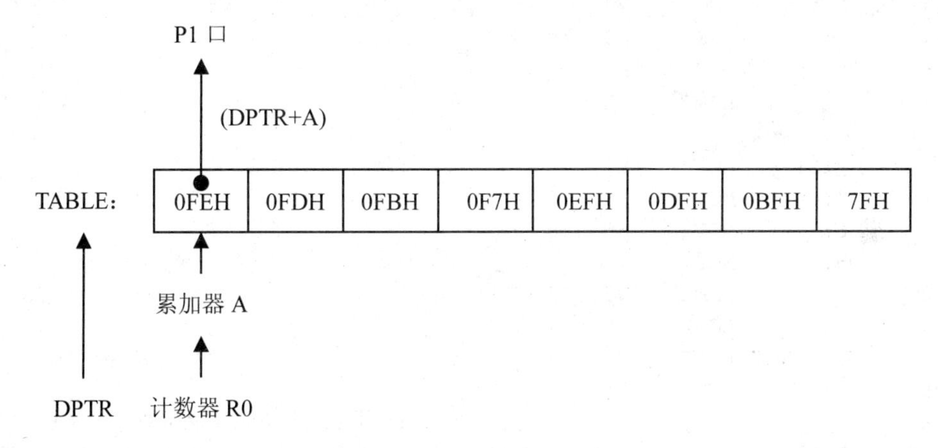

图 2.17　变址寻址方式查表

2. 画流程图

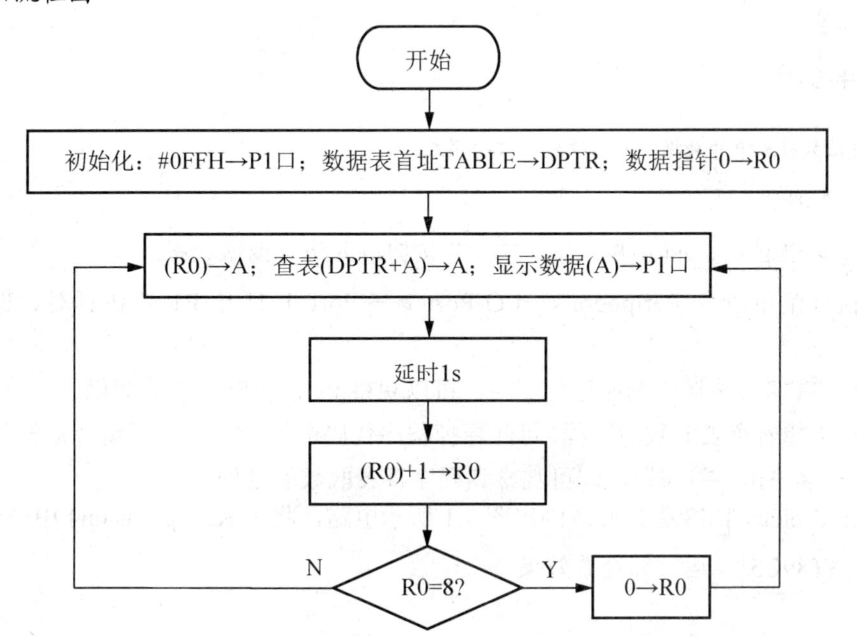

3. 编写代码

```
001                ORG     0000H
002                AJMP    MAIN
003                ORG     0030H
004    MAIN:       MOV     P1, #0FFH            ;开机全灭
005                MOV     DPTR, #TABLE
006                MOV     R0, #0
007    NEXT:       MOV     A, R0
008                MOVC    A, @A+DPTR
009                MOV     P1, A
010
011                LCALL   D_1S                 ;调用延时子程序
012
013                INC     R0
014                CJNE    R0, #8, NEXT
015                MOV     R0, #0
016                LJMP    NEXT
017
018    D_1S:       MOV     R7, #200             ;延时1s子程序
019    D7:         MOV     R6, #20
020    D6:         MOV     R5, #83
021    D5:         NOP
022                DJNZ    R5, D5
023                DJNZ    R6, D6
024                DJNZ    R7, D7
025                RET
026                                             ;8 个 LED灯右流水显示数据
027    TABLE:      DB      0FEH, 0FDH, 0FBH, 0F7H, 0EFH, 0DFH, 0BFH, 7FH
028
029                END
```

动手练习

通过更改数据表中的数据，可以改变亮灯的模式。

4. 仿真调试

(1) 在 Keil μ Vision4 中单击[Start/Stop Debug Session (Ctrl+F5)]按钮进入仿真调试状态。

(2) 执行菜单命令 Peripherals→I/O-Ports▶→Port 1 打开 P1 口仿真对话框 Parallel Port 1。

(3) 单击[Run (F5)]按钮，全速运行程序，可以观察 P1 口引脚状态的变化。

(4) 如果想看查表取数的过程，可注释掉程序代码中第 11 行，重新编译后执行步骤(1)、(2)，然后连续单击[Step (F11)]按钮，即可观察到程序查表取数的过程。

(5) 在 Proteus ISIS 中打开或画出图 2.1 所示电路，将在 Keil μ Vision4 中产生的 HEX 文件装入 AT89C51，运行并查看效果。

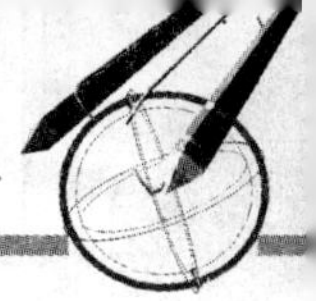

2.4　子程序设计与堆栈技术

在解决实际问题时，经常会遇到一个程序中多次使用同一个程序段，例如延时程序、查表程序、算术运算程序等功能相对独立的程序段。

为了节约内存，把这种具有一定功能的独立程序段编成子程序，例如延时子程序。当需要时，可以去调用这些独立的子程序。调用子程序的程序称为主程序。

2.4.1　子程序设计

在实际的单片机应用系统软件设计中，为了使程序结构更加清晰，易于设计、易于修改，增强程序可读性，基本上都要使用子程序结构。

1. 子程序设计原则

子程序作为一个具有独立功能的程序段，编程时需遵循以下原则。

(1) 子程序的第一条指令必须有标号，明确子程序入口地址。

(2) 以返回指令 RET 结束子程序。

(3) 简明扼要的子程序说明部分。

在子程序前，为了提高程序的可读性，应以程序注释的形式对子程序进行以下说明。

① 子程序名：提供给主程序调用的名字。

② 程序功能：简要说明子程序能完成的主要功能。

③ 入口参数：主程序需要向子程序提供的参数。

④ 出口参数：子程序执行完之后向主程序返回的参数。

⑤ 占用资源：该子程序中使用了哪些存储单元、寄存器等。

(4) 较强的通用性和可浮动性，尽可能避免使用具体的内存单元和绝对转移地址等。

(5) 注意保护现场和恢复现场。

2. 参数传递的方法

主程序调用子程序时，主程序和子程序之间存在参数互相传递的问题。参数传递一般包括以下 3 种方法。

(1) 寄存器传递参数。

(2) 利用堆栈传递参数。

(3) 利用地址传递参数。

3. 子程序调用中应注意的问题

由于子程序调用过程中 CPU 自动使用了堆栈，因此，容易出现以下几种错误。

(1) 忘记给堆栈指针 SP 赋栈底初值，堆栈初始化位置与第一组工作寄存器重合，如果以不同的方式使用了同一个内存区域，会导致程序乱套。

(2) 程序中的 PUSH 和 POP 没有配对使用，使 RET 指令执行时不能弹出正确的断点地址，造成返回错误。

(3) 堆栈设置太小，栈操作增长太大，使栈区与其他内存单元重合。

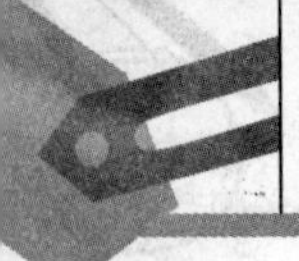

4. 子程序嵌套

主程序调用子程序，子程序又调用另外的子程序的程序结构，称为子程序的嵌套。一般来说，子程序嵌套层数理论上是无限的，但实际上，受堆栈深度的影响，嵌套层数是有限的。

例 2.11 基于图 2.1 所示电路，编程使 P1 口连接的 8 个 LED 按下面方式显示：从 D1 开始，每个 LED 闪烁 1 次，再移向下一个 LED 闪烁 1 次，循环不止。闪烁时间从 D1 开始依次减少 50ms。

1. 分析建模

每个 LED 灯的控制模式为：亮→延时→灭→延时。其中两次用到延时，因此把延时程序段编成子程序。

每个 LED 灯的闪烁时间不等，延时子程序需有入口参数。

2. 画流程图

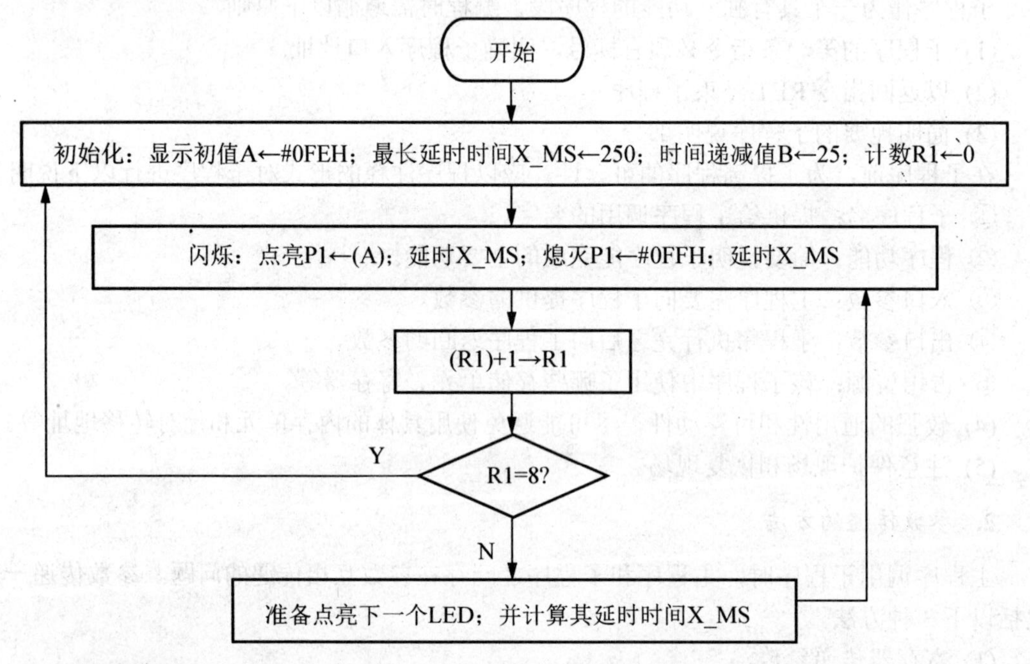

3. 编写代码

```
001        ;变量定义
002        X_MS      EQU      40H
003        ;主程序
004                  ORG      0000H
005                  AJMP     MAIN
006                  ORG      0030H
007        MAIN:     MOV      A, #0FEH          ;送显示初值
008                  MOV      X_MS, #250        ;最长延时时间
009                  MOV      B, #25            ;闪烁间隔时间递减值
010                  MOV      R1, #0            ;计数
011        LP:       MOV      P1, A             ;点亮
012                  LCALL    DELAY             ;调用延时子程序
```

```
013              MOV     P1, #0FFH        ;熄灭
014              LCALL   DELAY            ;调用延时子程序
015              INC     R1
016              CJNE    R1, #8, JIXU
017              LJMP    MAIN             ;从D1重新开始
018    JIXU:     RL      A                ;准备下一个灯闪烁
019              PUSH    ACC
020              MOV     A, X_MS
021              CLR     C
022              SUBB    A, B
023              MOV     X_MS, A
024              POP     ACC
025              LJMP    LP               ;下一个灯开始闪烁
026    ;-------------------------------------------------------------
027    ;子程序名: DELAY
028    ;程序功能: 延时 Xms。入口参数 X_MS 存放在片内 RAM 的 40H 中
029    ;-------------------------------------------------------------
030    DELAY:    MOV     R7, X_MS
031    D7:       MOV     R6, #10          ;1ms
032    D6:       MOV     R5, #33          ;100μs
033    D5:       NOP
034              DJNZ    R5, D5
035              DJNZ    R6, D6
036              DJNZ    R7, D7
037              RET
038
039              END
```

总结提高

子程序的第一个语句必须有一个标号，如 DELAY，代表该子程序的入口地址，供主程序调用；子程序的最后一句必须是子程序返回指令 RET。子程序一般放在主程序的后面。子程序只需书写一次，主程序可以反复调用它。

4. 仿真调试

(1) 在 Keil μ Vision4 中单击 Start/Stop Debug Session (Ctrl+F5) 按钮进入仿真调试状态。

(2) 执行菜单命令 Peripherals→I/O-Ports▶→Port 1 打开 P1 口仿真对话框 Parallel Port 1；单击 Memory Windows 按钮打开片内 RAM 仿真对话框 Memory 1，在其 Address 文本框中输入“d:40h”，并将数据显示方式改为十进制(Decimal)。

(3) 单击 Run (F5) 按钮，全速运行程序，可以观察 P1 口引脚状态、X_MS 数值的变化，如图 2.18 所示。从图中可以看出，D4 灯的延时时间为 175ms。

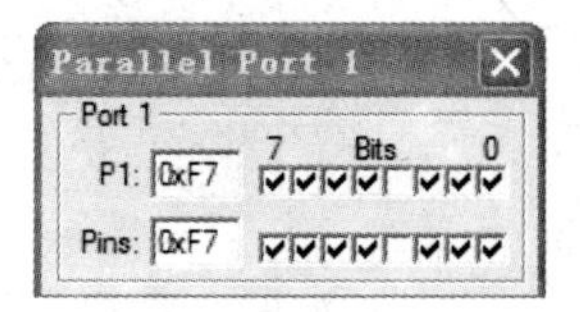

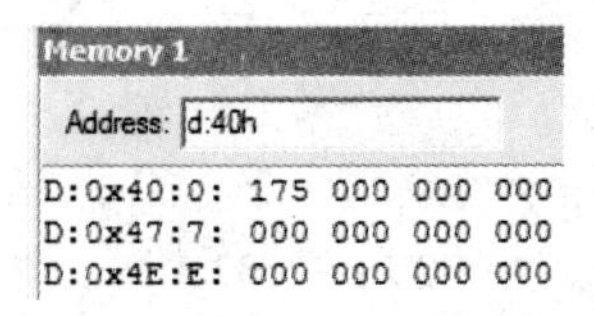

图 2.18 例 2.11 仿真调试结果

(4) 在 Proteus ISIS 中打开或画出图 2.1 所示电路，将在 Keil μ Vision4 中产生的 HEX 文件装入 AT89C51，运行并查看效果。

例 2.12 假设 X、Y 均小于 10，编程计算 $Z=X^2+Y^2$，其中 X 事先存在内部 RAM 的 31H 单元，Y 事先存在 32H 单元，把 Z 存入 33H 单元。

1. 分析建模

题目中两次使用平方的计算，因此应把求平方程序段编为子程序。

参与运算的 X、Y 均小于 10，因此可用查表法来求它们的平方值，即把 0～9 的平方值事先放在一个数据表中。

2. 画流程图

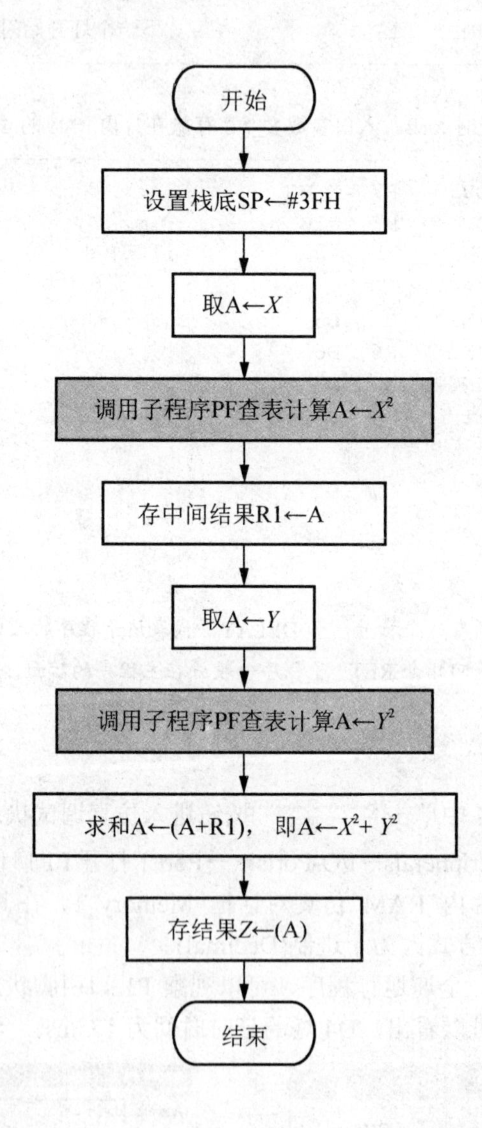

3. 编写代码

```
001        ;变量定义
002        X          EQU       31H
003        Y          EQU       32H
004        Z          EQU       33H
```

```
005      ;主程序
006                ORG      0000H
007                AJMP     MAIN
008                ORG      0030H
009      MAIN:     MOV      SP, #3FH          ;设置栈底
010                MOV      A, X              ;入口参数：X→A
011                LCALL    PF                ;调用子程序PF
012                MOV      R1, A             ;出口参数：A→R1
013                MOV      A, Y
014                LCALL    PF
015                ADD      A, R1
016                MOV      Z, A
017                SJMP     $
018      ;-----------------------------------------------------------------
019      ;子程序名：PF
020      ;程序功能：通过查表求出A中数据的平方值。入口参数、出口参数均为 A
021      ;-----------------------------------------------------------------
022      PF:       PUSH     DPH               ;保护现场
023                PUSH     DPL
024                MOV      DPTR, #TAB        ;表首地址→DPTR
025                MOVC     A, @A+DPTR        ;查表
026                POP      DPL               ;恢复现场
027                POP      DPH
028                RET
029      ;0～9的平方值
030      TAB:      DB       0, 1, 4, 9, 16, 25, 36, 49, 64, 81
031
032                END
```

4. 仿真调试

(1) 在 Keil μ Vision4 中单击 Start/Stop Debug Session (Ctrl+F5) 按钮进入仿真调试状态。

(2) 单击 Memory Windows 按钮打开片内 RAM 仿真对话框 Memory 1，在其 Address 文本框中输入“d:31h”，并将数据显示方式改为十进制(Decimal)。

(3) 在仿真运行之前，在 Memory 1 对话框中将 31H(X)、32H(Y)的值分别改为 5、7，如图 2.19(a)所示。

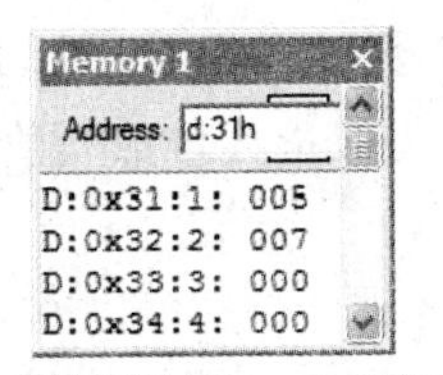

(a) 运行前给 X、Y 赋初值

(b) 运行结果

图 2.19　例 2.12 仿真调试结果

(4) 单击 Run (F5) 按钮，全速运行程序，在 Memory 1 对话框中可以观察 Z(33H)的值变为 74，如图 2.19(b)所示，符合程序设计要求。

(5) 单击 Reset 按钮将 CPU 复位，重新设置不同 *X*、*Y* 的值，可以得到不同的结果。

子程序 PF 的入口参数和出口参数都是通过累加器 A 来传送的。子程序在编制过程中经常会用到一些通用单元，如工作寄存器、累加器、数据指针 DPTR 以及 PSW 等。而这些工作单元在调用它的主程序中也会用到，为此，需要将子程序用到的这些通用编程资源加以保护，称为保护现场。在子程序执行完后需恢复这些单元的内容，称为恢复现场。

2.4.2 堆栈及其应用

堆栈实际上是内部 RAM 的一部分，堆栈的具体位置由堆栈指针 SP 确定。SP 是一个 8 位寄存器，初始化时 SP 存放的栈底地址，存入数据时(SP)+1→SP，SP 的值总是指向最后放进堆栈的数据，此时，SP 中的地址称为栈顶地址，如图 2.20 所示。单片机复位或上电时，SP 的默认值是 07H，表示堆栈栈底为 07H。

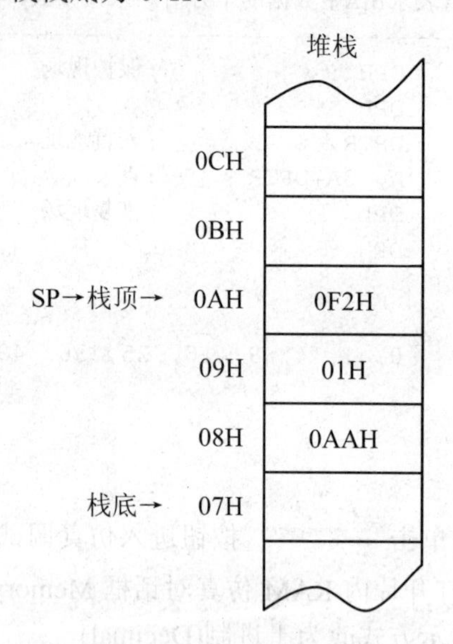

图 2.20 堆栈结构示意图

1. 堆栈操作

堆栈有两种最基本操作：向堆栈存入数据称为“入栈”(PUSH)，从堆栈取出数据称为“出栈”(POP)。堆栈中数据的存取采用后进先出方式，类似货栈堆放货物的存取方式，“堆栈”一词因此而得名。

由于单片机默认的堆栈区域同第一组工作寄存器区重合，也就是说，当把堆栈栈底设在 07H 处时，就不能使用第一组工作寄存器，如果堆栈存入数据量比较大，甚至第二组和第三组工作寄存器也不能使用了。因此，在汇编语言程序设计中，通常总是把堆栈区的位置设在用户 RAM 区。

```
MOV    SP, #70H            ;将堆栈栈底设在内部 RAM 的 70H 处
```

2. 堆栈的功能

最初，堆栈是为了子程序调用和返回而设计的，执行调用指令(LCALL、ACALL)时，

CPU 自动把断点地址压栈；执行返回指令 RET 时，自动从堆栈中弹出断点地址。

由于堆栈操作简单，程序员也经常用堆栈暂存中间结果或数据。只是使用时需要注意堆栈先进后出的特点。

另外，在子程序调用时，CPU 会自动利用堆栈进行保护现场和恢复现场。

3. 堆栈操作与 RAM 操作的比较

堆栈作为内部 RAM 的一个特殊区域，又有其独特性，为汇编语言程序设计提供了更多的方便。同内部 RAM 的操作相比较，使用堆栈有以下优点。

(1) 使用内部 RAM 必须知道单元具体地址，而堆栈只需设置好栈底地址，就可放心使用，无须再记住单元具体地址。

(2) 当需要重新分配内存工作单元时，程序中使用内部 RAM 之处，都要修改单元地址，而堆栈只需修改栈底地址就行了。

(3) 堆栈所特有的先进后出特点，使得数据弹出之后，存储单元自动回收、再次使用，充分提高了内存的利用率；而内部 RAM 的操作是不可能实现自动回收再利用的，必须通过编程员的重新分配，才能再次使用。

例 2.13　在例 2.12 中主程序与子程序之间采用累加器 A 来传递参数，若要采用堆栈来传递参数，如何修改程序？

参考程序代码如下。

```
001             ORG     0000H
002             LJMP    MAIN
003             ORG     0030H               ;主程序
004     MAIN:   MOV     SP, #60H            ;设置栈底
005             PUSH    31H                 ;X进栈,X存放在31H中
006             LCALL   PF
007             POP     ACC                 ;X的平方值
008             MOV     R1, A               ;暂存X的平方值
009             PUSH    32H                 ;Y进栈,Y存放在32H中
010             LCALL   PF
011             POP     ACC                 ;Y的平方值
012             ADD     A, R1
013             MOV     33H, A              ;结果Z保存在33H中
014             SJMP    $
015     ;--------------------------------------------------------------
016     ;子程序名：PF
017     ;程序功能：通过查表求出栈顶数据的平方值。入口参数、出口参数均为栈顶数据
018     ;--------------------------------------------------------------
019     PF:     POP     35H                 ;保护子程序调用前的现场保护
020             POP     36H
021             POP     ACC                 ;取数据
022             MOV     DPTR, #TAB          ;表首地址→DPTR
023             MOVC    A, @A+DPTR          ;查表
024             PUSH    ACC                 ;查表结果放回堆栈中
025             PUSH    36H                 ;恢复子程序调用前的现场保护
026             PUSH    35H
027             RET
028     ;0～9的平方值
```

```
029    TAB:     DB      0, 1, 4, 9, 16, 25, 36, 49, 64, 81
030
031             END
```

总结提高

在调用子程序时，需保护现场，此时CPU要用堆栈来记住子程序返回时的PC值(16位，两个单元)。调用前进栈，调用后出栈。程序中的第22行、23行是为了避开PC值而取到数据，第28行、29行是为了恢复PC值，准备返回主程序。

2.4.3 实用汇编子程序

本节从实用角度，给出了一些在单片机应用系统软件设计中经常用到的汇编语言子程序实例，包括代码转换程序、算术运算程序、查找与排序程序等，以供读者学习查阅。

1. BCD码转换为二进制数

```
001     ;-----------------------------------------------------------------
002     ;子程序名：BCDBIN
003     ;程序功能：BCD码转换为二进制数
004     ;入口参数：要转换的BCD码存在累加器A中
005     ;出口参数：转换后的二进制数存放在累加器A中
006     ;-----------------------------------------------------------------
007     BCDBIN:  PUSH    B                 ;保护现场
008              PUSH    PSW
009              PUSH    ACC               ;暂存A的内容
010              ANL     A, #0F0H          ;屏蔽掉低4位
011              SWAP    A                 ;将A的高4位与低4位交换
012              MOV     B, #10
013              MUL     AB                ;乘法指令,A % B→BA,A中高半字节乘以10
014              MOV     B, A              ;乘积不会超过256,因此乘积在A中,暂存到B
015              POP     ACC               ;取原BCD数
016              ANL     A, #0FH           ;屏蔽掉高4位
017              ADD     A, B              ;个位数与十位数相加
018              POP     PSW
019              POP     B                 ;恢复现场
020              RET
```

2. 二进制数转换为BCD码

```
001     ;-----------------------------------------------------------------
002     ;子程序名：BINBCD
003     ;程序功能：二进制数转换为BCD码
004     ;入口参数：要转换的二进制数存在累加器A中(0～FFH)
005     ;出口参数：转换后的BCD码存放在B(百位)和A(十位和个位)中
006     ;-----------------------------------------------------------------
007     BINBCD:  PUSH    PSW
008              MOV     B, #100
009              DIV     AB                ;除法指令，A/B →商在A中，余数在B中
010              PUSH    ACC               ;把商(百位数)暂存在堆栈中
011              MOV     A, #10
```

```
012             XCH      A, B              ;余数交换到 A 中，B=10
013             DIV      AB                ;A/B→商(十位)在 A 中，余数在 B(个位)中
014             SWAP     A                 ;十位数移到高半字节
015             ADD      A, B              ;十位数和个位数组合在一起
016             POP      B                 ;百位数存放到 B 中
017             POP      PSW
018             RET
```

3. ASCII 码转换为二进制数

```
001    ;----------------------------------------------------------------
002    ;子程序名：ASCBCD
003    ;程序功能：ASCII 码转换为二进制数
004    ;入口参数：要转换的 ASCII 码(30H～39H，41H～46H)存在 A 中
005    ;出口参数：转换后的 4 位二进制数(0～F)存放放在 A 中
006    ;----------------------------------------------------------------
007    ASCBCD:  PUSH     PSW               ;保护现场
008             PUSH     B
009             CLR      C                 ;清 CY
010             SUBB     A, #30H           ;ASCII 码减 30H
011             MOV      B, A              ;结果暂存 B 中
012             SUBB     A, #0AH           ;结果减 10
013             JC       SB10              ;如果 CY=1，表示该值≤9
014             XCH      A, B              ;否则该值>9，必须再减 7
015             SUBB     A, #07H
016             SJMP     FINISH
017    SB10:    MOV      A, B
018    FINISH:  POP      B                 ;恢复现场
019             POP      PSW
020             RET
```

4. 二进制数转换为 ASCII 码

```
001    ;----------------------------------------------------------------
002    ;子程序名：BINASC
003    ;程序功能：二进制数转换为 ASCII 码
004    ;入口参数：要转换的二进制数存放在 A 中
005    ;出口参数：转换后的 ASCII 码存放在 A 中
006    ;----------------------------------------------------------------
007    BINASC:  PUSH     PSW               ;保护现场
008             ANL      A, #0FH           ;屏蔽掉高 4 位
009             PUSH     ACC               ;将 A 暂存到堆栈中
010             CLR      C                 ;清 CY
011             SUBB     A, #0AH           ;A-10
012             JC       LOOP              ;判断有否借位
013             POP      ACC               ;如果没有借位，表示 A≥10
014             ADD      A, #37H
015             SJMP     FINISH
016    LOOP:    POP      ACC               ;否则 A<10
017             ADD      A, #30H
018    FINISH:  POP      PSW
019             RET
```

5. 单字节十进制数(BCD 码)减法程序

```
001      ;-----------------------------------------------------------------
002      ;子程序名：BCDSUB
003      ;程序功能：单字节十进制数(BCD 码)减法
004      ;入口参数：被减数存放在 R6 中，减数存放在 R7 中
005      ;出口参数：差数存放在累加器 A 中
006      ;-----------------------------------------------------------------
007      BCDSUB:  CLR     C
008               MOV     A, #9AH          ;两位 BCD 模→A
009               SUBB    A, R7            ;求减数的补数→A
010               ADD     A, R6            ;被减数+减数的补数→A
011               DA      A                ;十进制加法调整
012               CLR     C                ;清进位位
013               RET
```

6. 双字节无符号数乘法

```
001      ;-----------------------------------------------------------------
002      ;子程序名：DMUL
003      ;程序功能：双字节无符号数乘法
004      ;入口参数：被乘数存放在 R2、R3 寄存器中(R2 高位，R3 低位)
005      ;乘数存放在 R6、R7 寄存器中(R6 高位，R7 低位)
006      ;出口参数：乘积存放在 R4、R5、R6、R7 寄存器中(R4 为高位，R7 为低位)
007      ;-----------------------------------------------------------------
008      DMUL:    PUSH    ACC              ;保护现场
009               PUSH    PSW
010               MOV     R4, #0           ;部分积清 0
011               MOV     R5, #0
012               MOV     R0, #16          ;计数器清 0
013               CLR     C                ;CY=0
014      NEXT:    ACALL   RSHIFT           ;部分积右移一位，CY→R4→R5→R6→R7→CY
015               JNC     NEXT1            ;若乘数中相应的位是为 0，则转移到 NEXT1
016               MOV     A, R5            ;否则，部分积加上被乘数(双字节加法)
017               ADD     A, R3
018               MOV     R5, A
019               MOV     A, R4
020               ADDC    A, R2
021               MOV     R4, A
022      NEXT1:   DJNZ    R0, NEXT         ;次数是否为 0，若不为 0 转移到 NEXT
023               ACALL   RSHIFT           ;部分积右移一位
024               POP     PSW              ;恢复现场
025               POP     ACC
026               RET
027      ;-----------------------------------------------------------------
028      ;子程序名：RSHIFT
029      ;程序功能：部分积右移一位
030      ;入口参数：部分积 R4 R5 R6 R7
031      ;出口参数：CY→R4→R5→R6→R7→CY
032      ;-----------------------------------------------------------------
033      RSHIFT:  MOV     A, R4
034               RRC     A                ;CY→R4→CY
```

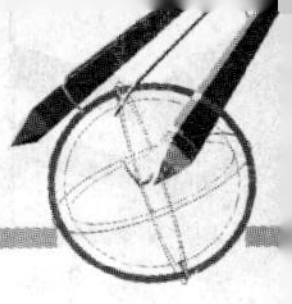

```
035            MOV     R4, A
036            MOV     A, R5
037            RRC     A                 ;CY→R5→CY
038            MOV     R5, A
039            MOV     A, R6
040            RRC     A                 ;CY→R6→CY
041            MOV     R6, A
042            MOV     A, R7
043            RRC     A                 ;CY→R7→CY
044            MOV     R7, A
045            RET
```

7. 16位/8位无符号数除法

```
001    ;-------------------------------------------------------------
002    ;子程序名: DDIV
003    ;程序功能: 16 位/8 位无符号数除法
004    ;入口参数: 被除数存放在 R6、R5 中(R6 高 8 位, R5 低 8 位), 除数存放在 R2 中
005    ;出口参数: 商存放在 R5 中, 余数存放在 R6 中
006    ;占用资源: 位地址单元 07H 作为标志位暂存单元
007    ;-------------------------------------------------------------
008    DDIV:   PUSH    PSW
009            MOV     R7, #08H          ;R7 为计数器初值寄存器, R7=08
010    DDIV1:  CLR     C                 ;清 CY
011            MOV     A, R5             ;部分余数左移一位(第一次为被除数移位)
012            RLC     A                 ;CY←R5←R6←0
013            MOV     R5, A
014            MOV     A, R6
015            RLC     A
016            MOV     07H, C            ;位地址单元 07H 用作标志位单元, 存放中间
                                          结果
017            CLR     C
018            SUBB    A, R2             ;高位余数-除数
019            JB      07H, NEXT         ;若标志位为 1, 则够减
020            JNC     NEXT              ;没有借位, 也说明够减
021            ADD     A, R2             ;否则, 不够减, 恢复余数
022            SJMP    NEXT1
023    NEXT:   INC     R5                ;够减, 商上 1
024    NEXT1:  MOV     R6, A             ;保存余数
025            DJNZ    R7, DDIV1
026            POP     PSW
027            RET
```

8. 片内 RAM 中数据检索程序设计

```
001    ;-------------------------------------------------------------
002    ;子程序名: FIND
003    ;程序功能: 片内 RAM 中数据检索
004    ;入口参数: R0 指向块首地址, R1 中为数据块长度, 关键字存放在累加器 A 中
005    ;出口参数: 若找到关键字, 把关键字在数据块中的序号存放到 A 中, 若找不到关键字, A
        中存放序号 00H
006    ;-------------------------------------------------------------
007    ;占用资源: R0, R1, R2, A, PSW
```

```
008        ;----------------------------------------------------------------
009        FIND:    PUSH   PSW
010                 PUSH   ACC
011                 MOV    R2, #00H
012        LOOP:    POP    ACC
013                 MOV    B, A
014                 XRL    A, @R0               ;关键字与数据块中的数据进行异或操作
015                 INC    R0                   ;指向下一个数
016                 INC    R2                   ;R2 中的序号加 1
017                 JZ     LOOP1                ;找到
018                 PUSH   B
019                 DJNZ   R1, LOOP
020                 MOV    R2, #00H             ;找不到，R2 中存放 00
021        LOOP1:   MOV    A, R2
022                 POP    PSW
023                 RET
```

9. 查找无符号数据块中的最大值

```
001        ;----------------------------------------------------------------
002        ;子程序名：MAX
003        ;程序功能：查找内部 RAM 中无符号数据块的最大值
004        ;入口参数：R1 指向数据块的首地址，数据块长度存放在工作寄存器 R2 中
005        ;出口参数：最大值存放在累加器 A 中
006        ;占用资源：R1, R2, A, PSW
007        ;----------------------------------------------------------------
008        MAX:     PUSH   PSW
009                 CLR    A                    ;清 A 作为初始最大值
010        LP:      CLR    C                    ;清进位位
011                 SUBB   A, @R1               ;最大值减去数据块中的数
012                 JNC    NEXT                 ;小于最大值，继续
013                 MOV    A, @R1               ;大于最大值，则用此值作为最大值
014                 SJMP   NEXT1
015        NEXT:    ADD    A, @R1               ;恢复原最大值
016        NEXT1:   INC    R1                   ;修改地址指针
017                 DJNZ   R2, LP
018                 POP    PSW
019                 RET
```

10. 片内 RAM 中数据块排序程序

```
001        ;----------------------------------------------------------------
002        ;子程序名：BUBBLE
003        ;程序功能：片内 RAM 中数据块排序程序
004        ;入口参数：R0 指向数据块的首地址，数据块长度存放在工作寄存器 R2 中
005        ;出口参数：排序后数据仍存放在原来位置
006        ;占用资源：R0,R1,R2,R3,R5,A,PSW，位单元 00H 作为交换标志存放单元
007        ;----------------------------------------------------------------
008        BUBBLE:  MOV    A, R0
009                 MOV    R1, A                ;把 R0 暂存到 R1 中
010                 MOV    A, R2
011                 MOV    R5, A                ;把 R2 暂存到 R5 中
012        BUBB1:   CLR    00H                  ;交换标志单元清 0
```

```
013                DEC     R5              ;个数减 1
014                MOV     A, @R1
015     BUB1:      INC     R1
016                CLR     C
017                SUBB    A, @R1          ;相邻的两个数比较
018                JNC     BUB2            ;前一个数大，转移到 BUB2
019                SETB    00H             ;否则，交换标志置位
020                XCH     A, @R1          ;两数交换
021     BUB2:      DEC     R1
022                XCH     A, @R1
023                INC     R1
024                MOV     A, @R1
025                DJNZ    R5, BUB1        ;没有比较完，转向 BUB1
026                INC     R0
027                MOV     R1, R0
028                DEC     R2
029                MOV     R5, R2
030                JB      00H, BUBB1      ;交换标志为 1，继续下一轮两两比较
031                RET
```

本 章 小 结

单片机汇编语言程序设计是单片机应用系统设计的重要组成部分。

汇编语言程序基本结构包括顺序结构、分支结构、循环结构和子程序结构等。

程序设计的关键是掌握解题思路。程序设计的步骤一般分为：分析建模、画流程图、编写代码、仿真调试等。

程序设计中还要注意单片机软件资源的分配，内部 RAM、工作寄存器、堆栈、位寻址区等资源的合理分配对程序的优化、可读性和可移植性等起着重要作用。

第3章

显示器与键盘

教学提示

本章将重点介绍在单片机应用系统中，常用显示器(LED数码管显示器、LED点阵显示器、LCD显示器)、常用键盘(非编码键盘、编码键盘)与单片机的连接方式以及汇编语言的编程方法。

教学要求

熟练掌握单片机与LED数码管显示器、LED点阵显示器、LCD显示器、非编码键盘连接电路及汇编语言编程技术。

项目三　两位共阳数码管循环显示 00～59

项目目的

通过完成“两位 7 段共阳数码管循环显示 00～59”项目，了解单片机与 LED 数码管的接口电路，掌握 LED 数码管的结构、工作原理、显示方式和编程方法。

项目要求

编程实现单片机控制“两位共阳数码管循环显示 00～59”，左边数码管负责十位显示，右边数码管负责个位显示。

项目引入

1. 硬件电路

“两位共阳数码管循环显示 00～59”项目的硬件电路如图 3.1 所示，两位共阳数码管相应的段选控制端并联在一起，连接在 AT89C51 单片机的 P0 端口，须加上拉电阻，P0.0～P0.7 端分别对应连接数码管的 a～h 笔段上。两位数码管各自的公共端，由 P2 口控制，其中 P2.0 控制自右起第一位数码管，P2.1 控制自右起第二位数码管。三极管起开关、驱动作用。

元器件清单见表 3-1。

表 3-1　两位共阳数码管显示电路的元器件清单

元器件名称	电路中标号	参　　数	数　　量	Proteus 中的名称
单片机芯片	U1	AT89C51	1	AT89C51
晶体振荡器	X1	12MHz	1	CRYSTAL
瓷片电容	C1，C2	30pF	2	CAP
电解电容	C3	10 μF	1	CAP-ELEC
电阻	R1	10kΩ	1	RES
电阻	R2，R3	1kΩ	2	RES
排阻	RP1	1kΩ×8	1	RESPACK-8
7 段数码管	D1	共阳	2	7SEG-COMM-ANODE
三极管	Q1，Q2	NPN	2	2N5551

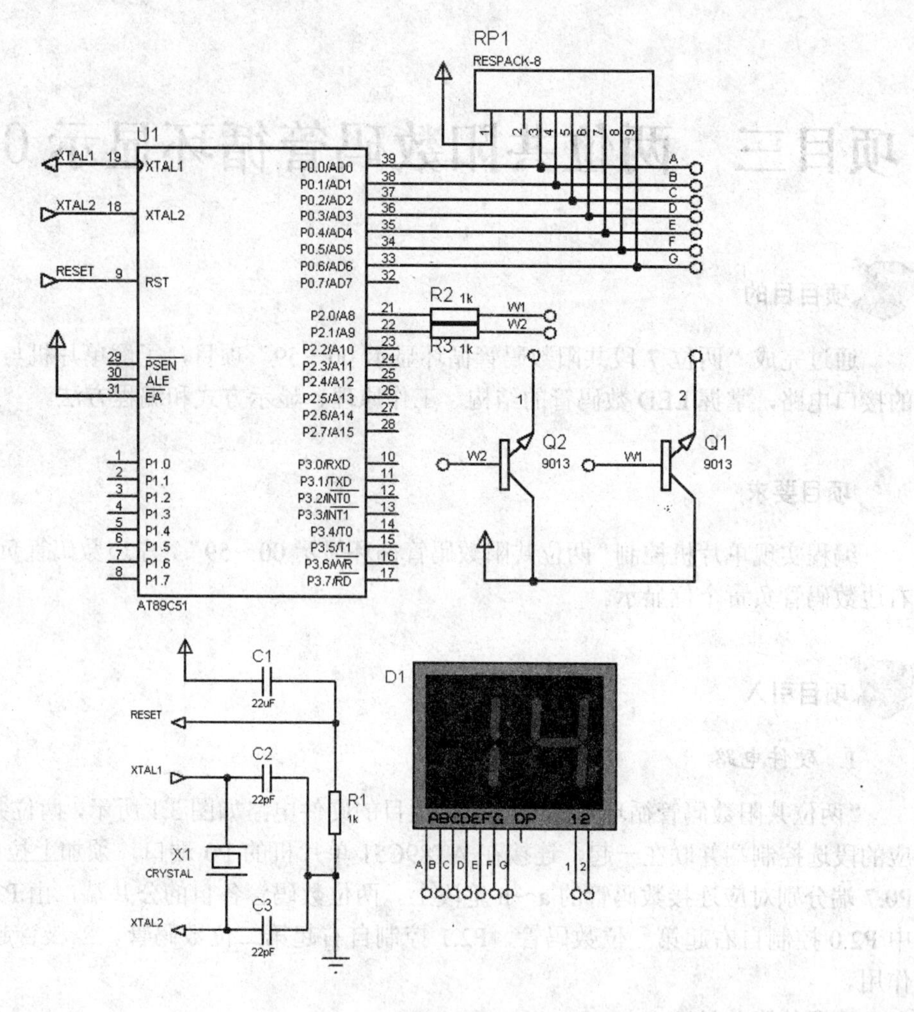

图 3.1　两位共阳数码管显示的硬件电路

2. 程序代码

```
001   ;定义计数器字节地址
002        COUNTER    EQU     30H
003        ;主程序
004                   ORG     0000H
005                   SJMP    START
006                   ORG     0030H
007        START:     MOV     CONUTER, #00H       ;赋计数初值
008        DISP:      MOV     A, CONUTER          ;初值送 A
009                   MOV     B, #10              ;立即数 10 送 B
010                   DIV     AB                  ;十位数值存 A,个位数值存 B
011                   MOV     DPTR, #TABLE        ;DPTR 指向表头地址
012                   MOVC    A, @A+DPTR          ;查表取得十位数字形码, 送 A 存储
013                   CLR     P2.0                ;位选, 十位显示, 个位不显示
014                   SETB    P2.1
015                   MOV     P0, A               ;十位数字形码送显示
016                   LCALL   DELAY               ;调用延时子程序
```

```
017              MOV     A, B              ;个位值送 A 存储
018              MOVC    A, @A+DPTR        ;查表取得个位数字形码，送 A 存储
019              CLR     P2.1              ;位选，个位显示，十位不显示
020              SETB    P2.0
021              MOV     P0, A             ;个位数字形码送显示
022              LCALL   DELAY
023              INC     COUNTER           ;显示值自加 1
024              MOV     A, COUNTER        ;显示值送 A
025              CJNE    A, #60, DISP
026              LJMP    START
027       ;------------------------------------------------------------------------
028       ;子程序名：DELAY
029       ;程序功能：延时 10ms
030       ;------------------------------------------------------------------------
031       DELAY:   MOV     R5, #60
032       D1:      MOV     R6, #250
033       D2:      NOP
034                NOP
035                DJNZ    R6, D2
036                DJNZ    R5, D1
037                RET
038       ;段码表
039       TABLE:   DB  0C0H, 0F9H, 0A4H, 0B0H, 99H, 92H, 82H, 0F8H, 80H, 90H
040
041                END
```

项目分析

(1) 电路中采用数码管哪种显示方式？

(2) 7 段数码管静态显示和动态显示在硬件电路连接上分别具有什么特点？实际应用时应如何选择使用？

(3) 如果用两位共阴数码管，应该怎样修改电路和程序？

相关知识

3.1　LED 数码管显示器

单片机应用系统中，经常采用 LED 数码管显示单片机系统的工作状态等信息。LED 数码管显示器按用途不同可分为通用 7 段 LED 数码管显示器和专用 LED 数码管显示器。本节重点介绍通用 7 段 LED 数码管显示器(以下简称为数码管)。

3.1.1　LED 数码管显示器的结构及工作原理

数码管由 8 个 LED(发光二极管)a、b、c、d、e、f、g、h 构成，按结构分为共阴极和共阳极两种，如图 3.2 和图 3.3 所示。

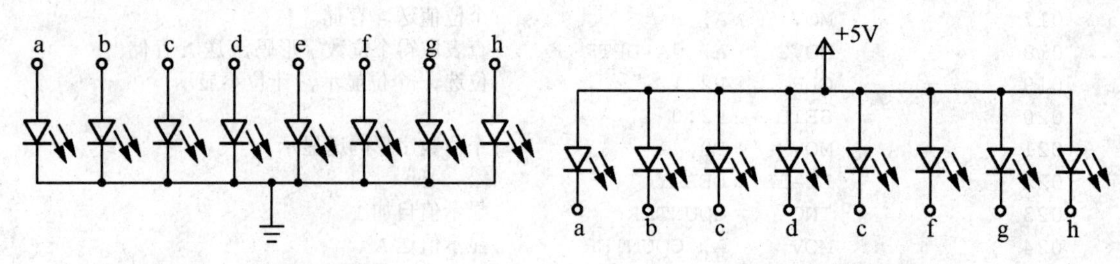

图 3.2　共阴极数码管　　　　图 3.3　共阳极数码管

共阴极数码管的公共阴极接低电平(一般接地)，其他引脚接 LED 驱动电路输出端。当某个 LED 驱动电路的输出端为高电平时，则该端所连接的 LED 导通并点亮。

共阳极数码管的公共阳极接高电平(一般接电源)，其他引脚接 LED 驱动电路输出端。当某个 LED 驱动电路的输出端为低电平时，则该端所连接的 LED 导通并点亮。

根据发光字段的不同组合可显示出各种数字或字符。要使 LED 数码管显示出相应的数字或字符，必须向其数据口输入相应的字形编码。LED 数码管的常用字形编码见表 3-2。

表 3-2　LED 数码管的常用字形编码表

显示字符	共阳极									共阴极								
	dp	g	f	e	d	c	b	a	字形码	dp	g	f	e	d	c	b	a	字形码
0	1	1	0	0	0	0	0	0	C0H	0	0	1	1	1	1	1	1	3FH
1	1	1	1	1	1	0	0	1	F9H	0	0	0	0	0	1	1	0	06H
2	1	0	1	0	0	1	0	0	A4H	0	1	0	1	1	0	1	1	5BH
3	1	0	1	1	0	0	0	0	B0H	0	1	0	0	1	1	1	1	4FH
4	1	0	0	1	1	0	0	1	99H	0	1	1	0	0	1	1	0	66H
5	1	0	0	1	0	0	1	0	92H	0	1	1	0	1	1	0	1	6DH
6	1	0	0	0	0	0	1	0	82H	0	1	1	1	1	1	0	1	7DH
7	1	1	1	1	1	0	0	0	F8H	0	0	0	0	0	1	1	1	07H
8	1	0	0	0	0	0	0	0	80H	0	1	1	1	1	1	1	1	7FH
9	1	0	0	1	0	0	0	0	90H	0	1	1	0	1	1	1	1	6FH
C	1	1	0	0	0	1	1	0	C6H	0	0	1	1	1	0	0	1	39H
E	1	0	0	0	0	1	1	0	86H	0	1	1	1	1	0	0	1	79H
F	1	0	0	0	1	1	1	0	8EH	0	1	1	1	0	0	0	1	71H
H	1	0	0	0	1	0	0	1	89H	0	1	1	1	0	1	1	0	76H
L	1	1	0	0	0	1	1	1	C7H	0	0	1	1	1	0	0	0	38H
P	1	0	0	0	1	1	0	0	8CH	0	1	1	1	0	0	1	1	73H
U	1	1	0	0	0	0	0	1	C1H	0	0	1	1	1	1	1	0	3EH
–	1	0	1	1	1	1	1	1	BFH	0	1	0	0	0	0	0	0	40H
.	0	1	1	1	1	1	1	1	7FH	1	0	0	0	0	0	0	0	80H
熄灭	1	1	1	1	1	1	1	1	FFH	0	0	0	0	0	0	0	0	00H

例 3.1　电路如图 3.4 所示，单片机采用 AT89C51，振荡器频率为 12MHz，数码管 LED1 采用 7SEG-COMM-ANODE (共阳极，红色)，通过上拉电阻连接在 AT89C51 的 P0 口，P0.0～P0.7 端分别对应连接数码管的 a～h 笔段上，数码管的公共端接电源。试编程实现下列功能：开机后循环显示 0～9s。

1. 分析建模

由于数码管为共阳极，将“0”～“9”字符的共阳极字形码按顺序排列好，建立字形码表，通过查表的方式获得数据，再送P0口显示。延时1s子程序可参考第2章的嵌套循环程序设计。

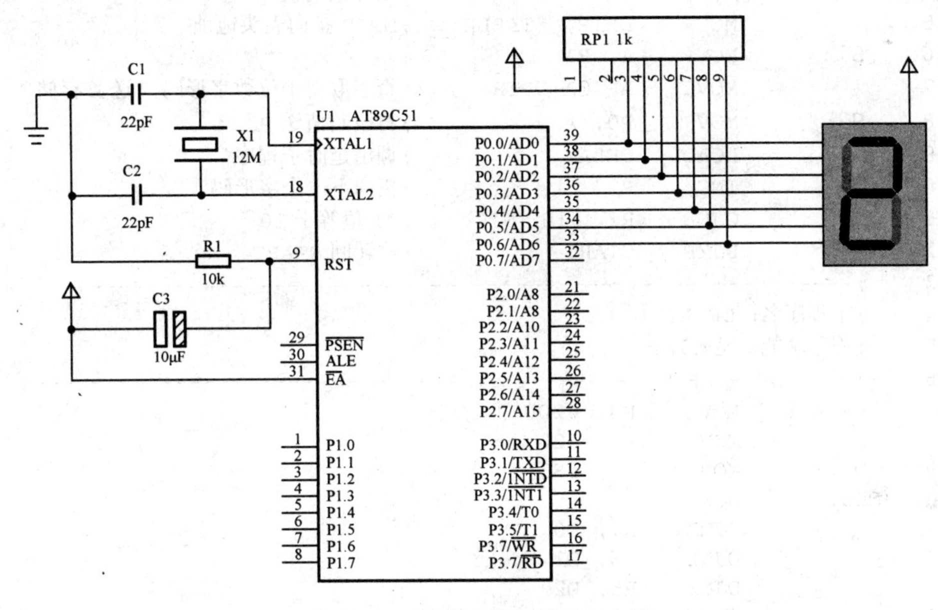

图 3.4 一位共阳数码管显示电路

2. 画流程图

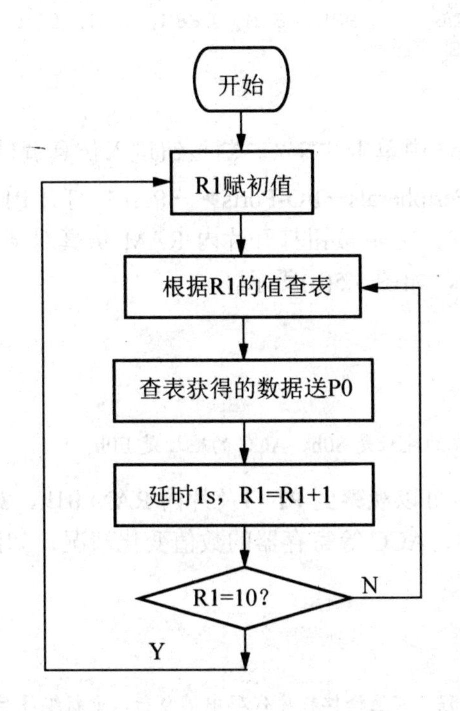

3. 编写代码

```
001             ORG     0000H
002             SJMP    START
003             ORG     0030H
004   START:    MOV     R1, #0          ;赋计数初值
005             MOV     DPTR, #TABLE    ;DPTR 指向表头地址
006   S1:       MOV     A, R1
007             MOVC    A, @A+DPTR      ;查表取得十位数字形码，送 A 存储
008   S2:       MOV     P0, A           ;将段码值送 P0 口
009             LCALL   DELAY           ;调用延时子程序
010             INC     R1              ;指向下一个字形码
011             CJNE    R1, #10, S1     ;R1 值等于 10
012             LJMP    START           ;跳转回 START
013   ;-----------------------------------------------------------------
014   ;子程序名：DELAY
015   ;程序功能：延时1ms
016   ;-----------------------------------------------------------------
017   DELAY:    MOV     R5, #200
018   D2:       MOV     R6, #20
019   D1:       MOV     R7, #83
020   D0:       NOP
021             DJNZ    R7, D0
022             DJNZ    R6, D1
023             DJNZ    R5, D2
024             RET
025   ;显示 0～9 共阳字形码表
026   TABLE:    DB      0C0H, 0F9H, 0A4H, 0B0H, 99H
027             DB      92H, 82H, 0F8H, 80H, 90H
028             END
```

4. 仿真调试

(1) 在 Keil μ Vision4 中单击 Start/Stop Debug Session 按钮进入仿真调试状态。

(2) 执行菜单命令 Peripherals→I/O-Ports▶→Port 1，打开 P1 口仿真对话框 Parallel Port 1，如图 3.5(a)所示；单击 Memory Windows 按钮打开片内 RAM 仿真对话框 Memory 1，并在 Address 文本框中输入“d:01h”，如图 3.5(b)所示。

特别提示

R1 的地址是 01h，P1 口的地址是 80h，ACC 的地址是 E0h。

(3) 单击 Step 按钮，可以观察到 P1 口及片内 RAM 01h、80h 的变化，同时在 Registers 对话框中可以观察到 R1、ACC 等寄存器的数值变化情况，如图 3.5(c)所示。

动手练习

如果想看查表取数的过程，可注释掉程序代码中第 9 行，重新编译后，单步运行即可观察到程序查表取数的过程。

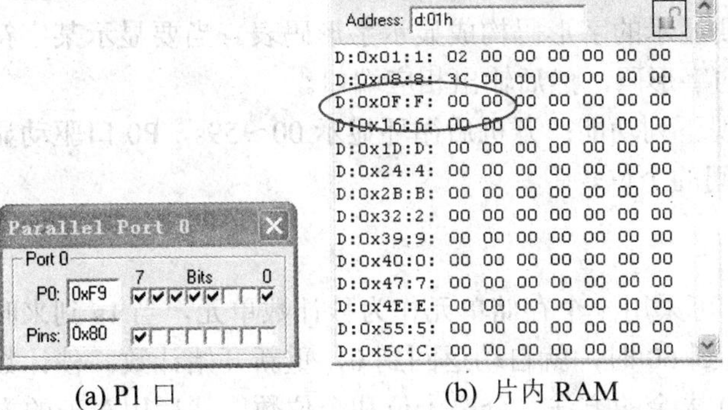

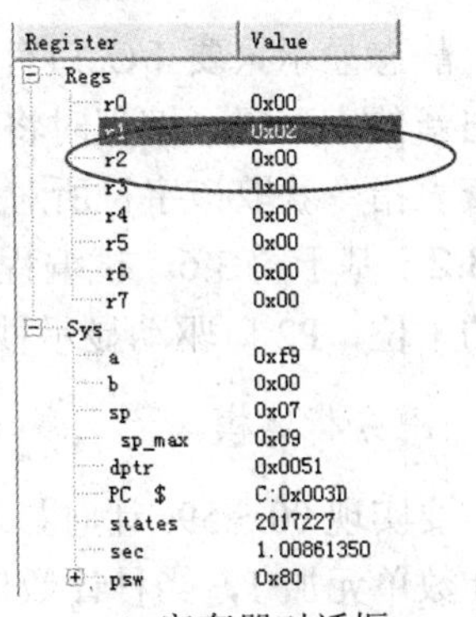

(a) P1口　　(b) 片内RAM　　(c) 寄存器对话框

图3.5 仿真窗口

(4) 在Proteus ISIS中打开或画出图3.4所示电路，将在Keil μ Vision4中产生的HEX文件装入AT89C51，运行并查看效果。

特别提示

LED数码管有静态显示和动态显示两种方式，在具体使用时，要求LED驱动电路能提供额定的LED导通电流，还要根据外接电源及额定LED导通电流来确定相应的限流电阻。

3.1.2 静态显示编程

静态显示是指数码管显示某一字符时，相应的LED恒定导通或恒定截止。静态显示时，各位数码管是相互独立的，每个数码管的8个LED分别与一个8位I/O口地址相连。图3.6为两位共阴数码管静态显示接口电路，两位数码管的段码分别由单片机P0和P2口控制，公共端接地。

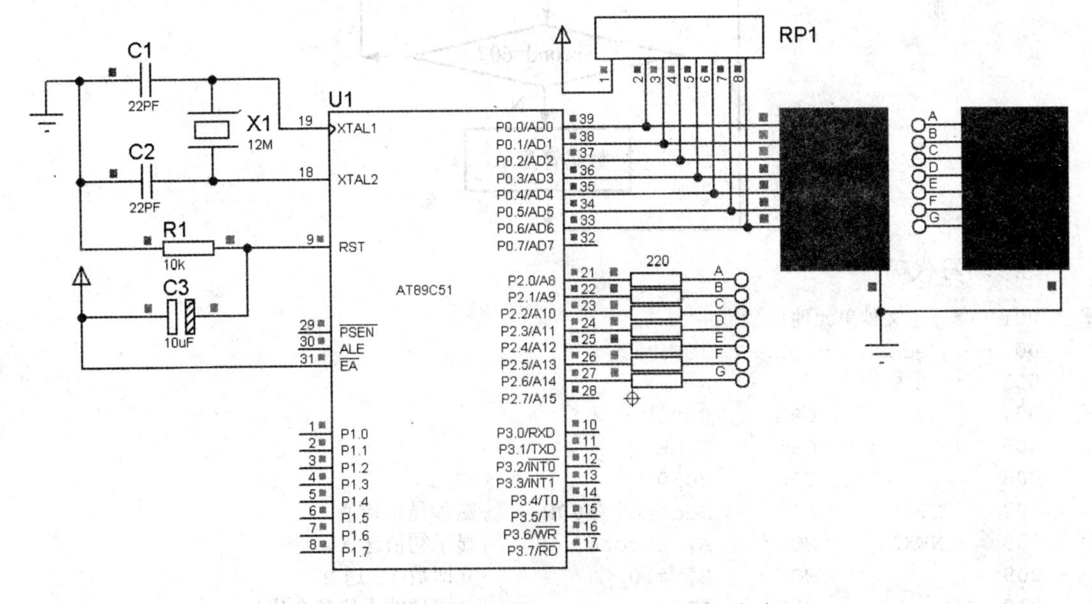

图3.6 两位共阴数码管静态显示接口电路

静态显示只要 I/O 口有字形码输出，相应字符即显示出来，并保持不变，直到 I/O 口输出新的字形码。编程时将需要显示的字形码构成显示字形码表。当要显示某字符时，通过查表指令获取该字符所对应的字形码，然后输出相应端口。

例 3.2 基于图 3.6，试编程实现下列功能：开机后循环显示 00～59s，P0 口驱动显示秒时间的十位，P2 口驱动显示秒时间的个位。

1. 分析建模

要实现 00～59s 计时显示，可采用一个存储单元作为秒计数单元，当 1s 到来时，就让秒计数单元加 1，当秒计数值达到 60 时，就自动返回到 0，重新开始计数。秒计数单元中的数据可采用对 10 整除和对 10 求余的方法，分离十位和个位数，然后用查表的方式送数码管显示。延时 1s 子程序可参考第 2 章的嵌套循环程序设计。

2. 画流程图

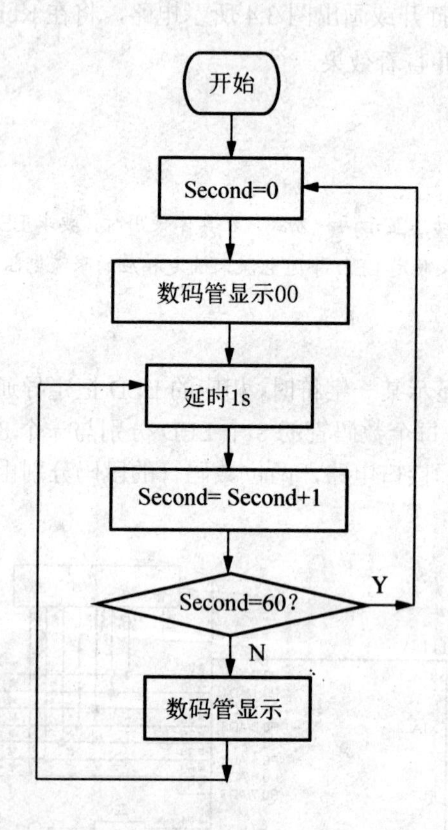

3. 编写代码

```
001        ;定义秒单元地址
002        Second     EQU     30H
003        ;主程序
004                   ORG     0000H
005                   ORG     START
006                   ORG     0030H
007        START:     MOV     Second, #00H        ;赋秒显示初值
008        NEXT:      MOV     A, Second           ;显示初值送 A
009                   MOV     B, #10              ;立即数 10 送 B
010                   DIV     AB                  ;分离秒的十位和个位
```

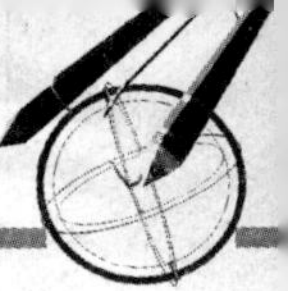

```
011              MOV     DPTR, #TABLE      ;DPTR 指向表头地址
012              MOVC    A, @A+DPTR        ;查表取得字形码, 送 A 存储
013              MOV     P0, A             ;十位数值送 P0 显示
014              MOV     A, B              ;个位值送 A 存储
015              MOVC    A, @A+DPTR        ;查表取得字形码, 送 A 存储
016              MOV     P2, A             ;个位数值送 P2 显示
017              LCALL   DELAY             ;调用延时
018              INC     Second            ;显示值自加 1
019              MOV     A,Second          ;显示值送 A
020              CJNE    A, #60, NEXT      ;A 与立即数 60 相比较
021              LJMP    START
022      ;------------------------------------------------------------------
023      ;子程序名: DELAY
024      ;程序功能: 延时 1s
025      ;------------------------------------------------------------------
026      DELAY:  MOV     R5, #200
027      D2:     MOV     R6, #20
028      D1:     MOV     R7, #83
029      D0:     NOP
030              DJNZ    R7, D0
031              DJNZ    R6, D1
032              DJNZ    R5, D2
033              RET
034      ;0～9 共阴极字形码
035      TABLE:  DB      3FH, 06H, 5BH, 4FH, 66H
036              DB      6DH, 7DH, 07H, 7FH, 6FH
037
038              END
```

4. 仿真调试

(1) 在 Keil μ Vision4 中单击 按钮进入仿真调试状态。

(2) 执行菜单命令 Peripherals→I/O-Ports 打开 P0 口仿真对话框 Parallel Port 0 和 P2 口仿真对话框 Parallel Port 2，如图 3.7(a)和图 3.7(b)所示；单击 按钮打开片内 RAM 仿真对话框 Memory 1，并在 Address 文本框中输入“d:30h”，如图 3.7(c)所示。

特别提示

Second 的地址是 30h，ACC 的地址是 e0h，B 的地址是 f0h。

(3) 单击 按钮，可以观察到 P0 口、P2 口及片内 RAM 30h 的变化，同时在 Registers 对话框中可以观察到 ACC、B 等寄存器的数值变化情况，如图 3.7(d)所示。

动手练习

如果想看查表取数的过程，可注释掉程序代码中第 15 行，重新编译后，单步运行即可观察到程序查表取数的过程。

(4) 在 Proteus ISIS 中打开或画出图 3.6 所示电路，将在 Keil μ Vision4 中产生的 HEX

文件装入AT89C51，运行并查看效果。

总结提高

采用静态显示方式，较小的电流即可获得较高的亮度，且占用CPU时间少，编程简单，显示便于监测和控制，但其占用的口线多，硬件电路复杂，成本高，只适合于显示位数较少的场合。

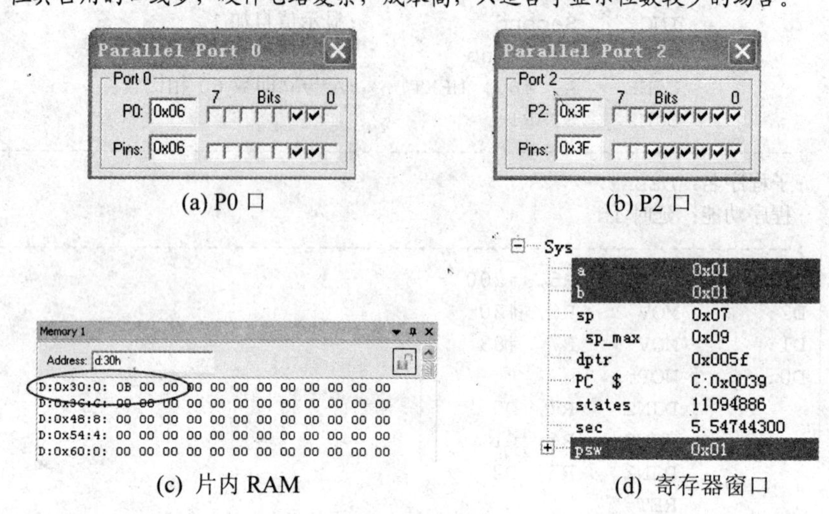

(a) P0口　(b) P2口

(c) 片内RAM　(d) 寄存器窗口

图3.7　仿真窗口

3.1.3　动态显示编程

动态显示是逐位地轮流点亮各位数码管，这种逐位点亮显示器的方式称为位扫描。通常，各位数码管的相应LED选线并联在一起，由一个8位的I/O口控制；各位的位选线(公共阴极或阳极)由另外的I/O口线控制。

图3.8给出了四位数码管动态显示的接口电路。图中将4个共阳数码管相应的段选控制端并联在一起，仅用一个P0口控制。而四位数码管各自的公共端，也称“位选端”，则由P2口控制，其中P2.0控制自右起第一位数码管，依次类推，P2.3控制自右起第四位数码管。为了保证数码管亮度，提高P2口输出电流，这里采用了三极管驱动电路。

动态方式显示时，各数码管分时轮流选通，要使其稳定显示必须采用扫描方式，即在某一时刻只选通一位数码管，并送出相应的字形码，在另一时刻选通另一位数码管，并送出相应的字形码，依此规律循环，即可使各位数码管显示将要显示的字符，虽然这些字符是在不同的时刻分别显示，但由于人眼存在视觉暂留效应，只要每位显示间隔足够短(小于50ms)就可以给人同时显示的感觉，这个间隔时间还应根据具体情况来确定，不能太短，也不能太长，太短会使得发光二极管导通时间不够，显示不清楚，太长则会使各位不能同时显示，且会占用较多的CPU时间。

采用动态显示方式比较节省I/O口，硬件电路也较静态显示方式简单，但其亮度不如静态显示方式，而且在显示位数较多时，CPU要依次扫描，占用CPU较多的时间。

例3.3　基于图3.8所示电路，试编程实现下列功能：开机运行时，数字1～4滚动显示在4个数码管的相应位置上。自右起为第1位数码管，最高位显示4。

1. 分析建模

要在数码管上显示数字，将要显示的数字字形码列表，通过查表获得数据，送到段选控制端。要实现滚动显示效果，任一时刻只需要选通一只数码管，例如，要在最右边数码管上显示数字，其位引脚(即本例中数码管的共阳极)要设为高电平，由于使用 NPN 三极管驱动，P2.0 要置 1，即 P2 端的值为 00000001 时，第一只三极管导通，对应数码管共阳极接电源，同理，如果需要在最左边数码管上显示数字，P2 端口的值应为 00001000。

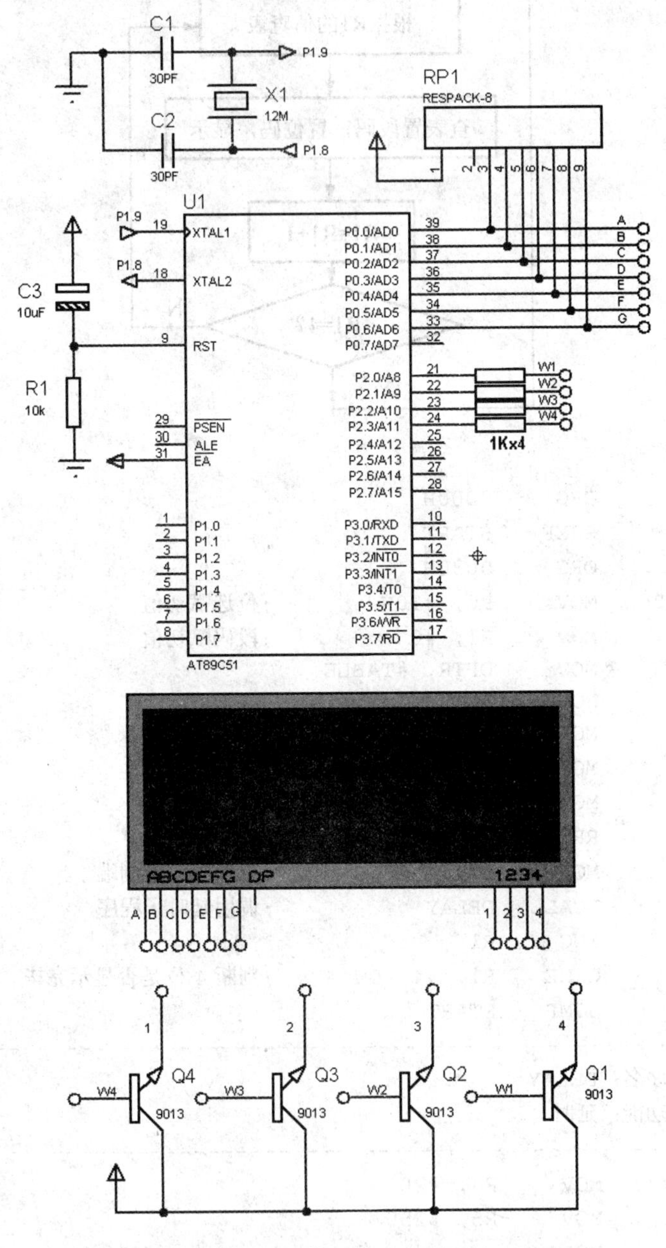

图 3.8　四位共阳数码管动态显示接口电路

2. 画流程图

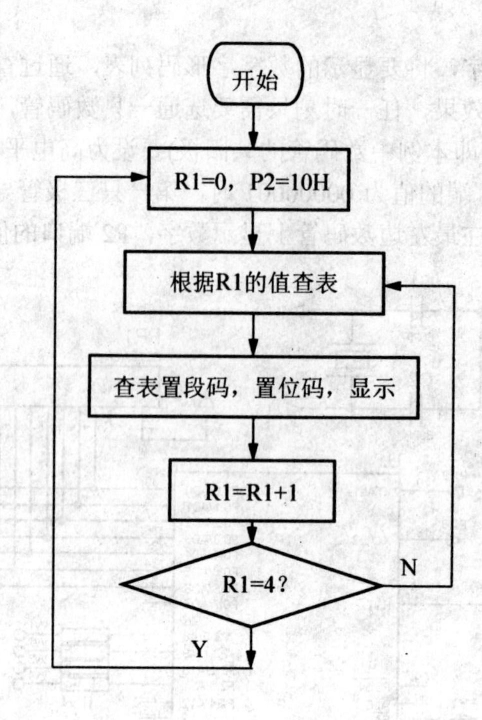

3. 编写代码

```
001             ORG     0000H
002             SJMP    START
003             ORG     0030H
004  START:     MOV     R0, #10H         ;位选赋初值
005             MOV     R1, #0           ;段码赋初值
006             MOV     DPTR, #TABLE
007  DM:        MOV     A, R1
008             MOVC    A, @A+DPTR
009             MOV     P0, A            ;段码送显示
010             MOV     A, R0
011             RR      A
012             MOV     P2, A            ;位选码送控制端
013             LCALL   DELAY            ;调用延时子程序
014             INC     R1
015             CJNE    R1, #4, DM       ;判断 4 位是否显示完毕
016             SJMP    START
017  ;---------------------------------------------------------------
018  ;子程序名：DELAY
019  ;程序功能：延时
020  ;---------------------------------------------------------------
021  DELAY:     MOV     R4, #200
022  D1:        MOV     R5, #250
023  D2:        NOP
024             DJNZ    R5, D2
025             DJNZ    R4, D1
026             RET
```

```
027        ;显示字形码
028        TABLE:    DB        0F9H, 0A4H, 0B0H, 99H
029
030                  END
```

4. 仿真调试

(1) 在 Keil μ Vision4 中单击 Start/Stop Debug Session (Ctrl+F5) 按钮进入仿真调试状态。

(2) 执行菜单命令 Peripherals→I/O-Ports 打开 P0 口仿真对话框 Parallel Port 0 和 P2 口仿真对话框 Parallel Port 2，如图 3.9(a)和图 3.9(b)所示；单击 Memory Windows 按钮打开片内 RAM 仿真对话框 Memory 1，并在 Address 文本框中输入“d:80h”，如图 3.9(c)所示。

特别提示

P0 口的地址是 80h, P2 口的地址是 0a0h。

(3) 单击 Step (F11) 按钮，可以观察到 P0 口、P2 口及片内 RAM 80h、0a0h 的变化，同时在 Registers 对话框中可以观察到 R1、ACC 等寄存器的数值变化情况，如图 3.9(d)所示。

(4) 在 Proteus ISIS 中打开或画出图 3.8 所示电路，将在 Keil μ Vision4 中产生的 HEX 文件装入 AT89C51，运行并查看效果。

动手练习

如果想要在数码管上同时显示多个不同字符，该如何修改程序代码？

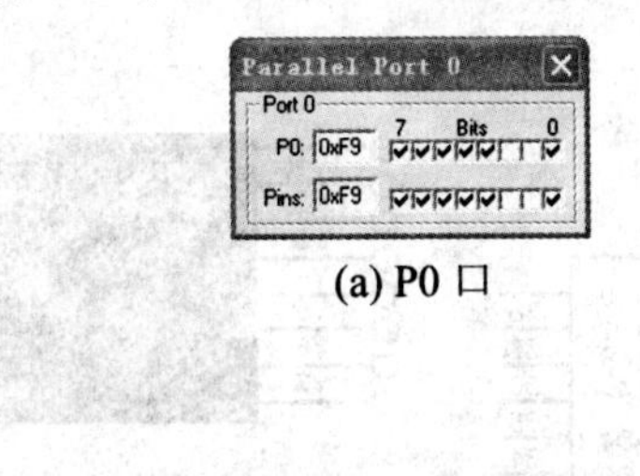

(a) P0 口

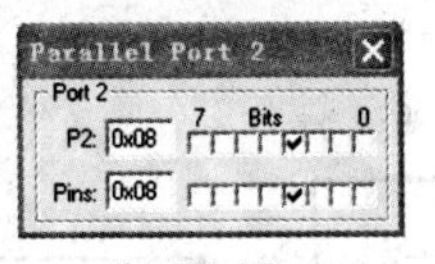

(b) P2 口

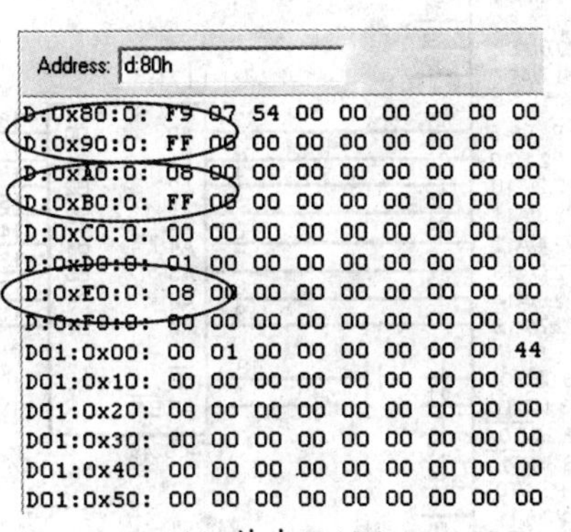

(c) 片内 RAM

Regs
r0 0x00
r1 0x01
r2 0x00
r3 0x00
r4 0x00
r5 0x00
r6 0x00
r7 0x00
Sys
a 0x08
b 0x00
sp 0x07
sp_max 0x09
dptr 0x0054
PC $ C:0x0045
states 150620
sec 0.15062000
psw 0x01

(d) 寄存器对话框

图 3.9　仿真窗口

项目四　8×8 LED 点阵循环显示 0～9

项目目的

通过完成 8×8 LED 点阵循环显示 0～9 项目，了解单片机与 LED 点阵的接口电路，掌握 LED 点阵的结构、工作原理、控制显示编程。

项目要求

编程实现用单片机控制一块 8×8 LED 点阵循环显示 0～9。

项目引入

1. 硬件电路

单片机控制的 8×8 LED 点阵显示器的硬件电路如图 3.10 所示。一块 8×8 LED 点阵有 8 行 8 列共 16 个引脚，单片机的 P2 口控制 8 条行线，P1 口控制 8 条列线。列线上串接的电阻为限流电阻，起保护 LED 作用。为提高 P2 口输出电流，保证 LED 亮度，在点阵行引脚和单片机 P2 口之间增加了缓冲驱动器芯片 74LS245，该芯片同时还起到保护单片机端口引脚作用。

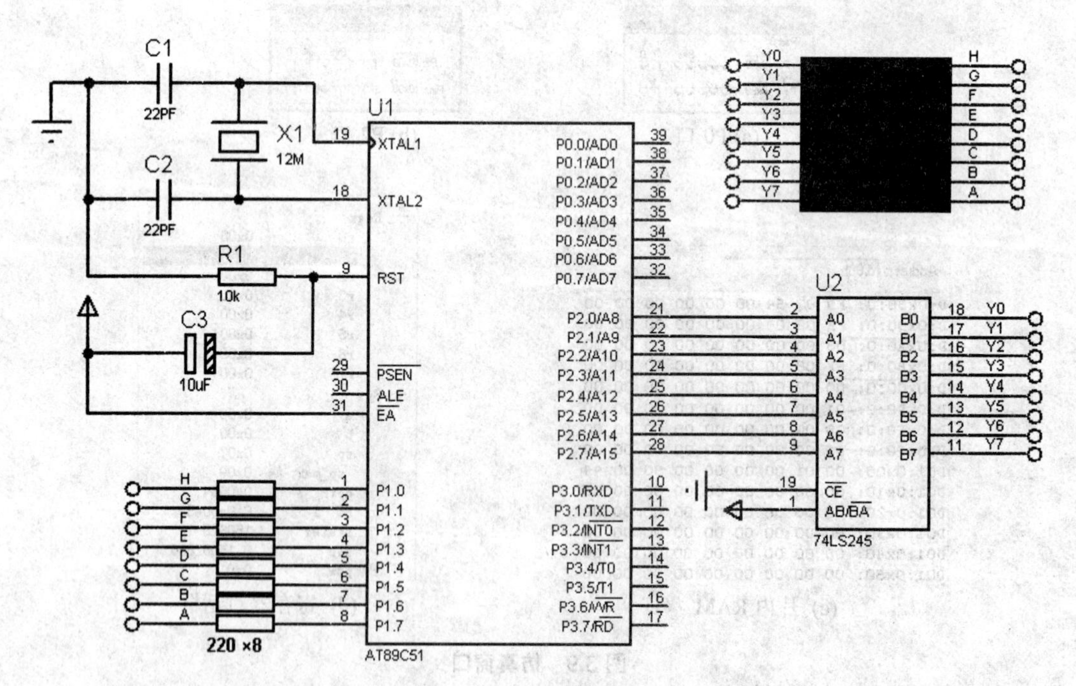

图 3.10　8×8 LED 点阵显示器的硬件电路

元器件清单见表 3-3。

表 3-3 8×8 LED 点阵显示电路的元器件清单

元器件名称	电路中标号	参 数	数 量	Proteus 中的名称
单片机芯片	U1	AT89C51	1	AT89C51
晶体振荡器	X1	12MHz	1	CRYSTAL
瓷片电容	C1，C2	30pF	2	CAP
电解电容	C3	10μF	1	CAP-ELEC
电阻	R1	10kΩ	1	RES
电阻	R2～R9	220Ω	8	RES
驱动芯片	U2	74LS245	1	74LS245
点阵		8×8	1	MATRIX-8X8-RED

2. 程序代码

```
001          ORG     0000H
002          SJMP    MAIN
003          ORG     0030H
004  MAIN:   MOV     DPTR, #TABLE     ;定义字形码表首地址
005          MOV     R5, #10          ;设置滚动显示屏数
006  S1:     MOV     R6, #100         ;设置一屏字符循环显示次数
007  S2:     MOV     R0, #80H         ;送显示行初值
008          MOV     R1, #00H         ;送查表地址修正初值
009          MOV     R7, #08          ;设置扫描显示行数
010  S3:     MOV     A, R0            ;显示行选择值送 A
011          MOV     P2, A            ;选中某一显示行
012          RR      A                ;修改显示行选择值
013          MOV     R0, A            ;更新行选单元内容
014          MOV     A, R1            ;查表地址修正值送 A
015          MOVC    A, @A+DPTR       ;查表得行显示字行码
016          MOV     P1, A            ;显示字形码送 P2 口
017          LCALL   DELAY2           ;延时
018          INC     R1               ;查表地址修正值加 1
019          DJNZ    R7, S3           ;判断 8 行显示是否全部结束
020          DJNZ    R6, S2           ;判断一屏字符循环显示次数是否结束
021          MOV     A, DPL           ;一屏显示完更新查表首地址
022          ADD     A, #8            ;A+8→A
023          MOV     DPL, A           ;A→DPL
024          MOV     A, DPH           ;DPH→A
025          ADDC    A, #0            ;A+CY→A
026          MOV     DPH, A           ;A→DPH
027          DJNZ    R5, S1           ;判断 10 屏显示是否结束
028          LJMP    MAIN             ;全部显示完，则重新开始
029  ;-------------------------------------------------------------------------
030  ;子程序名：DELAY2
031  ;程序功能：延时 1ms
032  ;-------------------------------------------------------------------------
033  DELAY2:  MOV    R4, #250
034  D0:      NOP
035           NOP
036           DJNZ   R4, D0
```

```
037            RET
038      ;0~9 字形码
039      TABLE:    DB      0FFH, 0FFH, 0C1H, 0BEH, 0BEH, 0BEH, 0C1H, 0FFH;0
040                DB      0FFH, 0FFH, 0FFH, 0FFH, 0DEH, 80H, 0FEH, 0FFH;1
041                DB      0FFH, 0FFH, 0D8H, 0BAH, 0BAH, 0BAH, 0C6H, 0FFH;2
042                DB      0FFH, 0FFH, 0DDH, 0BEH, 0B6H, 0B6H, 0C9H, 0FFH;3
043                DB      0FFH, 0FFH, 0F3H, 0EBH, 0DBH, 80H, 0FBH, 0FFH;4
044                DB      0FFH, 0FFH, 8DH, 0AEH, 0AEH, 0AEH, 0B1H, 0FFH;5
045                DB      0FFH, 0FFH, 0C1H, 0B6H, 0B6H, 0B6H, 0D9H, 0FFH;6
046                DB      0FFH, 0FFH, 0BFH, 0BFH, 0BFH, 0B0H, 8FH, 0FFH;7
047                DB      0FFH, 0FFH, 0C9H, 0B6H, 0B6H, 0B6H, 0C9H, 0FFH;8
048                DB      0FFH, 0FFH, 0CDH, 0B6H, 0B6H, 0B6H, 0C1H, 0FFH;9
049
050                END
```

项目分析

(1) 点阵显示器是怎样工作的？

(2) 程序中每屏显示字符的字形码是怎样变化的？

相关知识

3.2 LED 点阵显示器

LED 数码管点阵显示器是由 LED 按矩阵方式排列而成的，按照尺寸大小，LED 点阵显示器有 5×7(5 列 7 行)、5×8、6×8、8×8(8 列 8 行)等多种规格，如图 3.11 所示；按照 LED 发光颜色的变化情况，LED 点阵显示器分为单色、双色、三色；按照 LED 的连接方式，LED 点阵显示器又有共阴极、共阳极之分。

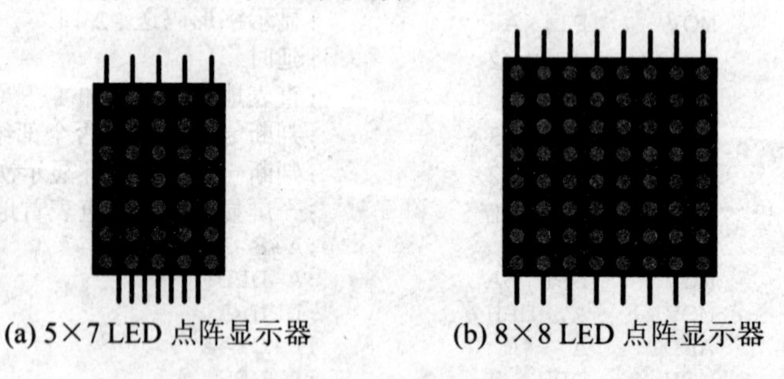

(a) 5×7 LED 点阵显示器　　(b) 8×8 LED 点阵显示器

图 3.11　点阵显示器

在使用时，只要点亮相应的 LED，LED 点阵显示器即可按要求显示英文字母、阿拉伯数字、图形以及中文字符等。LED 点阵显示器广泛地应用于股票显示板、活动信息公告板、活动字幕广告板等场合。

将一块 8×8 LED 点阵剖开来看，其内部等效电路如图 3.12 所示，它由 8 行 8 列 LED 构成，对外共有 16 个引脚，其中 8 根行线(Y0～Y7)用数字 0～7 表示，8 根列线(X0～X7)用字母 A～H 表示。

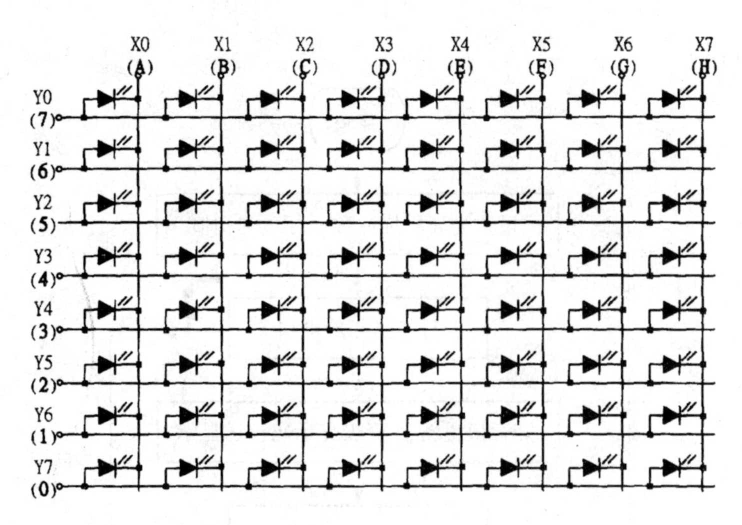

图 3.12　LED 点阵内部等效电路

由图 3.12 中可以看出，8×8 LED 点阵共需要 64 个发光二极管组成，且每个发光二极管是放置在行线和列线的交叉点上，当对应的某一列置 1 电平，某一行置 0 电平，则相应的二极管就亮。如果在短时间内依次点亮多个发光二极管，就可以看到多个二极管稳定点亮，即可得到需要显示的数字、字母或其他图形符号。

例 3.4　基于图 3.10 所示电路，试编程实现：在 8×8 LED 点阵上显示心形图案。

1. 分析建模

由图 3.10 可知，单片机控制一块 8×8 LED 点阵显示需要使用两个并行端口，P2 口控制行线，P1 口控制列线。显示过程可以以行扫描方式进行。由上到下或由下到上首先选中 8×8 LED 的某一行，然后通过查表指令得到这一行要点亮状态所对应的字形码，将其送到行控制端口；延时 1～2ms 后，选中下一行，再传送该行对应的显示状态字形码；延时后在重复上述过程直至 8 行均扫描显示一遍后，扫描 8 行的这段时间称为场周期；然后再开始新一轮扫描显示。利用视觉驻留现象，可看到的是一个稳定的图案。

根据 8×8 LED 点阵内部等效电路，显示心形图案需要点亮二极管的位置以及对应显示字形码数据，如图 3.13 所示。

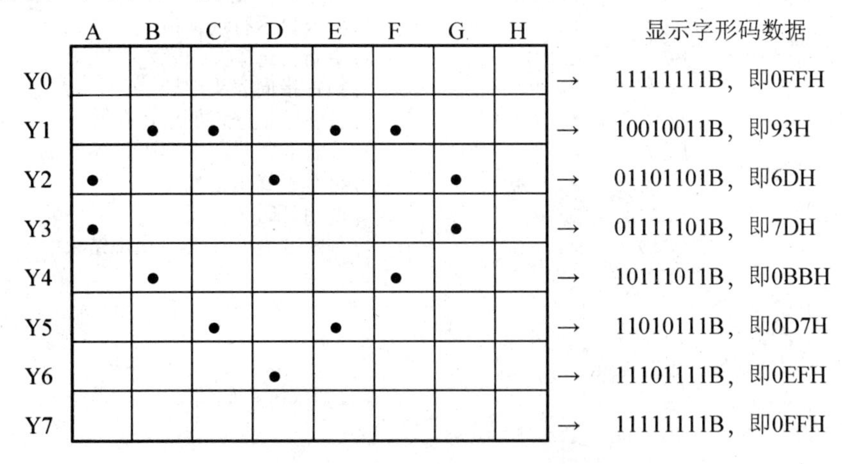

图 3.13　心形图案显示示意图

2. 画流程图

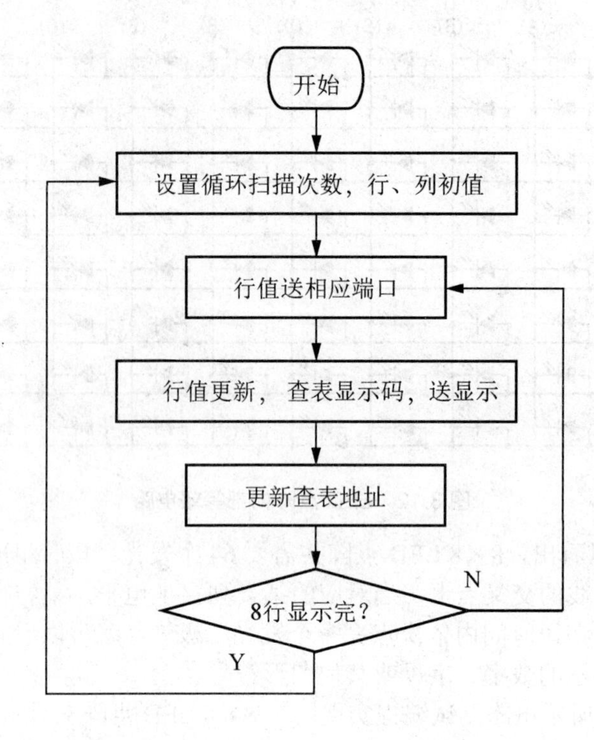

3. 编写代码

```
001        ;定义行值单元地址
002        HANG       EQU     30H
003        ;主程序
004                   ORG     0000H
005                   SJMP    START
006                   ORG     0030H
007        START:     NOP
008        LOP2:      MOV     R4, #8              ;设置扫描显示行数
009                   MOV     HANG, #01H          ;送显示行初值
010                   MOV     R2, #0              ;设置查表地址修正值
011        LOP1:      MOV     A, HANG             ;显示行选择值送 A
012                   MOV     P2, A               ;选中某一显示行
013                   RL      A                   ;修改显示行选择值
014                   MOV     HANG, A             ;更新行选单元内容
015                   MOV     DPTR, #TAB          ;指针指向表头地址
016                   MOV     A, R2               ;查表地址修正值送寄存器 A
017                   MOVC    A, @A+DPTR          ;查表取得显示字形码送 A 存储
018                   MOV     P1, A               ;将查表修正值加 1
019                   LCALL   DELAY               ;调用延时子程序
020                   DJNZ    R4, LOP1            ;判断 8 行显示是否全部结束
021                   SJMP    START
022        ;-------------------------------------------------------------------
023        ;子程序名：DELAY
024        ;程序功能：延时 1ms
025        ;-------------------------------------------------------------------
026        DELAY:     MOV     R5, #250
027        D1:        NOP
028                   DJNZ    R5, D1
```

```
029            RET
030     ;心形图案字形码表
031     TAB:   DB      0FFH, 93H, 6DH, 7DH
032            DB      0BBH, 0D7H, 0EFH, 0FFH
033
034            END
```

4. 仿真调试

(1) 在 Keil μ Vision4 中单击按钮进入仿真调试状态。

(2) 执行菜单命令 Peripherals→I/O-Ports 打开 P1 口仿真对话框 Parallel Port 1 和 P2 口仿真对话框 Parallel Port 2，如图 3.14(a)和图 3.14(b)所示；单击按钮打开片内 RAM 仿真对话框 Memory 1，并在 Address 文本框中输入“d:30h”，如图 3.14(c)所示。

特别提示

行值存储单元地址是 30 h，P1 口的地址是 90h，P2 口的地址是 0a0h。

(3) 单击按钮，可以观察到 P0 口、P2 口及片内 RAM 80h、0a0h 的变化，同时在 Registers 对话框中可以观察到 R2、R4、ACC 等寄存器的数值变化情况，如图 3.14(d)所示。

(4) 在 Proteus ISIS 中打开或画出图 3.10 所示电路，将在 Keil μ Vision4 中产生的 HEX 文件装入 AT89C51，运行并查看效果。

动手练习

如果想要点阵以滚动的方式显示字符或图案，即字符或图案从一个方向出现，滚动显示到另一个方向消失，并不断重复该显示过程，该如何修改程序代码？

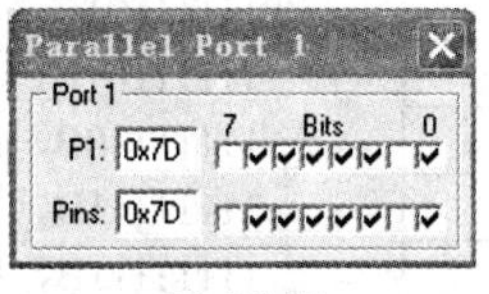

(a) P1 口

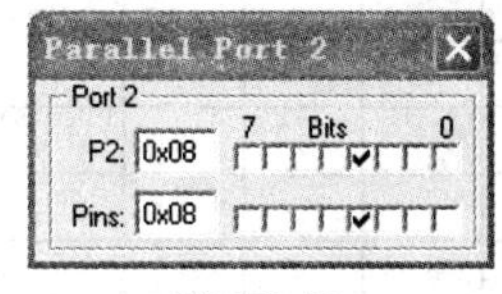

(b) P2 口

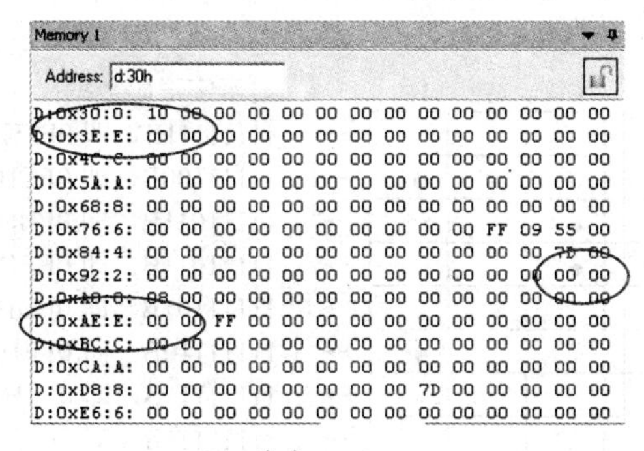

(c) 片内 RAM

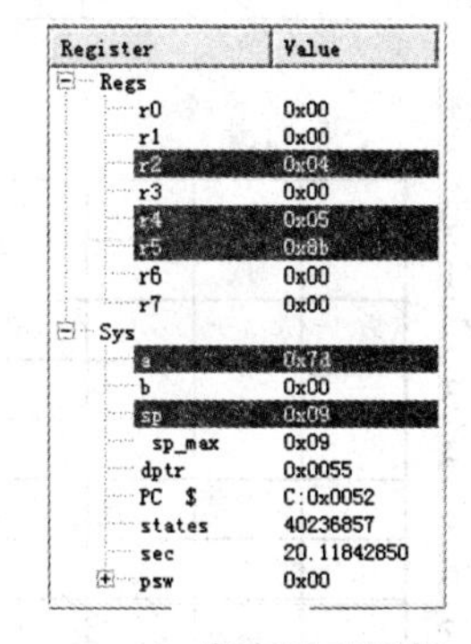

(d) 寄存器对话框

图 3.14 仿真窗口

例 3.5 基于图 3.10 所示电路，试编程实现下列功能：在 8×8 LED 点阵上由右向左滚动显示心形图案。

1．分析建模

心形由右向左滚动显示的实际就是多屏图案的循环显示。图 3.15 中列出了前 4 屏显示效果。第一屏显示的图案为心形图案最左边一列，如图 3.15(a)所示，根据这个图案可以得到第一屏图案的 8 个显示字形码，以此类推可以得到所有屏的显示字形码。

而要实现一幅从右向左的滚动显示效果，需要 15 屏显示字形码。编程时采用伪指令 DB 以表格的格式将各屏的显示字形码依次存放在由符号地址 TAB 开始的单元中。

总结提高

确定完每一屏显示图案 8 个字形码的数据组成，还要确定每一屏图案显示的保持时间。因为每屏图案的交替变换时间必须大于人眼视觉的驻留时间，否则眼睛将无法辨别。

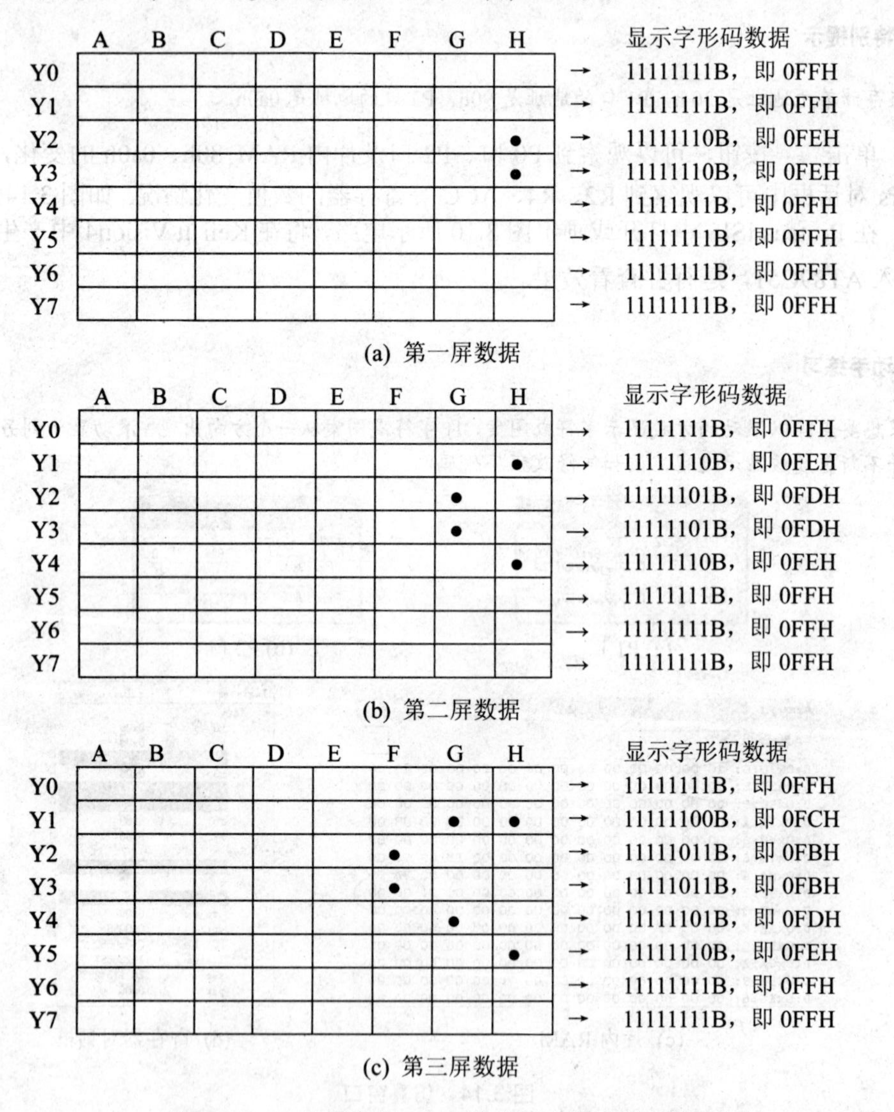

图 3.15　心形图案由右向左滚动显示前 4 屏示意图

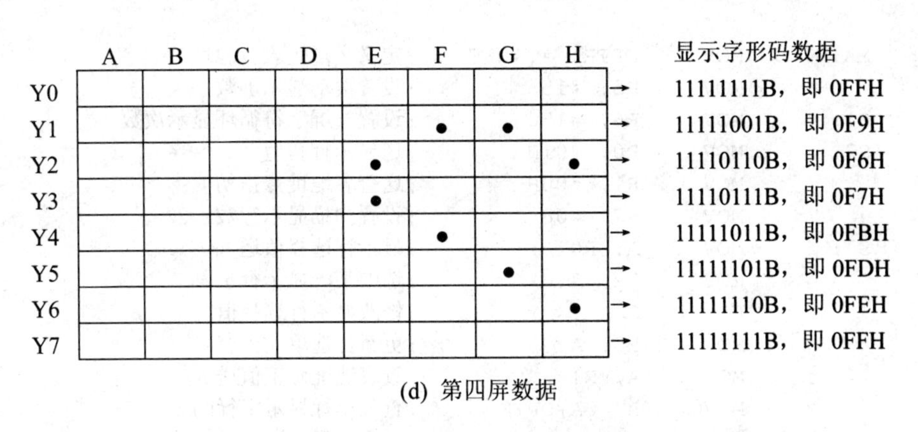

(d) 第四屏数据

图 3.15　心形图案由右向左滚动显示前 4 屏示意图(续)

2. 画流程图

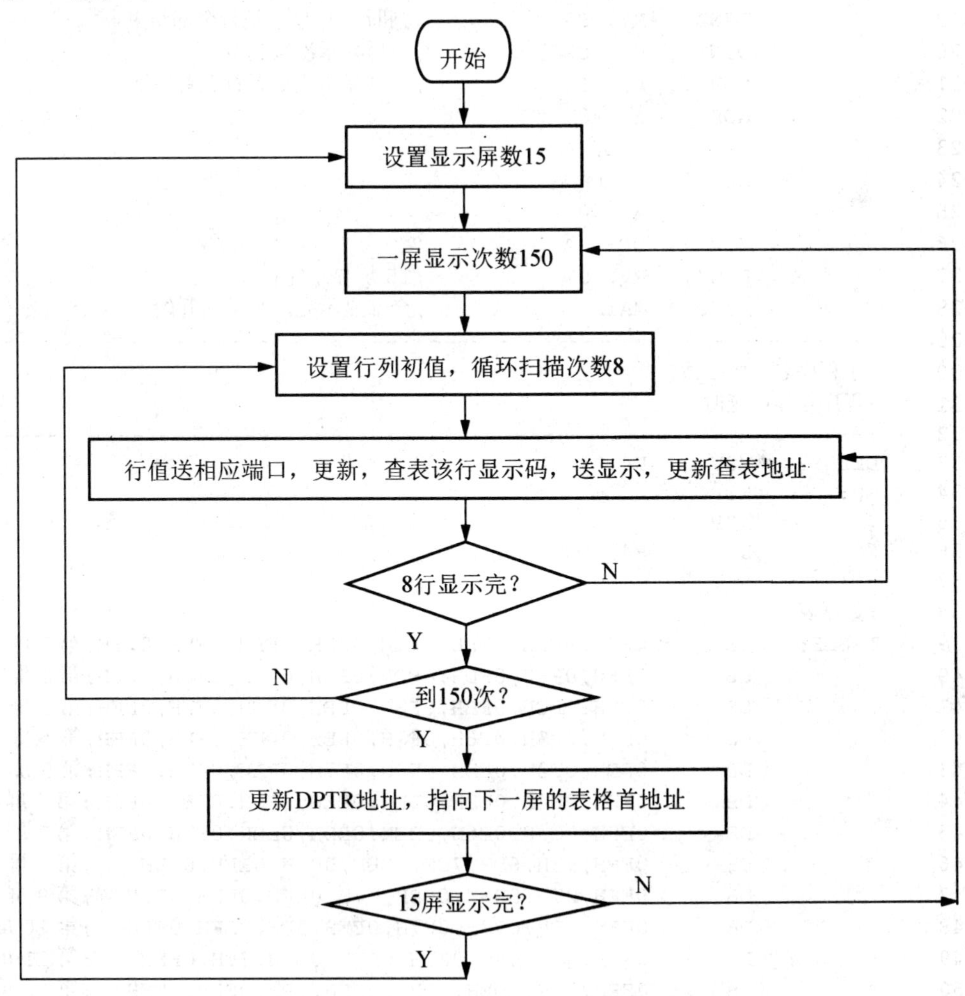

3. 编写代码

```
001                ORG     0000H
002                SJMP    MAIN
003                ORG     0030H
```

```
004   MAIN:     MOV     DPTR, #TABLE      ;定义字形码表首地址
005             MOV     R5, #15           ;设置滚动显示屏数
006   S1:       MOV     R6, #150          ;设置一屏字符循环显示次数
007   S2:       MOV     R0, #01H          ;送显示行初值
008             MOV     R1, #00H          ;送查表地址修正初值
009             MOV     R7, #08           ;设置扫描显示行数
010   S3:       MOV     A, R0             ;显示行选择值送 A
011             MOV     P2, A             ;选中某一显示行
012             RL      A                 ;修改显示行选择值
013             MOV     R0, A             ;更新行选单元内容
014             MOV     A, R1             ;查表地址修正值送 A
015             MOVC    A, @A+DPTR        ;查表得行显示字行码
016             MOV     P1, A             ;显示字形码送 P2 口
017             LCALL   DELAY2            ;延时
018             INC     R1                ;查表地址修正值加 1
019             DJNZ    R7, S3            ;判断 8 行显示是否全部结束
020             DJNZ    R6, S2            ;每屏显示次数到否
021             MOV     A, DPL            ;一屏显示完更新查表首地址
022             ADD     A, #8
023             MOV     DPL, A
024             MOV     A, DPH
025             ADDC    A, #0
026             MOV     DPH, A
027             DJNZ    R5, S1            ;15 屏显示完否
028             LJMP    MAIN              ;全部显示完，则重新开始
029   ;-----------------------------------------------------------------
030   ;子程序名：DELAY2
031   ;程序功能：延时 1ms
032   ;-----------------------------------------------------------------
033   DELAY2:   MOV     R4, #250
034   D0:       NOP
035             NOP
036             DJNZ    R4, D0
037             RET
038   ;数据表
039   TABLE:    DB      0FFH,0FFH,0FEH,0FEH,0FFH,0FFH,0FFH,0FFH;第 1 屏
040             DB      0FFH,0FEH,0FDH,0FDH,0FEH,0FFH,0FFH,0FFH;第 2 屏
041             DB      0FFH,0FCH,0FBH,0FBH,0FDH,0FEH,0FFH,0FFH;第 3 屏
042             DB      0FFH,0F9H,0F6H,0F7H,0FBH,0FDH,0FEH,0FFH;第 4 屏
043             DB      0FFH,0F2H,0EDH,0EFH,0F7H,0FAH,0FDH,0FFH;第 5 屏
044             DB      0FFH,0E4H,0DBH,0DFH,0EEH,0F5H,0FBH,0FFH;第 6 屏
045             DB      0FFH,0C9H,0B6H,0BEH,0DDH,0EBH,0F7H,0FFH;第 7 屏
046             DB      0FFH,93H,6DH,7DH,0BBH,0D7H,0EFH,0FFH    ;第 8 屏
047             DB      0FFH,27H,0DBH,0FBH,77H,0AFH,0DFH,0FFH   ;第 9 屏
048             DB      0FFH,4FH,0B7H,0F7H,0EFH,5FH,0BFH,0FFH   ;第 10 屏
049             DB      0FFH,9FH,6FH,0EFH,0DFH,0BFH,7FH,0FFH    ;第 11 屏
050             DB      0FFH,3FH,0DFH,0DFH,0BFH,7FH,0FFH,0FFH   ;第 12 屏
051             DB      0FFH,7 FH,0BFH,0BFH,7FH,0FFH,0FFH,0FFH  ;第 13 屏
052             DB      0FFH,0FFH,7FH,7FH,0FFH,0FFH,0FFH,0FFH   ;第 14 屏
053             DB      0FFH,0FFH,0FFH,0FFH,0FFH,0FFH,0FFH,0FFH;第 15 屏
054
055             END
```

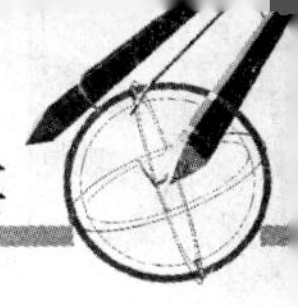

4. 仿真调试

(1) 在 Keil μ Vision4 中单击 Start/Stop Debug Session (Ctrl+F5) 按钮进入仿真调试状态。

(2) 执行菜单命令 Peripherals→I/O-Ports 打开 P1 口仿真对话框 Parallel Port 1 和 P2 口仿真对话框 Parallel Port 2，如图 3.16(a)和图 3.16(b)所示。

(3) 单击 Step (F11) 按钮，可以观察到 P0 口、P2 口的变化，同时在 Registers 对话框中可以观察到 R0、R1、R4、R5、R6、R7、ACC 等寄存器的数值变化情况，如图 3.16(c)所示。

(4) 在 Proteus ISIS 中打开或画出图 3.10 所示电路，将在 Keil μ Vision4 中产生的 HEX 文件装入 AT89C51，运行并查看效果。

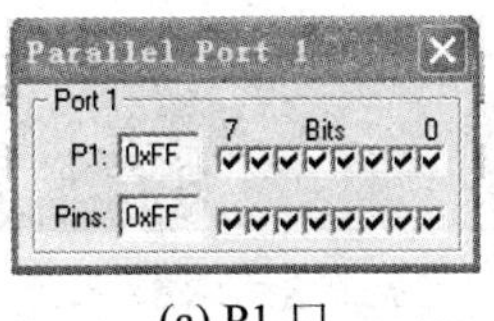

(a) P1 口

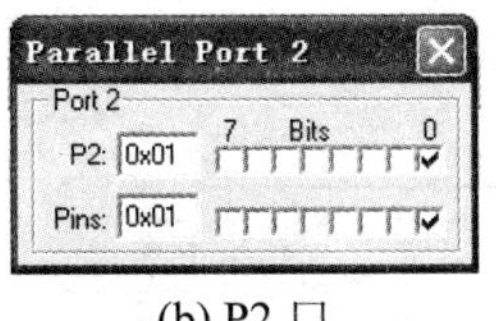

(b) P2 口

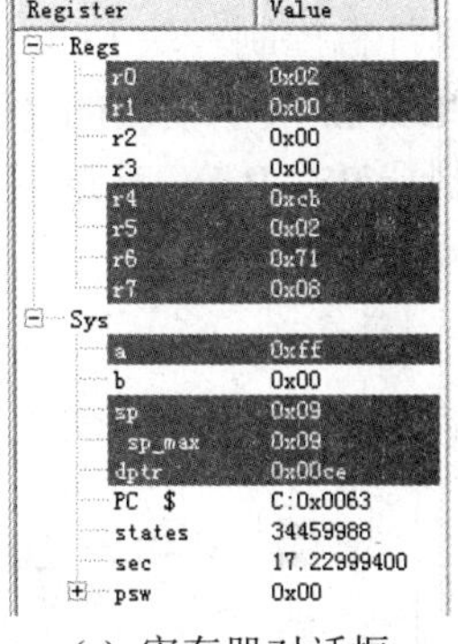

(c) 寄存器对话框

图 3.16　仿真窗口

动手练习

一屏显示时间决定滚动显示时间的快慢，程序中每屏固定图案显示时间约为 8ms(每行扫描约 1 ms，共扫描 8 行)，但小于人眼视觉驻留时间，通过设置一屏显示次数，让一屏图案重复显示 150 次，从而延长每屏图案交替变换时间(150 × 8ms=1.2s)，使人眼能够识别不同图案。读者可改变循环显示次数，观察效果。

总结提高

要实现当一屏显示结束后，指向下一屏的表格首地址，就必须更新 DPTR 地址。因为每一屏对应 8 个字形码数据，所以在每次显示结束后，将 DPTR 内所确定的表首地址+8。但由于 DPTR 是 16 位寄存器，而在 MCS-51 系列单片机指令系统中，没有 16 位加法指令，所以只有分低 8 位和高 8 位两部分来分布完成。在高 8 位加法时，使用 ADDC 是为了保证低 8 位相加后的进位不被丢失。

项目五　字符型 LCD 液晶显示字符

项目目的

通过完成 LCD1602 液晶模块显示字符，认识单片机与 LCD 显示器的接口电路，掌握

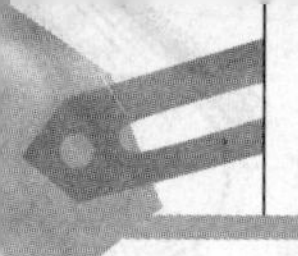

LCD 显示程序的设计思路。

项目要求

编程实现用单片机控制一块 LCD1602 液晶模块的第一行正中央显示“Goodluck”字符。

项目引入

1. 硬件电路

单片机控制一块 LCD1602 液晶模块显示字符硬件电路如图 3.17 所示。单片机的 P1 口与 LCD1602 液晶模块的 8 条数据线相连，P3 口的 P3.0 、P3.1、 P3.2 分别与液晶模块的 3 个控制端 RS、R/W、E 连接，电位器 RV1 为 VEE 提供可调的液晶驱动电压，用来实现 LCD 亮度调节。

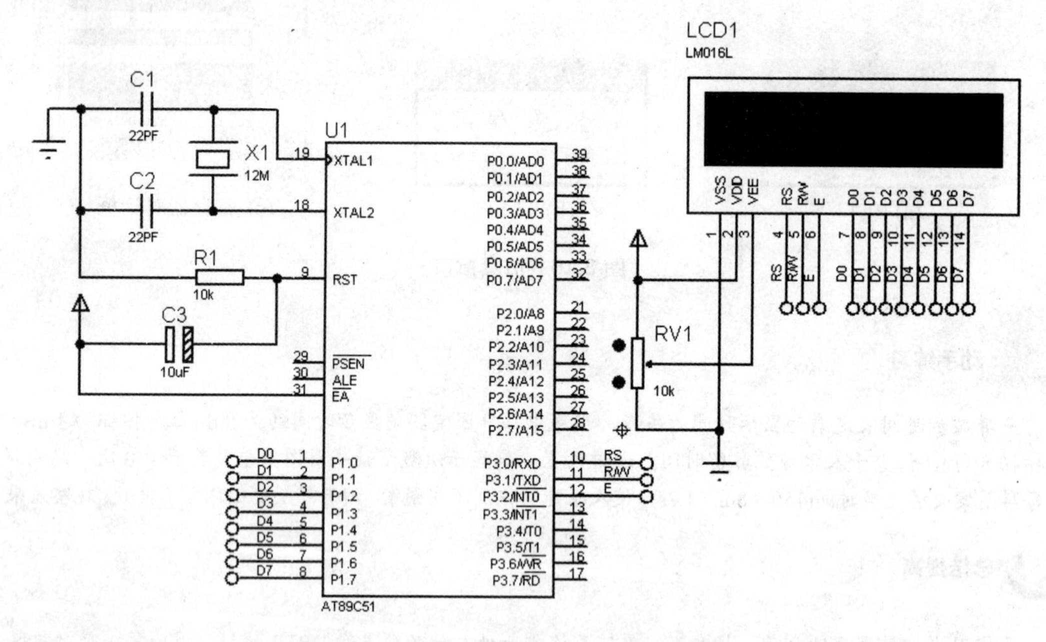

图 3.17　LCD1602 液晶模块显示字符电路

元器件清单见表 3-4。

表 3-4　LCD1602 液晶模块显示字符电路的元器件清单

元器件名称	电路中标号	参　　数	数　　量	Proteus 中的名称
单片机芯片	U1	AT89C51	1	AT89C51
晶体振荡器	X1	12MHz	1	CRYSTAL
瓷片电容	C1，C2	30pF	2	CAP
电解电容	C3	10μF	1	CAP-ELEC
电阻	R1	10kΩ	1	RES
电位器	RV1	10kΩ	1	POT-LIN
液晶显示模块	LCD1	LCD1602	1	LM016L

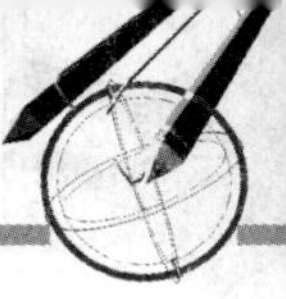

2. 程序代码

```
001     ;变量定义
002     COMMM      EQU     30H                    ;要写入 LCD 的命令存放在 30H 中
003     DATA       EQU     31H                    ;要写入 LCD 的数据存放在 31H 中
004     ;定义各控制线的名称和端口名称
005     LCD_PORT   EQU     P1
006     RS         BIT     P3.0
007     RW         BIT     P3.1
008     E          BIT     P3.2
009     ;主程序
010                ORG     0000H
011                LJMP    START
012                ORG     0100H
013     START:     MOV     SP, #60H               ;堆栈指针赋值
014                MOV     P1, #0FFH              ;P1 口置 1, 为读取状态做准备
015                LCALL   INTI                   ;调用 LCD 初始化子程序
016                MOV     COMM, #84H             ;DDRAM 地址命令字
017                LCALL   W_COMMM
018                MOV     DPTR, #TABA            ;指针指向表头首地址
019                MOV     R2, #8                 ;设置循环次数
020                MOV     R3, #00H               ;送查表地址修正初值
021     XIANSHI:   MOV     A, R3                  ;查表地址修正初值送 A
022                MOVC    A, @A+DPTR             ;查表得显示码
023                MOV     DAT, A                 ;显示码送数据存放单元
024                LCALL   W_DATA                 ;写数据到液晶中
025                LCALL   DELAY                  ;延时时间决定每个字符的显示时间
026                INC     R3
027                DJNZ    R2, XIANSHI
028                SJMP    $
029     ;-----------------------------------------------------------------
030     ;子程序名: INTI
031     ;程序功能: 设置 LCD 显示状态
032     ;-----------------------------------------------------------------
033     INTI:      MOV     COMM, #36H             ;设置工作方式
034                LCALL   W_COMM
035                MOV     COMMM, #0eH
036                LCALL   W_COMM
037                MOV     COMM, #01H
038                LCALL   W_COMM
039                MOV     COMM, #06H
040                LCALL   W_COMM
041                MOV     COMM, #80H
042                LCALL   W_COMM
043                RET
044     ;-----------------------------------------------------------------
045     ;子程序名: W_COMM
046     ;程序功能: 命令字写入内部控制器
047     ;入口参数: 命令字已存入 COMM 单元中
048     ;-----------------------------------------------------------------
049     W_COMM:    PUSH    ACC
```

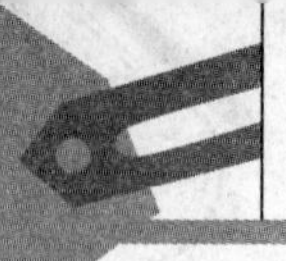


```
050    W_COMM_A:LCALL   R_START
051             JNB     ACC.7, W_COMM_B ;LCD 判忙
052             LCALL   DELAY100
053             SJMP    W_COMM_A
054    W_COMM_B:CLR     RW              ;RW=0
055             LCALL   DELAY5
056             CLR     RS              ;RS=0
057             LCALL   DELAY5
058             SETB    E               ;E=1
059             LCALL   DELAY5
060             MOV     A, COMM         ;读命令字
061             MOV     LCD_PORT, A     ;将命令字写入数据端口
062             LCALL   DELAY5
063             CLR     E               ;E=0
064             LCALL   DELAY5
065             SETB    RW              ;RW=1
066             POP     ACC
067             RET
068    ;---------------------------------------------------------------
069    ;子程序名: R_START
070    ;程序功能: 读 LCD 内部状态
071    ;出口参数: 状态字存入累加器 A
072    ;---------------------------------------------------------------
073    R_START: SETB    RW              ;RW=1
074             LCALL   DELAY5
075             CLR     RS              ;RS=0
076             LCALL   DELAY5
077             SETB    E               ;E=1
078             LCALL   DELAY5
079             MOV     A, LCD_PORT     ;读入状态字
080             LCALL   DELAY5
081             CLR     E               ;E=0
082             LCALL   DELAY5
083             CLR     RW              ;RW=0
084             RET
085    ;---------------------------------------------------------------
086    ;子程序名: W_DATA
087    ;程序功能: 将要显示内容写入 LCD
088    ;入口参数: 31H,显示内容存放在 31H 单元
089    ;---------------------------------------------------------------
090    W_DATA:  PUSH    ACC
091    W_DATA_A:LCALL   R_START
092             JNB     ACC.7,W_DATA_B
093             LCALL   DELAY100
094             SJMP    W_DATA_A
095    W_DATA_B:CLR     RW              ;RW=0
096             LCALL   DELAY5
097             SETB    RS              ;RS=1
098             LCALL   DELAY5
099             SETB    E               ;E=1
100             LCALL   DELAY5
101             CLR     E               ;E=0
102             LCALL   DELAY5
```

```
103                 SETB    RW              ;RW=1
104                 POP     ACC
105                 RET
106         ;-----------------------------------------------------------------
107         ;子程序名：DELAY100
108         ;程序功能：延时 100μs
109         ;-----------------------------------------------------------------
110         DELAY100:MOV    R7, #25
111         D0:     NOP
112                 NOP
113                 DJNZ    R7, D0
114                 RET
115         ;-----------------------------------------------------------------
116         ;子程序名：DELAY5
117         ;程序功能：延时 5μs
118         ;-----------------------------------------------------------------
119         DELAY5:  NOP
120                 NOP
121                 NOP
122                 NOP
123                 NOP
124                 RET
125         ;-----------------------------------------------------------------
126         ;子程序名：DELAY
127         ;程序功能：延时 1ms
128         ;-----------------------------------------------------------------
129         DELAY:   MOV    R5, #150
130         D1:      MOV    R4, #250
131         D2:      NOP
132                  DJNZ   R4, D2
133                  DJNZ   R5, D1
134                  RET
135         ;数据表
136         TABA:    DB     47H, 6FH, 6FH, 64H, 6CH, 75H, 63H, 6BH
137
138                  END
```

项目分析

(1) 如果在 LCD 初始化中，设置显示光标、光标位置字符不闪烁，应该修改初始化中的哪个命令字？修改后的值为多少？

(2) 如果要将显示字符“Goodluck”定位在第 2 行中央，应如何修改程序？

(3) 如果要将显示字符改为“China”，应如何修改程序？

相关知识

3.3　液晶显示器

液晶显示器的英文名是 Liquid Crystal Display，简称 LCD。由于其功耗低、抗干扰能力强等优点，日渐成为各种便携式产品、仪器仪表以及工控产品的理想显示器。LCD 种类

繁多，按显示形式及排列形状不同可分为段式 LCD、字符式 LCD、点阵式 LCD。其中，字符式 LCD 以其廉价、显示内容丰富、美观、使用方便等特点，成为 LED 数码管的理想替代品。本节以常见的字符液晶显示模块 LCD1602 为例来介绍液晶显示器应用。

3.3.1 LCD1602 概述

LCD1602 点阵字符型液晶显示模块如图 3.18 所示，16 代表每行可显示 16 个字符；02 表示共有两行，即这种 LCD 显示器可同时显示 32 个字符。它是将 LCD 控制器、点阵驱动器、字符存储器、液晶屏等做在一块电路板上，方便安装和使用。

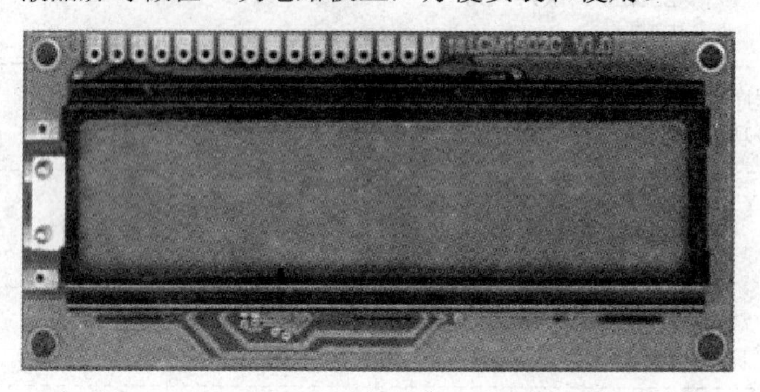

图 3.18 LCD1602 点阵字符型液晶显示模块

LCD1602 点阵字符型液晶显示模块有 16 个引脚，其中 15、16 脚分别为背光控制正电源、背光控制地，需要背光时，15 脚串接一个限流电阻到 2 脚电源脚，16 脚接地。引脚具体功能见表 3-5。

表 3-5 LCD1602 点阵字符型液晶显示模块引脚功能介绍

引脚号	引脚名称	引脚功能说明
1	VSS	电源地
2	VDD	电源正极，接+5V
3	VEE	液晶显示驱动电源(0～5V)，可通过 10kΩ 电位器调节 LCD 亮度
4	RS	数据/命令选择控制端，RS=1：数据；RS=0：命令
5	R/W	读写控制线，R/W=1，把 LCD 中的数据读出到单片机上；R/W=0，把单片机中的数据写入 LCD
6	E	使能(或片选)，E=1，允许对 LCD 进行读/写操作；E=0，禁止对 LCD 进行读/写操作
7～14	D0～D7	8 位双向数据总线。可以以 8 位或 4 位方式读/写数据，若选用 4 位方式进行数据读/写，则只用 D4～D7
15	A	背光控制正电源
16	K	背光控制地

3.3.2 LCD1602 使用

液晶显示模块与单片机的连接方式有两种：一种为直接访问方式(总线方式)；另一种为间接控制方式(模拟口线方式)。直接访问方式是将液晶显示模块的接口作为存储器或 I/O

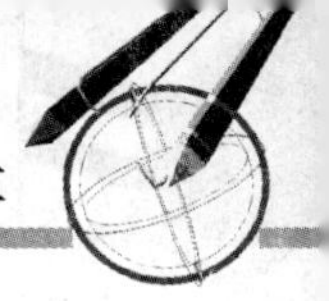

设备直接挂在单片机总线上，单片机以访问存储器或 I/O 设备的方式控制液晶显示模块的工作。间接控制方式是单片机通过自身的或系统中的并行接口与液晶显示模块连接，单片机通过对这些接口的操作，实现对液晶显示模块的控制。间接控制方式的特点是电路简单，节省单片机外围的数字逻辑电路，控制时序由软件产生，可以实现高速的单片机与液晶显示模块的接口。本节主要结合项目五介绍间接控制方式的使用方法。

单片机对LCD1602模块有4种基本操作：读状态、写命令、写数据和读数据，由LCD1602模块的3个控制引脚RS、R/W、E的不同组合状态确定。在进行写命令、写数据和读数据三种操作之前，必须先进行读状态操作，查询忙标志。当忙标志为0时，才能进行这3种操作。

1．读状态操作

读状态操作主要是读忙标志，当忙标志为“1”时，表明LCD正在进行内部操作，此时不能进行其他3种操作。当忙标志为“0”时，表明LCD内部操作已经结束，可以进行其他3种操作。

如图3.19所示，在进行读命令操作时，先设置RS=0、R/W=1，再设置E=1，这时才从数据口读取数据，然后E信号置低，最后R/W复位。

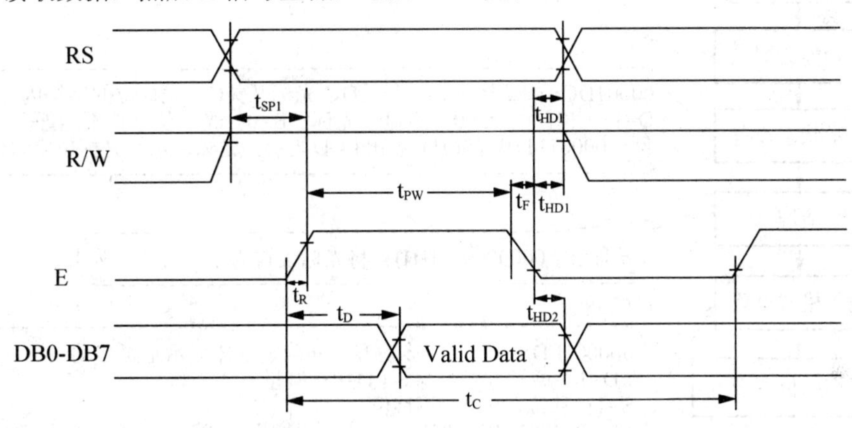

图3.19　LCD1602读操作时序

读LCD内部状态子程序如下：

```
;-------------------------------------------------------------
;子程序名：R_START
;程序功能：读 LCD 内部状态
;出口参数：状态字存入累加器 A
;-------------------------------------------------------------
R_START:      SETB    RW              ;RW=1
              LCALL   DELAY5          ;延时 5μs
              CLR     RS              ;RS=0
              LCALL   DELAY5
              SETB    E               ;E=1
              LCALL   DELAY5
              MOV     A,LCD_PORT      ;读入状态字
              LCALL   DELAY5
```

```
        CLR     E                       ;E=0
        LCALL   DELAY5
        CLR     RW                      ;RW=0
        RET
```

特别提示

该程序读入到累加器A中的最高位ACC.7的BF为忙标志位。

2. 写命令操作

LCD上电时，必须进行初始化操作，内容包括设置LCD功能、显示状态、清屏、输入方式、光标位置等，LCD初始化流程图如图3.20所示。这些初始化设置是通过控制命令对内部的控制器控制而实现的，写命令操作就是将LCD的命令字写进内部控制器。命令字见表3-6。

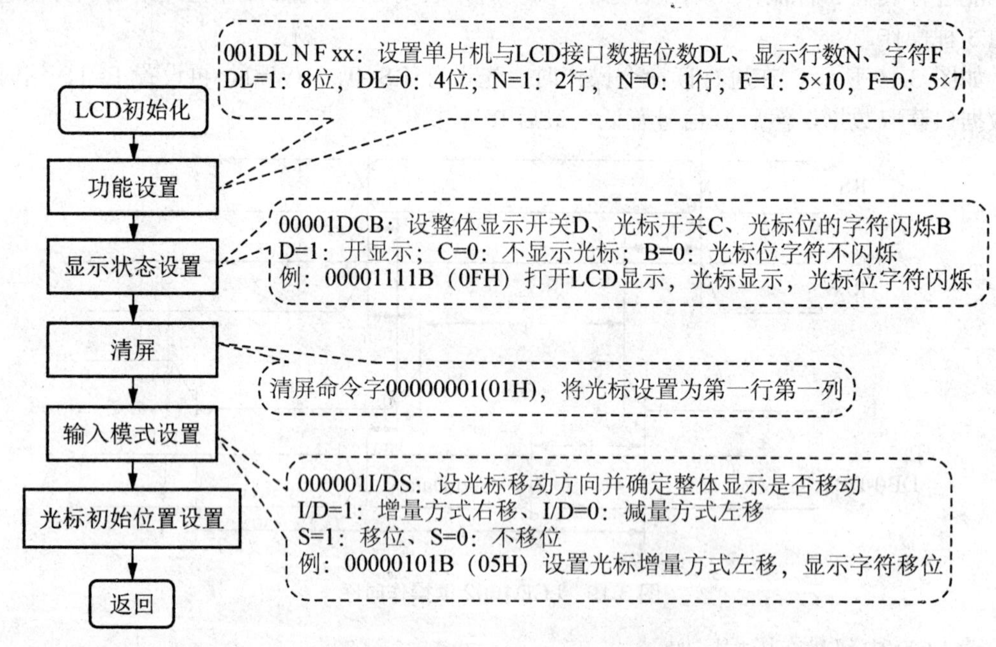

图3.20　LCD1602初始化流程

表3-6　LCD1602的命令字

序号	指令	控制信号		命令字							
		RS	R/W	D7	D6	D5	D4	D3	D2	D1	D0
1	清屏	0	0	0	0	0	0	0	0	0	1
2	光标返回	0	0	0	0	0	0	0	0	1	×
3	输入模式设置	0	0	0	0	0	0	0	1	I/D	S
4	显示状态设置	0	0	0	0	0	0	1	D	C	B
5	光标或字符移位	0	0	0	0	0	1	S/C	R/L	×	×

续表

序号	指　　令	控制信号		命令字							
		RS	R/W	D7	D6	D5	D4	D3	D2	D1	D0
6	功能设置	0	0	0	0	1	DL	N	F	×	×
7	字符发生器(CGRAM)地址设置	0	0	0	1	字符发生器地址					
8	数据存储器(DDRAM)地址设置	0	0	1	数据显示存储器地址						
9	读忙标志或地址	0	1	BF	计数器地址						
10	写数到 CGRAM 或 DDRAM	1	0	要写的数据内容							
11	从 CGRAM 或 DDRAM 读数	0	1	读出的数据内容							

动手练习

项目五中 LCD 初始化子程序需要设置单片机与 LCD 接口数据位数 8 位，显示行数 1 行，5×10 点阵字符，LCD 中不显示光标，光标位字符不闪烁，光标增量方式右移，显示字符不移动，试编写 LCD 初始化子程序 INTI 代码。

根据图 3.21，在进行写命令操作时，先设置 RS=0、R/W=0，再设置 E=1，这时将命令字送至数据端，然后产生 E 置低电平，最后 R/W 置高电平。

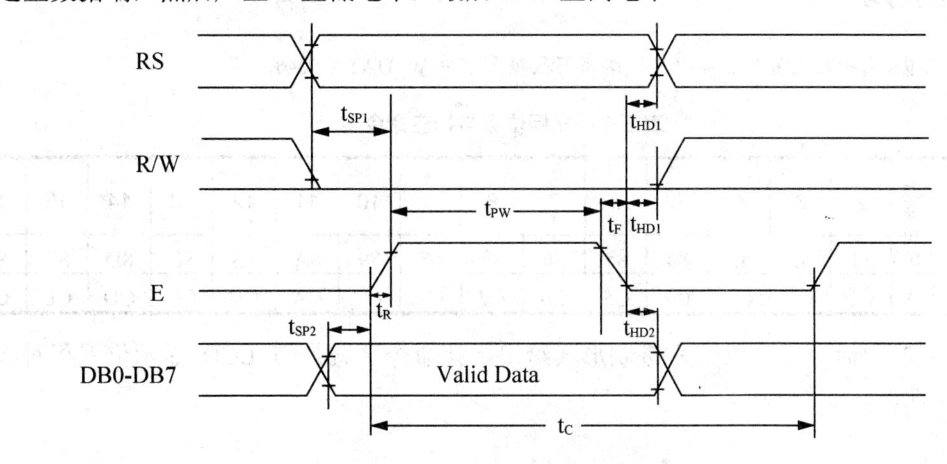

图 3.21　LCD1602 写操作时序

LCD 写命令子程序如下：

```
;-----------------------------------------------------------------
;子程序名：W_COMM
;程序功能：命令字写入内部控制器
;入口参数：命令字已存入 COMM 单元中
;-----------------------------------------------------------------
W_COMM:    PUSH    ACC
W_COMM_A:  LCALL   R_START
           JNB     ACC.7,W_COMM_B           ;判断 ACC.7 的 BF 忙标志位是否处于忙状态
```

```
            LCALL  DELAY100
            SJMP   W_COMM_A
W_COMM_B:   CLR    RW                        ;RW=0
            LCALL  DELAY5
            CLR    RS                        ;RS=0
            LCALL  DELAY5
            SETB   E                         ;E=1
            LCALL  DELAY5
            MOV    A,COMM                    ;读命令字
            MOV    LCD_PORT,A                ;将命令字写入数据端口
            LCALL  DELAY5
            CLR    E                         ;E=0
            LCALL  DELAY5
            SETB   RW                        ;RW=1
            POP    ACC
            RET
```

3. 写数据操作

写数据操作就是写入要显示的内容，需要两个步骤实现。首先要进行光标定位，即把显示数据写在相应的DDRAM地址中，可通过写命令操作写入光标位置命令字实现，光标位置命令字见表3-7。然后通过写数据操作写入要显示字符的ASCII码。写数据操作子程序与写名字操作子程序不同之处就是RS引脚的状态不同。

动手练习

写数据RS引脚应设置为高电平，试编写写数据子程序W_DATA代码。

表3-7 光标位置与相应命令字

列 行	1	2	3	4	5	6	7	8	9	10	11	12	13	14	15	16
1	80	81	82	83	84	85	86	87	88	89	8A	8B	8C	8D	8E	8F
2	C0	C1	C2	C3	C4	C5	C6	C7	C8	C9	CA	CB	CC	CD	CE	CF

表3-7中命令字是以十六进制形式给出，该命令字就是与LCD显示位置相对应的DDRAM地址。

特别提示

当写入显示字符后，如果没有再给光标重新定位，则DDRAM地址会自动加1或减1，加或减由输入模式设置。如果想分行显示字符，第1行显示完毕后，需要重新定位光标至第2行，因为第1行DDRAM地址与第2行DDRAM地址不连续。

LCD1602模块内部字符发生器(CGROM)固化存储了192个不同的点阵字符图形，包括阿拉伯数字、大小写英文字母、标点符号、日文假名等。点阵的大小有5×7、5×10两种。表3-8给出了部分常用的5×7点阵的字符代码。CGROM的字形经过内部电路的转换才能传送到显示器上，只能读出不可写入。字形或字符的排列与标准的ASCII码相同。

例如字符码 31H 为“1”字符，字符码 41H 为“A”字符。要在 LCD 中显示“A”，就可将“A”的 ASCII 代码 41H 写入 DDRAM 中，同时电路到 CGROM 中将“A”的字形点阵数据找出来显示在 LCD 上。

表 3-8　字符发生器中部分常用的 5×7 点阵字符代码

高 4 位 / 低 4 位	0000 (CGROM)	0010	0011	0100	0101	0110	0111
0000	(1)		0	@	P	\	p
0001	(2)	!	1	A	Q	a	q
0010	(3)	”	2	B	R	b	r
0011	(4)	#	3	C	S	c	s
0100	(5)	$	4	D	T	d	t
0101	(6)	%	5	E	U	e	u
0110	(7)	&	6	F	V	f	v
0111	(8)	′	7	G	W	g	w
1000	(1)	(	8	H	X	h	x
1001	(2)	)	9	I	Y	i	y
1010	(3)	*	:	J	Z	j	z
1011	(4)	+	;	K	[	k	{
1100	(5)	,	<	L	¥	l	|
1101	(6)	-	=	M	]	m	}
1110	(7)	·	>	N	^	n	→
1111	(8)	/	?	O	—	o	←

总结提高

项目五程序代码 136 行 TABA：DB 47H,6FH,6FH,64H,6CH,75H,63H,6BH 就是显示“Goodluck”字符代码数据表。也可采用输入字符串形式，如 TABA：DB ‘Goodluck’。

项目六　4×4 矩阵键盘控制数码管显示键名

项目目的

通过完成 4×4 矩阵键盘控制数码管显示键名。认识单片机与矩阵键盘的接口电路，掌握矩阵键盘编程思路，进一步巩固数码管显示编程设计。

项目要求

4×4 矩阵键盘作为单片机输入端，在输出端数码管上显示每个按键“0～F”序号。对应的按键的序号排列如图 3.22 所示。试分析已给出程序代码，尝试用其他编程思路编写代码。

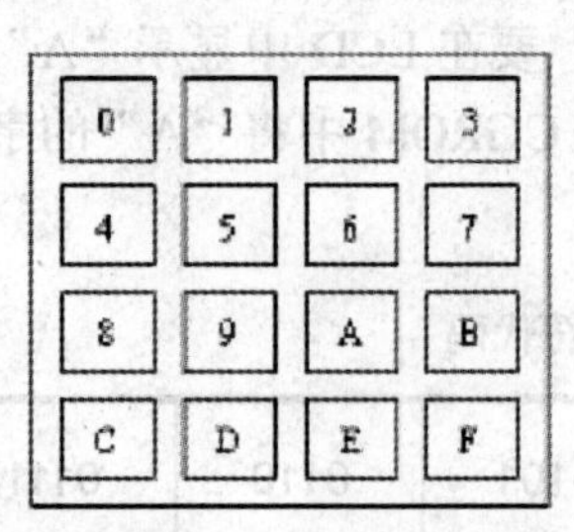

图 3.22 4×4 矩阵键盘按键序号

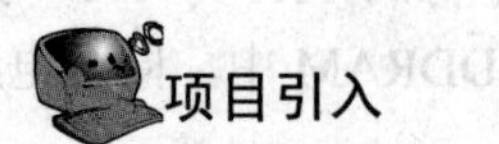

1. 硬件电路

4×4 矩阵键盘控制数码管显示键名硬件电路如图 3.23 所示。单片机的 P0 口与 7 段共阳数码管相连，作为显示部分。P3 口作为 4×4 矩阵键盘行、列接入端，其中行线接到 P3.4～P3.7，P3.4 连接第 1 行，以此类推，P3.7 连接第 4 行，列线接在 P3.0～P3.3，P3.3 连接第 1 列，……，P3.0 连接第 4 列。

元器件清单见表 3-9。

表 3-9 4×4 矩阵键盘控制数码管显示键名电路的元器件清单

元器件名称	电路中标号	参　数	数　量	Proteus 中的名称
单片机芯片	U1	AT89C51	1	AT89C51
晶体振荡器	X1	12MHz	1	CRYSTAL
瓷片电容	C1，C2	30pF	2	CAP
电解电容	C3	10μF	1	CAP-ELEC
电阻	R1	10kΩ	1	RES
排阻	RP1	1kΩ×8	1	RESPACK-8
7 段数码管		共阳	2	7SEG-COMM-ANODE
轻触按键	K0-KF		16	BUTTON

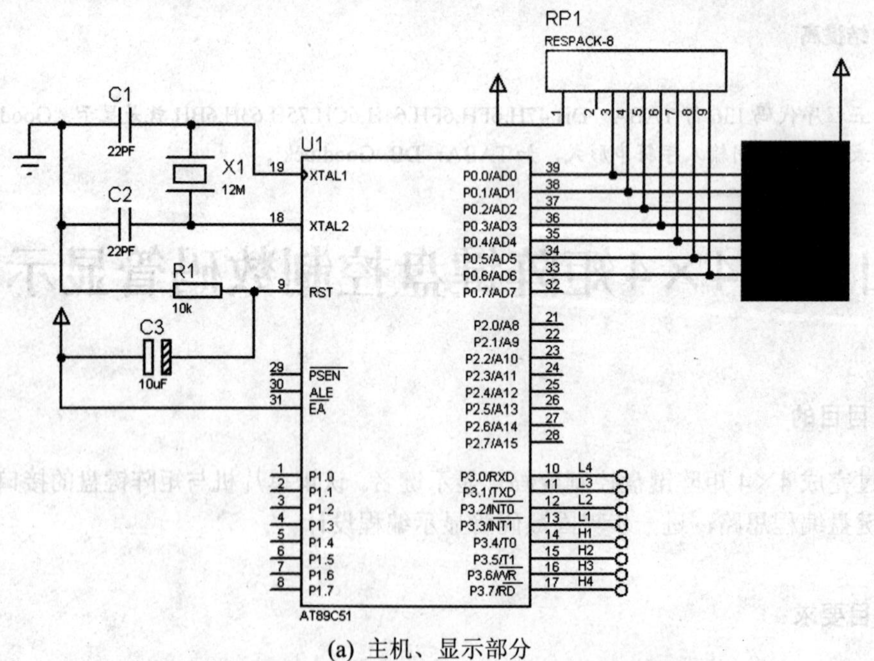

(a) 主机、显示部分

图 3.23 4×4 矩阵键盘控制数码管显示键名的电路

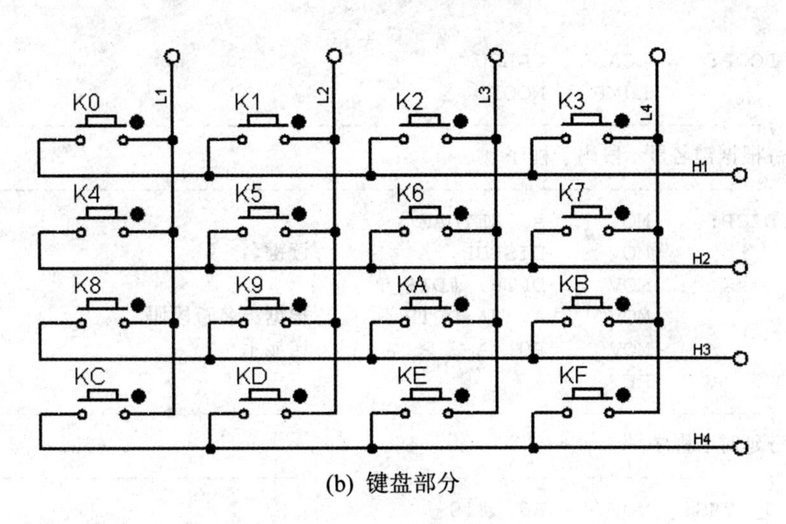

(b) 键盘部分

图 3.23　4×4 矩阵键盘控制数码管显示键名的电路（续）

2. 程序代码

```
001      DISBUF     EQU      30H
002      KEYVAL     EQU      31H
003      KEYNAM     EQU      32H
004                 ORG      0000H
005                 SJMP     START
006                 ORG      0030H
007      START:     MOV      R1, #10H
008      WAIT:      MOV      DISBUF, #8          ;开机显示 8
009      NOOP:      LCALL    DISP
010      NEXT:      CLR      C                   ;计算行扫描码：EFH,DFH,BFH,7FH
011                 MOV      A, #0FFH
012                 SUBB     A, R1
013                 MOV      P3, #0FFH           ;第 1 次扫描
014                 MOV      P3, A
015                 MOV      A, P3
016                 MOV      KEYVAL, A           ;记录键值
017                 ANL      A, #0FH
018                 XRL      A, #0FH
019                 JZ       NOKEY
020                 LCALL    D_10MS              ;防抖动
021                 MOV      A, P3               ;第 2 次扫描
022                 MOV      KEYVAL, A           ;记录键值
023                 ANL      A, #0FH
024                 XRL      A, #0FH
025                 JZ       NOKEY
026                 LJMP     LOOP                ;有按键
027      NOKEY:     MOV      A, R1               ;重新计算行扫描码
028                 MOV      B, #2
029                 MUL      AB
030                 MOV      R1, A
031                 JNZ      NEXT
032                 MOV      R1, #10H
033                 LJMP     WAIT
```

```
034    LOOP:    LCALL   CALCU
035             LJMP    NOOP
036    ;----------------------------------------------------------------------
037    ;根据键名显示段码子程序
038    ;----------------------------------------------------------------------
039    DISP:    MOV     A, KEYNAM
040             MOV     DISBUF, A         ;读键名
041             MOV     DPTR, #DIS_T
042             MOVC    A, @A+DPTR        ;根据键名查段码
043             MOV     P0, A             ;送显示
044             RET
045    ;----------------------------------------------------------------------
046    ;延时子程序
047    ;----------------------------------------------------------------------
048    D_10MS:  MOV     R6, #10
049    D1:      MOV     R7, #248
050             DJNZ    R7, $
051             DJNZ    R6, D1
052             RET
053    ;----------------------------------------------------------------------
054    ;根据键值计算键名子程序
055    ;----------------------------------------------------------------------
056    CALCU:   MOV     R4, #16
057             MOV     DPTR, #KEY_T
058             MOV     KEYNAM, #0
059    MOOP:    MOV     A, KEYNAM
060             MOVC    A, @A+DPTR
061             CJNE    A, KEYVAL, MOOP1
062             RET
063    MOOP1:   INC     KEYNAM
064             DJNZ    R4, MOOP
065             RET
066    ;----------------------------------------------------------------------
067    ;按键对应的 P3 口的值
068    ;----------------------------------------------------------------------
069    KEY_T:   DB      0E7H,0EBH,0EDH,0EEH,0D7H,0DBH,0DDH,0DEH
070             DB      0B7H,0BBH,0BDH,0BEH,77H,7BH,7DH,7EH
071             DB      0C0H,0F9H,0A4H,0B0H,99H,92H,82H,0F8H
072             DB      80H,90H,88H,83H,0C6H,0A1H,86H,8EH,0FFH
073             END
```

动手练习

分析程序编写思路，画出程序流程图。

项目分析

(1) 矩阵键盘电路中按键是如何实现扫描的？

(2) 矩阵键盘电路中键值是什么？

(3) 矩阵键盘电路中按键名是怎样确定的？

(4) 矩阵键盘按键防抖动是如何实现的？

相关知识

3.4　非编码键盘

键盘是单片机应用系统中最常用的输入设备，通过键盘输入数据或命令，可以实现简单的人机对话。键盘有编码键盘和非编码键盘之分。编码键盘除了键开关外，还需去键抖动电路、防串键保护电路以及专门的、用于识别闭合键并产生键代码的集成电路(如 8255、8279 等)。编码键盘的优点是所需软件简短；缺点是硬件电路比较复杂，成本较高。非编码键盘仅由键开关组成，按键识别、键代码的产生以及去抖动等功能均由软件编程完成。非编码键盘的优点是电路简单、成本低；缺点是软件编程较复杂。目前，单片机应用系统中普遍采用非编码键盘。本节主要介绍该类非编码键盘及其与单片机的接口。

3.4.1　键盘接口概述

1. 按键开关的抖动问题

按键开关在电路中的连接如图 3.24 所示。按键未按下时，P1.0 输入为高电平；按键按下时，P1.0 输入为低电平。由于单片机中应用的按键一般是由机械触点构成的，由于机械弹性作用的影响，按键在按下或释放时，会有抖动，其抖动过程如图 3.25 所示。这种抖动对于人来说感觉不到的，但对于单片机来说，则是完全可以感应到，因为单片机处理的速度是微秒级，而机械抖动的时间至少是毫秒级，一般为 5～10ms，这对单片机而言，已经是一段“漫长”的时间了。如果键处理程序采用中断方式，在响应按键就可能会出现问题，也就是说按键有时灵，有时不灵，可能用户只按了一次按键，可是单片机却已经执行了多次中断；而如果键处理程序采用查询方式，也会由于抖动而存在响应按键迟钝的现象，甚至可能会漏掉信号。

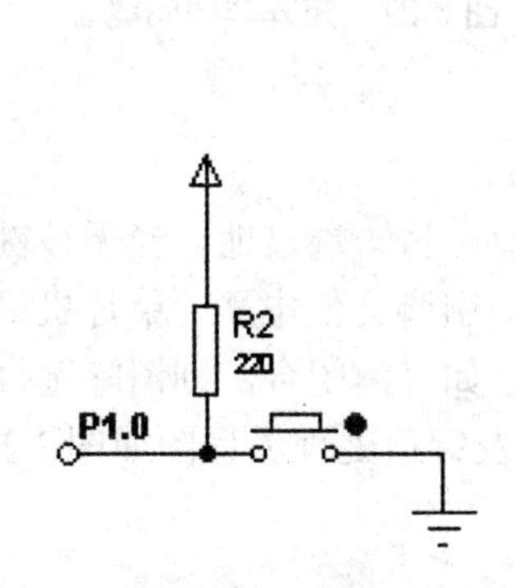

图 3.24　按键连接图

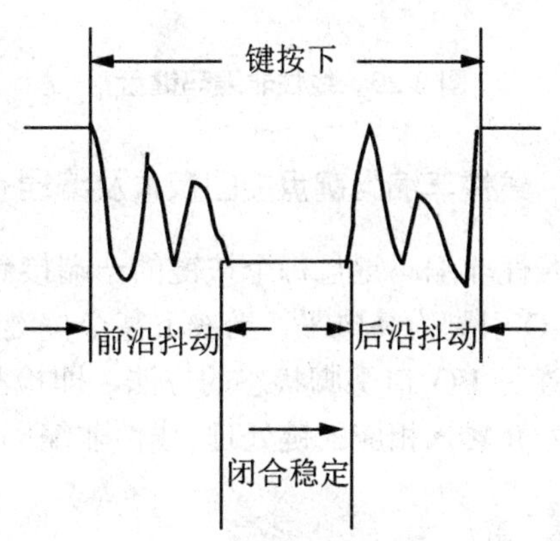

图 3.25　按键触点的机械抖动

为了使 CPU 能正确读取按键状态，对每一次按键只作一次响应，就必须考虑如何消除

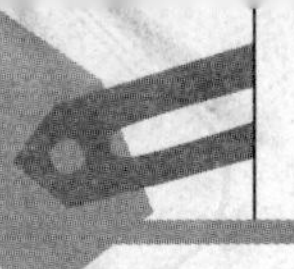

抖动，常用的去抖动方法有两种：硬件和软件。单片机设计中常用软件法，因此，对于硬件方法在此不作介绍。具体软件方法是：首先读取 I/O 口状态并第 1 次判断有无键被按下，若有键被按下则等待 10ms，然后读取 I/O 口状态并第 2 次判断有无键被按下，若仍然有键被按下则说明某个按键处于稳定的闭合状态；若第 2 次判断时无键被按下，则认为第 1 次是按键抖动引起的无效闭合。

2. 按键连接方式

键盘与 CPU 的连接方式可以分为线性非编码键盘和矩阵非编码键盘。

1) 线性非编码键盘

线性非编码键盘的键开关(K1、K2、K3、K4)通常排成一行或一列，一端连接在单片机 I/O 口的引脚上，同时经上拉电阻接至+5V 电源，另一端则串接在一起作为公共接地端，如图 3.26 所示。线行非编码键盘电路配置灵活，软件结构简单，但每个按键必须占用一根 I/O 端口，故这种形式适用于按键数量较少的场合。

2) 矩阵非编码键盘

矩阵非编码键盘又称行列式非编码键盘，I/O 端分为行线和列线接入端，按键跨接在行线和列线上。按键按下时，行线与列线相同。图 3.27 所示是一个 4×3 的矩阵非编码键盘，共有 4 根行线和 3 根列线，可连接 12 个按键(按键数=行数×列数)。与线性非编码键盘相比，12 个按键只占用 7 个 I/O 口，显然在按键数量较多时，矩阵非编码较线性非编码键盘可以节省很多 I/O 接口。

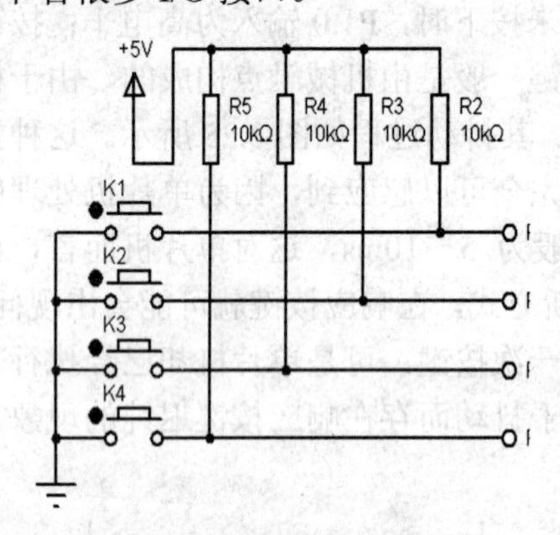

图 3.26 线性非编码键盘

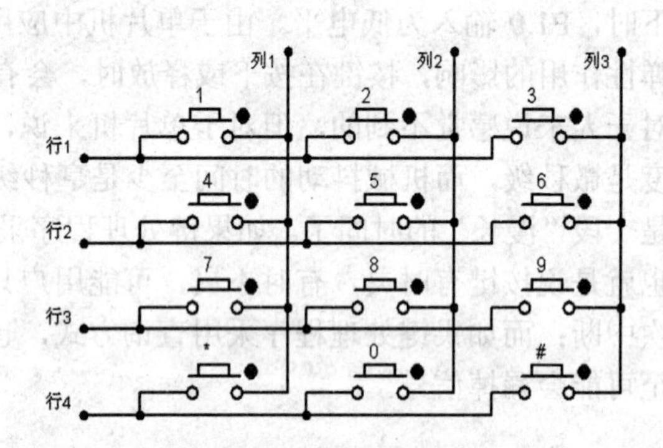

图 3.27 矩阵非编码键盘

3.4.2 线性非编码键盘接口技术及编程

线性非编码键盘每个按键的一端接到单片机的 I/O 口，另一端接地。当无按键被按下时，I/O 引脚为高电平；当按下某个按键时，对应的 I/O 口引脚为低电平。单片机只要采用不断查询 I/O 口引脚状态的方法，即检测是否有键闭合，如有键闭合，则消除键抖动，判断键号并转入相应的键处理。线性非编码键盘的状态扫描及键值处理流程图如图 3.28 所示。

特别提示

线性非编码键盘的应用，请参阅前面章节的有关内容。

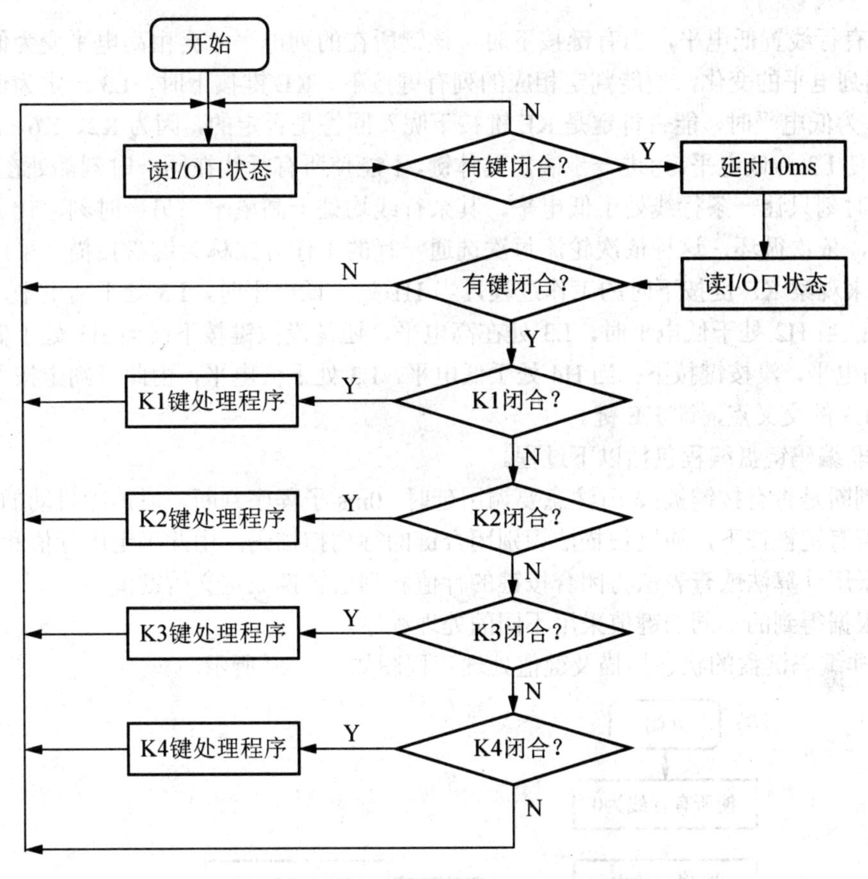

图 3.28 线性非编码键盘按键处理流程图

3.4.3 矩阵非编码键盘接口技术及编程

矩阵非编码键盘显然比线性非编码键盘要复杂一些，识别也要复杂一些。图 3.23 中，矩阵键盘的行线和列线连接在单片机的 P3 口，行线接到 P3.4～P3.7，列线接在 P3.0～P3.3。在使用矩阵键盘时，连接行线和列线的 I/O 管脚不能全部用来输出或全部用来输入，必须一个输出，另一个输入。本项目中将行线定义为输出，即 P3.4～P3.7 管脚输出数据到行线，列线定义为输入，即列线对应的数据输入到 P3.0～P3.3 上。将全部行线置低电平，然后检测列线的状态。只要有一列的电平为低，则行、列线导通，表示键盘中有键被按下，而且闭合的键位于低电平线与 4 根行线相交叉的 4 个按键之中。若所有列线均为高电平，则键盘中无键按下。

特别提示

单片机 I/O 口作为输入管脚时，悬空脚相当于接高电平。虽然图 3.23 中 4 根列线什么也不接，但仍等效接到电源。

在确认有键按下后，即可进入确定具体哪个按键被按下。识别具体按键的方法很多，其中，最常见的是扫描法。下面以图 3.23 中 KE 键的识别为例来说明扫描法识别按键的过程。

将所有行线置低电平，当有键按下时，该键所在的列电平才会由高电平变为低电平。CPU 根据列电平的变化，便能判定相应的列有键按下。KE 键按下时，L3 一定为低电平，然而，L3 为低电平时，能否肯定是 KE 键按下呢？回答是否定的，因为 K2、K6、KA 号键按下同样使 L3 为低电平。为进一步确定具体键，不能使所有行线在同一时刻都处在低电平，可在某一时刻只让一条行线处于低电平，其余行线均处于高电平，另一时刻，让下一行处在低电平，依次循环，这种依次轮流每次选通一行的工作方式称为键盘扫描。采用键盘扫描后，再来观察 KE 键按下时的工作过程，当 H1 处于低电平时，L3 处于高电平，说明按键没按下；当 H2 处于低电平时，L3 处在高电平，还是没按键按下；当 H3 处于低电平，L3 处于高电平，没按键按下；当 H4 处于低电平，L3 处于低电平，由此可判定按下的键应是 H2 与 L3 的交叉点，即 KE 键。

矩阵非编码键盘编程包括以下过程。

(1) 判断是否有按键被按下(注意要调用延时 10ms 子程序判断，以消除抖动的影响)。

(2) 若有键被按下，通过扫描法识别闭合键的行列扫描码，由此确定出行值和列值。

(3) 采用计算法或查表法将闭合按键的行值和列值转换成定义的键值。

(4) 根据得到的不同的键值采用不同的处理程序。

矩阵非编码键盘的状态扫描及键值处理流程图如图 3.29 所示。

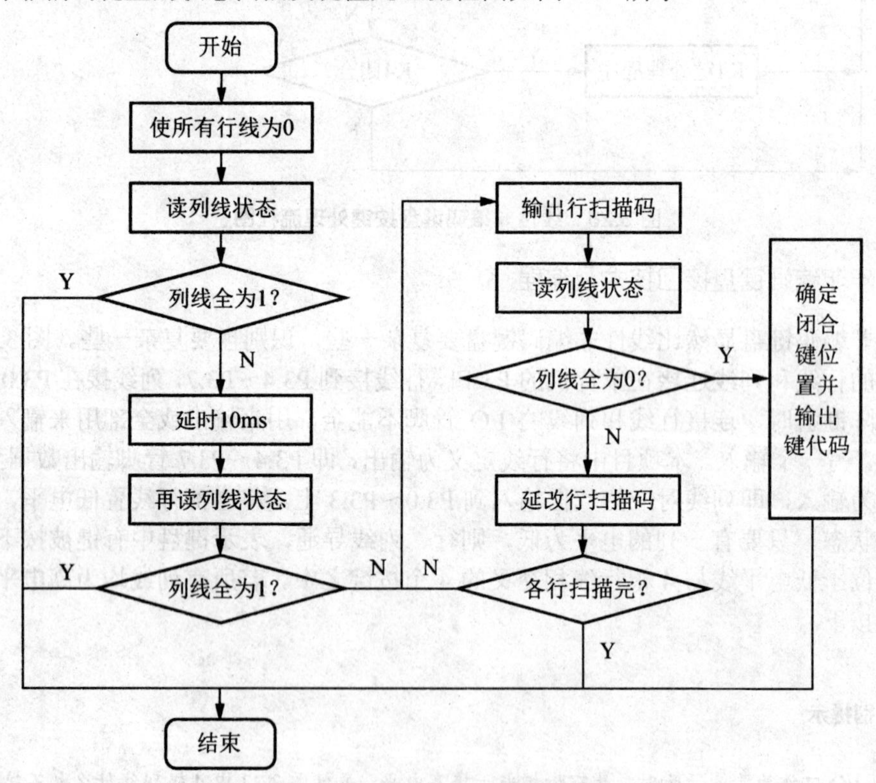

图 3.29 矩阵非编码键盘按键处理流程图

动手练习

试用汇编语言描述单片机通过行列扫描来确定行号和列号的过程。

本章小结

LED数码管显示器按用途可分为通用7段LED数码管显示器和专用LED数码管显示器。通用7段LED数码管显示器按内部结构划分，数码管又分为共阴极和共阳极两种。数码管的控制方式分为静态和动态两种。

LED数码管点阵显示器是由LED按矩阵方式排列而成的，按照尺寸大小，LED点阵显示器有5×7、5×8、6×8、8×8等多种规格；按照LED发光颜色的变化情况，LED点阵显示器分为单色、双色、三色；按照LED的连接方式，LED点阵显示器又有共阴极、共阳极之分。

液晶显示器由于功耗低、抗干扰能力强等优点，日渐成为各种便携式产品、仪器仪表以及工控产品的理想显示器。LCD种类繁多，按显示形式及排列形状可分为字段型、点阵字符型、点阵图形型。单片机应用系统中主要使用后两种。

液晶显示模块与单片机的连接方式有两种：一种为直接访问方式；另一种为间接控制方式。

键盘是单片机应用系统中最常用的输入设备，通过键盘输入数据或命令，可以实现简单的人机对话。键盘有编码键盘和非编码键盘之分。编码键盘除了键开关外，还需去键抖动电路、防串键保护电路以及专门的、用于识别闭合键并产生键代码的集成电路(如8255、8279等)。编码键盘的优点是所需软件简单；缺点是硬件电路比较复杂、成本较高。非编码键盘仅由键开关组成，按键识别、键代码的产生以及去抖动等功能均由软件编程完成。非编码键盘的优点是电路简单、成本低；缺点是软件编程较复杂。

目前，单片机应用系统中普遍采用非编码键盘。按照键开关的排列形式，非编码键盘又分为线性非编码键盘和矩阵非编码键盘两种。

第 4 章

中断系统与定时器/计数器

教学提示

中断作为一项重要的计算机技术，在计算机中得到了广泛的应用。51 系列单片机的中断系统有 5 个中断源(外部中断 0、外部中断 1、定时器/计数器中断 0、定时器/计数器中断 1、串行口通信中断)，有 11 个与中断有关的特殊功能寄存器(IP、IE、SCON、TMOD、TCON、PCON、TH1、TH0、TL1、TL0、SBUF)。正确地理解这些特殊功能寄存器与各个中断源之间的关系，是熟练使用汇编语言编写中断服务程序关键所在。本章重点介绍外部中断、定时器/计数器中断。

教学要求

理解中断的概念及中断系统功能；掌握外部中断的应用、外部中断的扩展以及编写外部中断服务程序的方法；熟悉定时器/计数器的结构与工作方式；掌握定时器/计数器的应用及编写定时器/计数器中断服务程序的方法；掌握相关的特殊功能寄存器在外部中断、定时器/计数器中断中的应用。

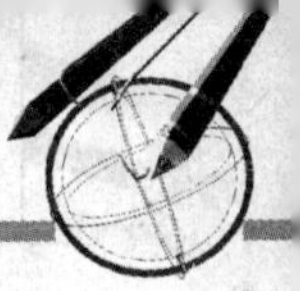

项目七 模拟十字路口交通灯控制

项目目的

通过完成模拟十字路口交通灯控制的项目，理解中断的概念及中断系统功能，掌握外部中断的应用及外部中断服务程序的编写。

项目要求

编程实现以下两种情况的交通灯控制。

(1) 正常情况下东西、南北方向交通灯轮流实现放行和警告，变化规律见表 4-1。

(2) 有紧急车辆通过时，双向禁止通行，交通灯均为红灯。

表 4-1 十字路口交通信号灯的变化规律

方向 状态	东西方向	南北方向
① 东西方向放行	绿灯亮 5s	红灯亮(5+2)s
② 东西方向警告	黄灯亮 2s	
③ 南北方向放行	红灯亮(5+2)s	绿灯亮 5s
④ 南北方向警告		黄灯亮 2s

项目引入

1. 硬件电路

模拟十字路口交通灯控制硬件电路如图 4.1 所示。采用 12 个 LED 发光二极管模拟交通灯，用单片机的 P1 口实现控制亮灭。P1.0、P1.1、P1.2 分别控制东西方向的红、绿、黄灯；P1.4、 P1.5 、P1.6 分别控制南北方向的红、绿、黄灯。

紧急控制按键 K1 接在 P3.2 脚，当按键为高电平(按键不被按下)时，表示正常情况；当按键为低电平(按键被按下)时，表示有紧急车辆通过。

图 4.1 的电路元器件清单见表 4-2。

表 4-2 模拟十字路口交通灯控制电路元器件清单

元器件名称	电路中标号	参 数	数 量	Proteus 中的名称
单片机芯片	U1	AT89C51	1	AT89C51
晶体振荡器	X1	12MHz	1	CRYSTAL
瓷片电容	C1，C2	30pF	2	CAP

续表

元器件名称	电路中标号	参　　数	数　　量	Proteus 中的名称
电解电容	C3	10μF	1	CAP-ELEC
电阻	R1	10kΩ	1	RES
电阻	R2～R14	220Ω	13	RES
红色 LED 灯	D1、D4、D7、D10		4	LED-RED
绿色 LED 灯	D2、D5、D9、D12		4	LED-GREEN
黄色 LED 灯	D3、D6、D8、D11		4	LED-YELLOW
按键	KEY1		1	BUTTON

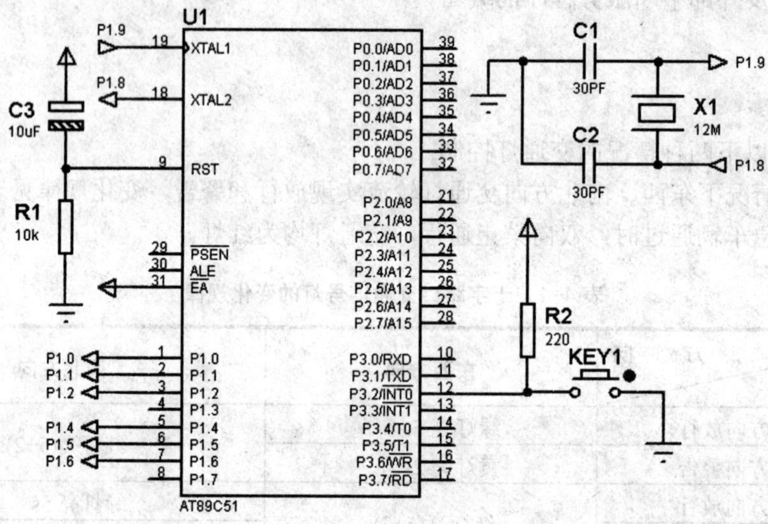

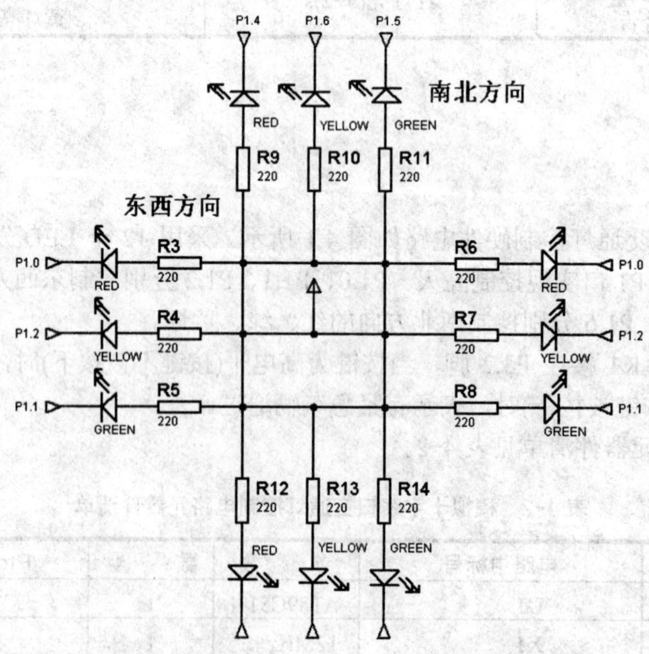

图 4.1　模拟十字路口交通灯控制电路

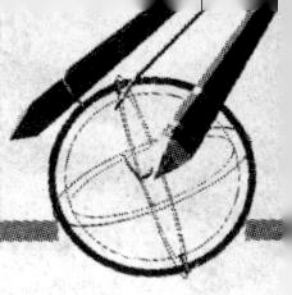

2. 程序代码

```
001      ;定义变量
002      COUNTER   EQU     30H              ;循环次数单元地址
003      FLAG      BIT     01H              ;定时 5s 标志位
004      FLAGB     BIT     02H              ;定时 7s 标志位
005      ;主程序
006                ORG     0000H
007                LJMP    START
008                ORG     0003H            ;外部中断0中断入口地址
009                LJMP    ZD
010                ORG     001BH            ;定时器T1中断入口地址
011                LJMP    ZD_T1
012                ORG     0100H
013      START:    CLR     FLAG             ;清标志位
014                CLR     FLAGB
015                CLR     COUNTER          ;清循环次数
016                MOV     TH1, #3CH        ;设置T1定时初值为50ms
017                MOV     TL1 ,#0B0H
018                MOV     TMOD, #00010000B     ;T1, 工作方式1
019                MOV     TCON, #00000000B     ;设置中断触发方式
020                MOV     IP, #00000001B   ;设置中断优先级
021                MOV     IE, #10001001B   ;开中断
022                SETB    TR1              ;启动T1运行
023
024      DXFX:     MOV     P1, #65H         ;东西方向放行,南北方向禁行
025                JNB     FLAG, $          ;延时5s
026                CLR     FLAG
027      DXJG:     MOV     P1, #0E3H        ;东西方向警告,南北方向禁行
028                JNB     FLAGB, $         ;延时2s
029                CLR     FLAGB
030      NBFX:     MOV     P1, #56H         ;南北方向放行,东西方向禁行
031                JNB     FLAG, $
032                CLR     FLAG
033      NBJG:     MOV     P1, #3EH
034                JNB     FLAGB, $
035                CLR     FLAGB
036                LJMP    DXFX
037      ;-----------------------------------------------------------------
038      ;子程序名: ZD
039      ;程序功能: 中断服务子程序, 使东西、南北方向禁行, 均变红灯, 直至按键松开
040      ;-----------------------------------------------------------------
041      ZD:       MOV     P1, #66H
042      WAIT:     JNB     P3.4, WAIT
043                RETI
044      ;-----------------------------------------------------------------
045      ;子程序名: ZD_T1
046      ;程序功能:: T1 定时子程序, 定时 5s、7s 时分别设标志位 FLAG、FALGB
047      ;-----------------------------------------------------------------
048      ZD_T1:    MOV     TH1, #3CH        ;重新赋定时初值
049                MOV     TL1, #0B0H
050                INC     COUNTER          ;循环次数自加1
051                MOV     A, COUNTER
```

```
052              CJNE   A, #100, NEXT1  ;判断循环次数是否等于100
053              SETB   FLAG            ;若等于100,5s标志位置1
054              SJMP   NEXT
055    NEXT1:    CJNE   A, #140, NEXT   ;判断循环次数是否等于140
056              SETB   FLAGB           ;若等于140,7s标志位置1
057              MOV    COUNTER, #0     ;循环次数清零
058    NEXT:     RETI                   ;中断返回
059
060              END
```

如果在电路中增加7段数码管，构成带时间显示的十字路口交通灯控制电路，即交通灯在有规律变化的同时，数码管进行延时时间递减显示，试编写程序，完成上述功能。

项目分析

(1) 什么叫中断？中断有什么特点？什么叫中断源？51 系列单片机有几个中断源？与中断相关的特殊功能控制寄存器有哪些？

(2) 51 系列单片机定时器/计数器的定时功能和计数功能有什么不同？分别应用在什么场合？

(3) 51 系列单片机定时器/计数器 4 种工作方式各有什么特点？

(4) 编写中断服务程序时需有哪些注意事项？

4.1　单片机的中断系统

所谓中断实际上是单片机与外设之间交换信息的一种方式，具体来讲就是当单片机执行主程序时，系统中出现某些急需处理的异常情况或特殊请求(中断请求)，单片机暂时中止现行的程序，而转去对随机发生的更紧迫的事件进行处理(中断响应)，在处理完毕后，单片机又自动返回(中断返回)原来的主程序继续运行，如图 4.2 所示。

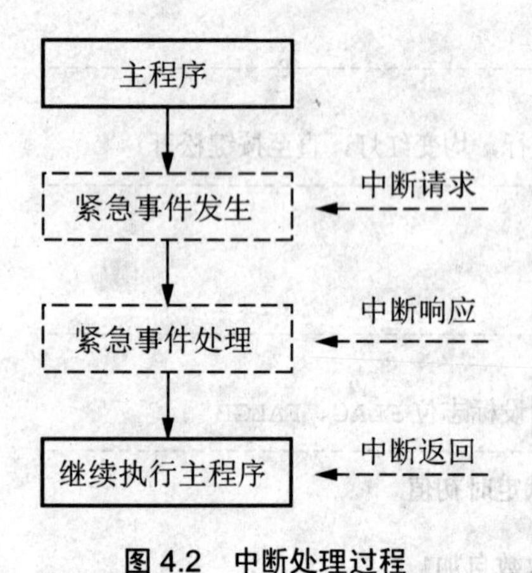

图 4.2　中断处理过程

在单片机应用系统中使用中断技术，具有以下几个优点。

(1) 能实现单片机与多个外部设备并行工作，提高了单片机的利用率及数据的输入/输出效率。

(2) 能对单片机运行过程中某个事件的出现或突然发生的故障，做到及时发现并进行自动处理，即实现实时处理。

(3) 能使用户通过键盘发出请求，随时对运行中的计算机进行干预，即可实现人机联系。

(4) 能实现多道程序的切换运行。

(5) 能在多机系统中，实现各处理机之间的信息交换和任务切换。

4.1.1　51 系列单片机的中断系统

51 系列单片机的中断系统如图 4.3 所示。它由中断源、中断标志位、中断控制位、硬件查询机构组成。其中，中断源有 5 个：外部中断 0($\overline{\mathrm{INT0}}$)，定时器/计数器中断 0(T/C0)，外部中断 1($\overline{\mathrm{INT1}}$)，定时器/计数器中断 0(T/C1)，串行口中断(TXD，RXD)；外部中断触发方式控制位两个：IT0，IT1；中断标志位 6 个：IE0，TF0，IE1，TF1，TI，RI；中断控制总开关位 1 个：EA；中断控制分开关位 5 个：EX0，ET0，EX1，ET1，ES；中断控制优先级位 5 个：PX0，PT0，PX1，PT1，PS。

1. 中断源

引起中断的原因或能发出中断请求的来源称为中断源。51 系列单片机有两个外部中断源、两个定时器/计数器中断源及 1 个串行口中断源。相对于外部中断源，定时器/计数器中断源与串行口中断源又称为内部中断源。

1) 外部中断源

外部中断 0($\overline{\mathrm{INT0}}$)的中断请求信号由引脚 P3.2 输入。

外部中断 1($\overline{\mathrm{INT1}}$)的中断请求信号由引脚 P3.3 输入。

外部中断源的触发信号有两种方式：电平触发方式，脉冲下降沿触发方式。

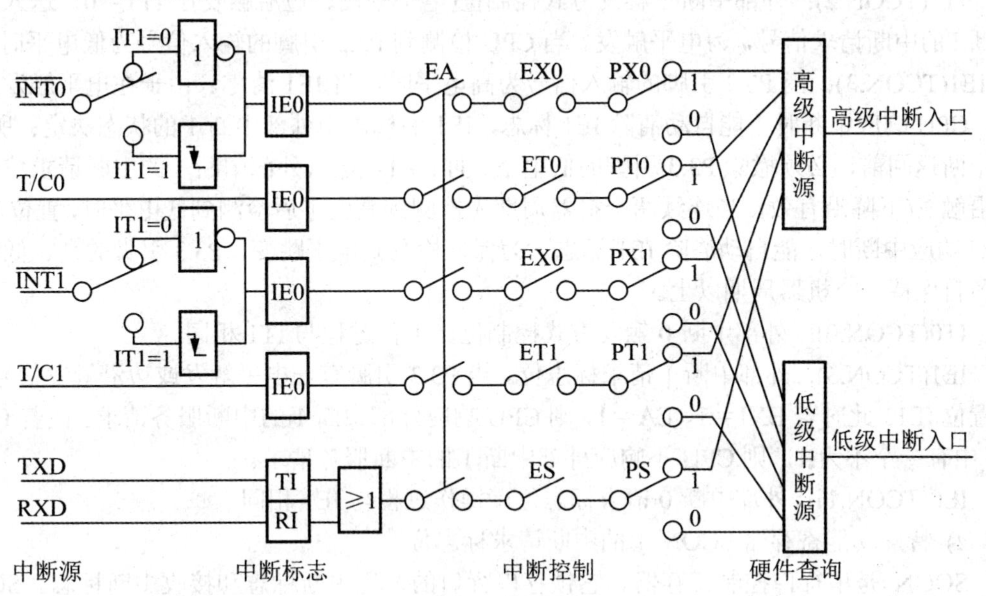

图 4.3　51 系列单片机的中断系统

2) 定时器/计数器中断源

定时器/计数器中断 0(T/C0)用作计数器时，其中断请求信号由引脚 P3.4 输入；用作定时器时，其中断请求信号取自单片机内部的定时脉冲。

定时器/计数器中断 0(T/C1)用作计数器时，其中断请求信号由引脚 P3.5 输入；用作定时器时，其中断请求信号取自单片机内部的定时脉冲。

3) 串行口中断源

串行口中断源分为发送中断(TXD)和接收中断(RXD)两种。

2. 中断请求标志

在程序设计过程中，可以通过查询特殊功能寄存器 TCON、SCON 中的中断请求标志位，来判断中断请求来自哪个中断源。

1) 特殊功能寄存器 TCON 中的中断请求标志位

TCON 是定时器/计数器的控制寄存器。它锁存两个定时器/计数器的溢出中断标志及外部中断 0、1 的中断标志。TCON 中的中断请求标志位如图 4.4 所示。

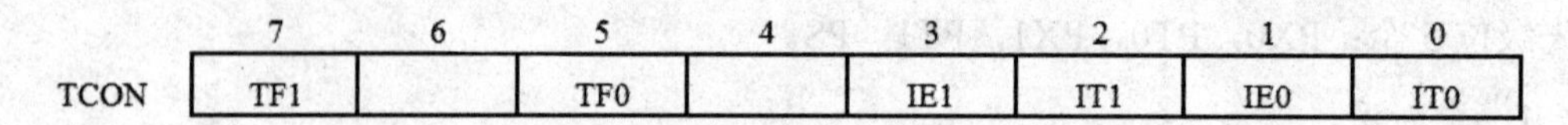

图 4.4 TCON 中的中断请求标志位

TF1(TCON.7)：定时器/计数器 T/C1 溢出中断请求标志位。在 T/C1 启动后，开始从初值加“1”计数，直至计数器全满产生溢出时，硬件置位 TF1。此时，若 ET1＝1、EA＝1，即可向 CPU 请求中断。CPU 响应中断后，TF1 由硬件自动清零。但若 ET1、EA 中有一个不为 1，则不能响应中断，只能查询 TF1 位。

TF0(TCON.5)：定时器/计数器 T/C0 溢出中断请求标志位。操作功能同 TF1。

IT1(TCON.2)：外部中断 1 触发方式控制位(电平触发、边沿触发)。IT1＝0，送入外部中断 1 的中断请求信号，为电平触发。当 CPU 检测到 P3.3 引脚的输入信号为低电平时，置位 IE1(TCON.3)；当 P3.3 引脚的输入信号为高电平时，将 IE1 清零。由于在电平触发方式下，CPU 响应中断时不能自动清除 IE1 标志，IE1 的标志由外部中断 1 的状态决定；所以，在中断返回前，必须撤除 P3.3 引脚的低电平。IT1＝1，送入外部中断 1 的中断请求信号为边沿触发(下降沿有效)。当连续两个机器周期先检测到高电平后检测到低电平时，置位 IE1；CPU 响应中断时，能自动清除 IE1 标志。为保证检测到电平跳变，P3.3 引脚的高、低电平应各自保持一个机器周期以上。

IT0(TCON.0)：外部中断 0 触发方式控制位。工作过程与 IT1 相同。

IE1(TCON.3)：外部中断 1 请求标志位。当 P3.3 引脚有一电平触发或边沿触发信号时，即置位 IE1。此时若 EX1＝1、EA＝1，则 CPU 响应外部中断 1 的中断服务请求。但若 EX1、EA 中有一个不为 1，则 CPU 不响应外部中断 1 的中断服务请求。

IE0(TCON.1)：外部中断 0 请求标志位，操作过程与 IE1 相同。

2) 特殊功能寄存器 SCON 中的中断请求标志位

SOON 是串行口控制寄存器。它锁存串行口的发送中断标志和接收中断标志。SCON 中的中断请求标志位如图 4.5 所示。

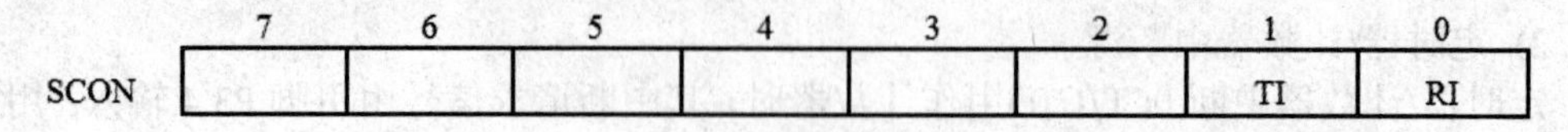

图 4.5 SCON 中的中断请求标志位

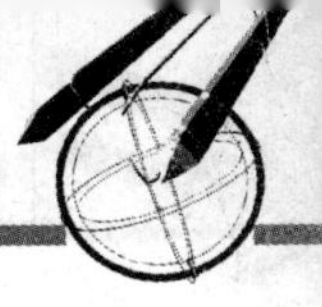

TI(SOON.1)：串行口发送中断标志位。当 CPU 将一个数据写入串行口发送缓冲区 SBUF 时，就启动发送。每发送完一个串行帧，由硬件置位 TI。此时，若 ES＝1、EA＝1，则 CPU 响应串口发送中断请求。若 EA、ES 中有一个不为 1，则不允许中断，此时只能通过查询方式判断发送结束。

RI(SOON.0)：串行口接收中断标志位。当允许串行口接收数据时，每接收完一个串行帧，由硬件置位 RI。若 EA＝1、ES＝1，则 CPU 响应串口接收中断请求；若 EA、ES 中有一个不为 1，则不允许中断，此时只能通过查询方式判断接收结束。

4.1.2 51 系列单片机中断系统的控制

如图 4.2 所示，51 系列单片机中断系统的控制分成 3 个层次：总开关、分开关、优先级。这些控制功能主要是通过特殊功能寄存器 IE、IP 中相关位的软件设定来实现的。

1. 中断允许寄存器 IE

IE 在片内 RAM 中的字节地址为 A8H，位地址分别是 A8H～AFH，如图 4.6 所示。IE 控制 CPU 对中断源的开放或屏蔽，以及每个中断源是否允许中断。

位地址	AFH	AEH	ADH	ACH	ABH	AAH	A9H	A8H
IE	EA	/	/	ES	ET1	EX1	ET0	EX0

图 4.6 中断允许寄存器 IE

1) 中断允许总控制位 EA

如果 EA=0，则所有中断请求均被禁止；如果 EA=1，则是否允许中断由各个中断控制位决定。

2) 外部中断 0 控制位 EX0

如果 EX0=1，则允许外部中断 0 申请中断；如果 EX0=0，则禁止外部中断 0 申请中断。

3) 外部中断 1 控制位 EX1

如果 EX1=1，则允许外部中断 1 申请中断；如果 EX1=0，则禁止外部中断 1 申请中断。

4) 定时器/计数器 0 中断控制位 ET0

如果 ET0=1，则允许定时器/计数器 0 申请中断；如果 ET0=0，则禁止定时器/计数器 0 申请中断。

5) 定时器/计数器 1 中断控制位 ET1

如果 ET1=1，则允许定时器/计数器 1 申请中断；如果 ET1=0，则禁止定时器/计数器 1 申请中断。

6) 串行口中断控制位 ES

如果 ES=1，则允许串行口申请中断；如果 ES=0，则禁止串行口申请中断。

2. 中断优先级寄存器 IP

IP 在片内 RAM 中的字节地址为 B8H，位地址分别是 B8H～BFH，如图 4.7 所示。51 系列单片机有两个中断优先级，可由软件设置 IP 中的相应位的状态来控制。

1) 外部中断 0 优先级控制位 PX0

若 PX0=1，则外部中断 0 被设定为高优先级中断；若 PX0=0，则外部中断 0 被设定为

低优先级中断。

2) 外部中断 1 优先级控制位 PX1

若 PX1=1，则外部中断 1 被设定为高优先级中断；若 PX1=0，则外部中断 1 被设定为低优先级中断。

3) 定时器/计数器 0 中断优先级控制位 PT0

若 PT0=1，则定时器/计数器 0 被设定为高优先级中断；若 PT0=0，则定时器/计数器 0 被设定为低优先级中断。

4) 定时器/计数器 1 中断优先级控制位 PT1

若 PT1=1，则定时器/计数器 1 被设定为高优先级中断；若 PT1=0，则定时器/计数器 1 被设定为低优先级中断。

5) 串行口中断优先级控制位 PS

若 PS=1，则串行口中断被设定为高优先级中断；若 PS=0，则串行口中断被设定为低优先级中断。

位地址	BFH	BEH	BDH	BCH	BBH	BAH	B9H	B8H
IP	/	/	/	PS	PT1	PX1	PT0	PX0

图 4.7 中断优先级寄存器 IP

当系统复位时，IP 的低 5 位全部清 0，即将所有的中断源设置为低优先级中断。

51 系列单片机对中断优先级的控制包括以下原则。

(1) CPU 同时接收到几个中断请求时，首先响应优先级最高的中断请求。

(2) 同一优先级的中断源同时向 CPU 请求中断时，CPU 通过内部硬件查询，按自然优先级确定应该响应哪一个中断请求。自然优先级顺序由高至低为：

外中断 0→定时中断 0→外中断 1→定时中断 1→串行中断

(3) 正在进行的中断过程不能被新的同级或低优先级中断请求所中断。

(4) 正在进行的低优先级中断服务程序，能被高优先级中断请求所中断。

为了实现以上的优先原则，中断系统内部有两个对用户不透明的、不可寻址的“中断优先级状态触发器”。其一指示某高优先级中断正在得到服务，所有后来的中断都被阻断；其二用于指明已进入低优先级服务，所有同级的中断均被阻断，但不能阻断高优先级的中断。

4.1.3 51 系列单片机的中断处理过程

中断处理过程可分为 4 个阶段：中断请求、中断查询和响应、中断处理、中断返回。

1. 中断请求

中断请求是由硬件完成的。

定时器中断和串行口中断的中断请求在单片机芯片内部自动完成，中断请求完成后，相应的中断请求标志位被直接置位。

外部中断的中断请求信号要分别通过 P3.2 和 P3.3 两个引脚由片外输入。单片机片内的中断控制系统在每个机器周期对引脚信号进行采样，根据采样的结果来设置中断请求标志位的状态，中断请求完成后，中断请求标志位被置位。

2. 中断查询和响应

中断的查询和响应也是由硬件自动完成的。

1) 中断查询

由 CPU 测试 TCON 和 SCON 中的各标志位的状态，以确定有无中断请求以及是哪一个中断请求。在程序执行过程中，中断查询是在指令执行的每个机器周期中不停地重复进行的。

2) 中断响应条件

CPU 要在以下 3 个条件同时具备的情况下才有可能响应中断：首先是中断源有中断请求；其次是 CPU 的中断允许位 EA(IE.7)被置位，即开放中断；第三是相应的中断允许位被置位，即某个中断源允许中断。后两条可通过编程来设置。

值得注意的是，尽管某个中断源通过编程设置处于被打开的状态，并满足中断响应的条件，但是，若遇到以下任一情况，CPU 仍不能响应此中断。

(1) 当前 CPU 正在处理比申请源高级或与申请源同级的中断。

(2) 当前正在执行的那条指令没有执行完。

(3) 正在访问 IE、IP 中断控制寄存器或执行 RETI 指令。并且，只有在执行这些指令后至少再执行一条指令时，才能接受中断请求。

由于上述原因而未能响应的中断请求，必须等待 CPU 的下一次查询，即 CPU 对查询的结果不作记忆。查询过程在下个机器周期重新进行。

3) 中断响应

中断响应是对中断源提出的中断请求的接受。在中断查询中，当查询到有效的中断请求时，紧接着就进行中断响应。中断响应过程包括保护断点和将程序转向中断服务程序的入口地址。首先，中断系统通过硬件自动生成长调用指令(LCALL)，该指令将自动把断点地址压入堆栈保护(不保护累加器 A、状态寄存器 PSW 和其他寄存器的内容)，然后，将对应的中断入口地址装入程序计数器 PC(由硬件自动执行)，使程序转向该中断入口地址，执行中断服务程序。MCS-51 系列单片机各中断源的入口地址由硬件事先设定，分配如下。

中断源	入口地址
外部中断 0	0003H
定时器 T0 中断	000BH
外部中断 1	0013H
定时器 T1 中断	001BH
串行口中断	0023H

使用时，通常在这些中断入口地址处存放一条绝对跳转指令，使程序跳转到用户安排的中断服务程序的起始地址上去。

4) 中断响应时间

中断响应时间是指从中断响应有效(标志位置 1)到转向其中断服务程序地址区的入口地址所需的时间。在一般情况下，中断响应时间至少要用 3 个机器周期，最多为 8 个机器周期。

5) 中断请求的撤销

CPU 响应中断请求后即进入中断服务程序，在中断返回前，应撤除该中断请求，否则，

会重复引起中断而导致错误。MCS-51 各中断源中断请求撤销的方法各不相同，分别为：

(1) 定时器中断请求的撤除。对于定时器 0 或 1 溢出中断，CPU 在响应中断后即由硬件自动清除其中断标志位 TF0 或 TF1，无须采取其他措施。

(2) 串行口中断请求的撤除。对于串行口中断，CPU 在响应中断后，硬件不能自动清除中断请求标志位 TI、RI，必须在中断服务程序中用软件将其清除。

(3) 外部中断请求的撤除。外部中断可分为边沿触发型和电平触发型。

对于边沿触发的外部中断 0 或 1，CPU 在响应中断后由硬件自动清除其中断标志位 IE0 或 IE1，无须采取其他措施。

对于电平触发的外部中断，其中断请求撤除方法较复杂。因为对于电平触发外中断，CPU 在响应中断后，硬件不会自动清除其中断请求标志位 IE0 或 IE1，同时，也不能用软件将其清除，所以，在 CPU 响应中断后，应立即撤除 $\overline{\text{INT0}}$ 或 $\overline{\text{INT1}}$ 引脚上的低电平。否则，就会引起重复中断而导致错误。而 CPU 又不能控制 $\overline{\text{INT0}}$ 或 $\overline{\text{INT1}}$ 引脚的信号，因此，只有通过硬件再配合相应软件才能解决这个问题。图 4.8 是可行方案之一。

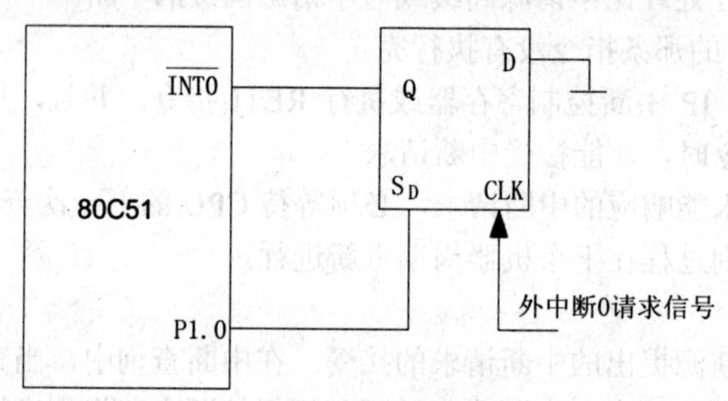

图 4.8　撤除外部中断请求

由图可知，外部中断请求信号不直接加在 $\overline{\text{INT0}}$ 或 $\overline{\text{INT1}}$ 引脚上，而是加在 D 触发器的 CLK 端。由于 D 端接地，当外部中断请求的正脉冲信号出现在 CLK 端时，Q 端输出为 0，$\overline{\text{INT0}}$ 或 $\overline{\text{INT1}}$ 为低，外部中断向单片机发出中断请求。利用 P1 口的 P1.0 作为应答线，当 CPU 响应中断后，可在中断服务程序中采用两条指令：

```
ANL     P1,#0FEH
ORL     P1,#01H
```

来撤除外部中断请求。第一条指令使 P1.0 为 0，因 P1.0 与 D 触发器的异步置 1 端 S_D 相连，Q 端输出为 1，从而撤除中断请求。第二条指令使 P1.0 变为 1，$\overline{Q}$ = 1，Q 继续受 CLK 控制，即新的外部中断请求信号又能向单片机申请中断。第二条指令是必不可少的，否则，将无法再次形成新的外部中断。

3. 中断处理

中断处理应根据具体要求编写中断服务程序。中断服务程序从中断入口地址开始执行，到返回指令“RETI”为止，一般包括两部分内容：一是保护现场；二是完成中断源请求的服务。

通常，主程序和中断服务程序都会用到累加器 A、状态寄存器 PSW 及其他一些寄存器，当 CPU 进入中断服务程序用到上述寄存器时，会破坏原来存储在寄存器中的内容，一旦中

断返回，将会导致主程序的混乱，因此，在进入中断服务程序后，一般要先保护现场，然后，执行中断处理程序，在中断返回之前再恢复现场。

编写中断服务程序时还需注意以下几点。

(1) 各中断源的中断入口地址之间只相隔 8 个字节，容纳不下普通的中断服务程序，因此，在中断入口地址单元通常存放一条无条件转移指令，可将中断服务程序转至存储器的其他任何空间。

(2) 若要在执行当前中断程序时禁止其他更高优先级中断，需先用软件关闭 CPU 中断，或用软件禁止相应高优先级的中断，在中断返回前再开放中断。

(3) 在保护和恢复现场时，为了不使现场数据遭到破坏或造成混乱，一般规定此时 CPU 不再响应新的中断请求。因此，在编写中断服务程序时，要注意在保护现场前关中断，在保护现场后若允许高优先级中断，则应开中断。同样，在恢复现场前也应先关中断，恢复之后再开中断。

4. 中断返回

中断返回是指中断服务完后，计算机返回原来断开的位置(即断点)，继续执行原来的程序。中断返回由中断返回指令 RETI 来实现。该指令的功能是把断点地址从堆栈中弹出，送回到程序计数器 PC，此外，还通知中断系统已完成中断处理，并同时清除优先级状态触发器。特别要注意不能用“RET”指令代替“RETI”指令。

中断处理过程如图 4.9 所示。

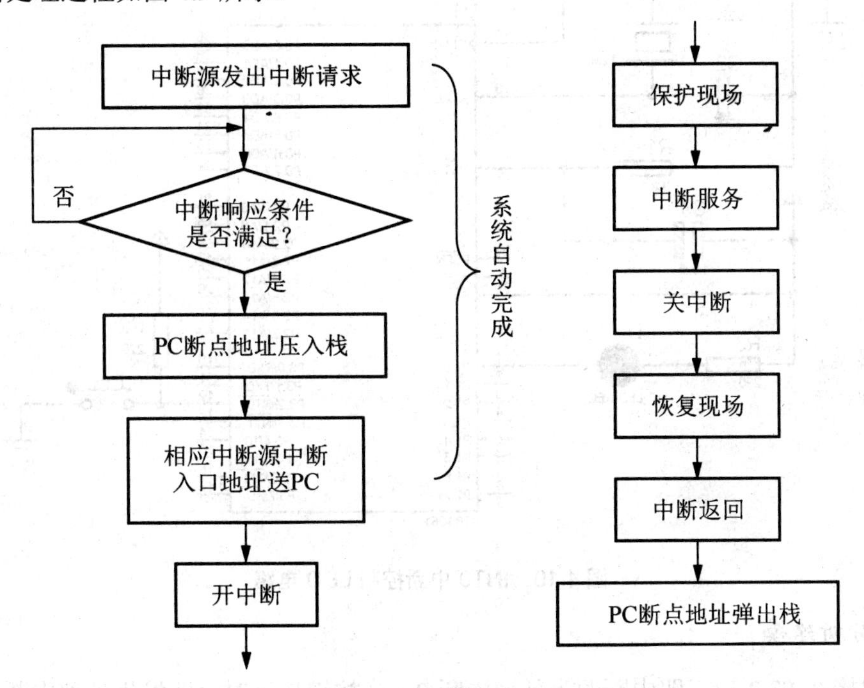

图 4.9　中断处理过程

4.2 外部中断

中断控制实质上是对 4 个与中断有关的特殊功能寄存器 TCON、SCON、IE 和 IP 进行管理和控制，具体实施如下。

(1) CPU 的开、关中断。

(2) 具体中断源中断请求的允许和禁止(屏蔽)。

(3) 各中断源优先级别的控制。

(4) 外部中断请求触发方式的设定。

中断管理和控制程序一般都包含在主程序中，根据需要通过几条指令来完成。中断服务程序是一种具有特定功能的独立程序段，可根据中断源的具体要求进行服务。下面通过实例介绍如何使用汇编语言编写外部中断服务程序，以及如何对外部中断源进行扩展。

4.2.1 外部中断源编程

例 4.1 电路如图 4.10 所示，在引脚 P1.0 接一个发光二极管，在引脚 P3.2 接一按键。试编写程序，当按键按下时，D1 熄灭；松开按键时，D1 发光。要求：在中断子程序中实现上述功能。

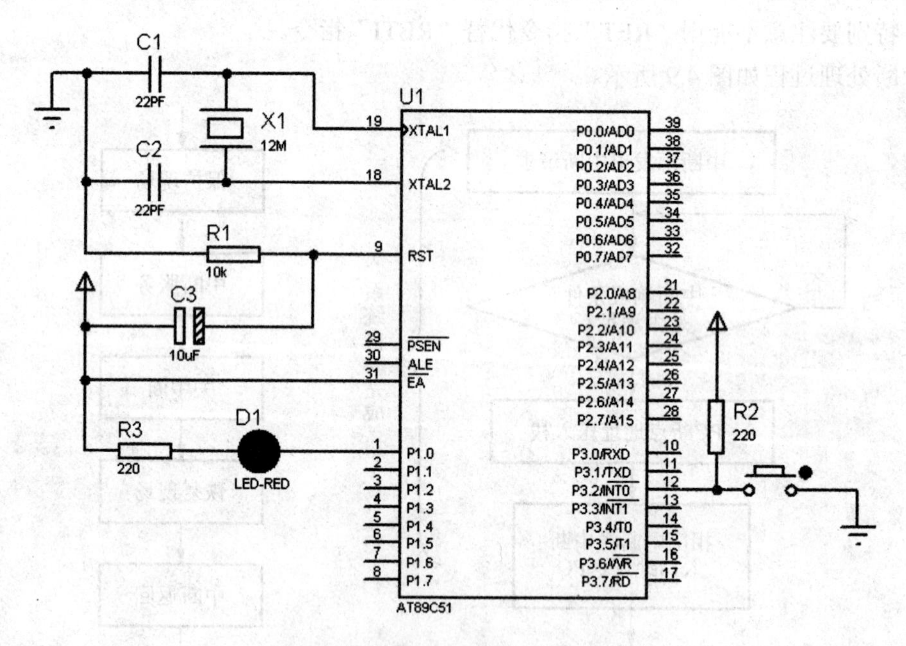

图 4.10 INT0 中断控制 LED 电路

1. 分析建模

按键接在 P3.2 口，即中断源为外部中断 0。当按键按下时，即发生外部中断，转而处理中断服务子程序，D1 熄灭，只需要 P1.0 口置高电平。若按键松开，单片机继续执行原来主程序，D1 发光，只需要 P1.0 口置低电平。

2. 画流程图

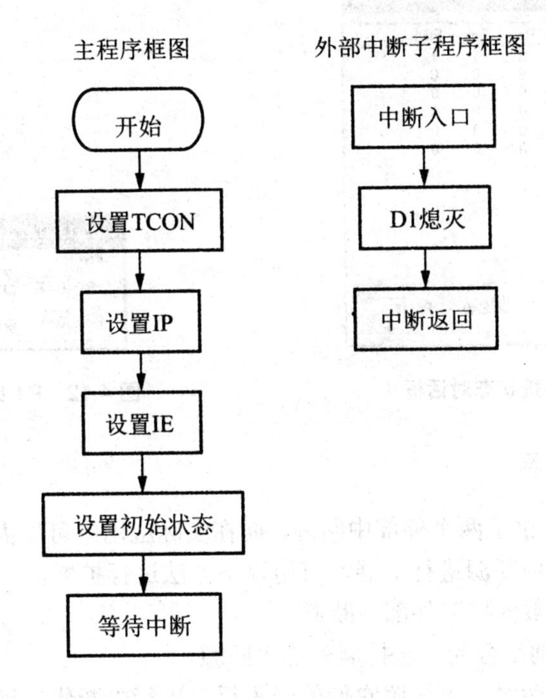

3. 编写代码

```
001             ORG     0000H
002             LJMP    START
003             ORG     0003H
004             LJMP    ZD
005             ORG     0030H
006     START:  MOV     TCON, #00000000B    ;设置中断触发方式
007             MOV     IP, #00000001B      ;设置中断优先级
008             MOV     IE, #10000001B      ;开中断
009             CLR     P1.0                ;点亮 LED
010             LJMP    START
011     ;中断服务子程序, 灭灯
012     ZD:     SETB    P1.0
013             RETI
014
015             END
```

4. 仿真调试

(1) 在 Keil μ Vision4 中单击 按钮进入仿真调试状态。

(2) 单击菜单命令 Peripherals→Interrupt，弹出如图 4.11 所示的对话框，用于显示单片机中断系统状态，选中 P3.2/Int0，对话框中 Selected Interrupt 栏将出现与之相对应的中断允许和中断标志位的复选框，观察与程序代码相对应的状态位是否选中。

(3) 执行菜单命令 Peripherals→I/O-Ports▶→Port 1 打开 P1 口仿真对话框 Parallel Port 1，如图 4.12 所示。

(4) 在 Proteus ISIS 中打开或画出图 4.10 所示电路，将在 Keil μ Vision4 中产生的 HEX 文件装入 AT89C51，运行并查看效果。

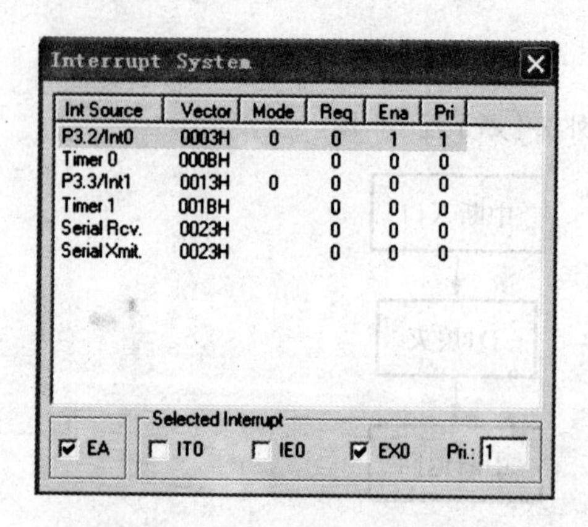

图 4.11　中断系统状态对话框

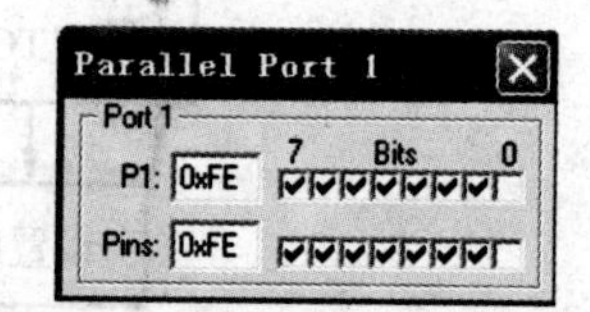

图 4.12　P1 口仿真对话框

4.2.2　外部中断源的扩展

51 系列单片机仅提供了两个外部中断源，而在实际应用中可能需要两个以上的外部中断源，这时必须对外部中断源进行扩展。可用以下方法进行扩展。

(1) 利用定时器/计数器扩展外部中断源。

(2) 采用中断和查询结合的方法扩展外部中断源。

当系统有多个中断源时，可按照它们的轻重缓急进行中断优先级排队，将最高优先级别的中断源接在外部中断 0 上，其余中断源接在外部中断 1 及 I/O 口。当外部中断 1 有中断请求时，再通过查询 I/O 口的状态，判断哪一个中断申请。

1. 利用定时器/计数器扩展外部中断源

如果将 51 系列单片机的两个计数器的初值均设为 0xfff，那么，当从引脚 P3.4(T0)或 P3.5(T1)输入一个脉冲，就可以使其引起计数器溢出中断。这样一来，计数器的功能就类似外部中断的脉冲触发方式，从而达到扩展外部中断源的目的。

例如，可用下面的程序段来初始化定时器/计数器 0，以便将其用作外部中断源：

```
MOV     TMOD,#06H          ;设置T/C0为计数器模式且与外部中断0无关
MOV     TH0,#0FFH          ;设置计数初值
MOV     TL0,#0FFH
SETB    EA                 ;打开中断总开关
SETB    ET0                ;允许定时器/计数器 0 申请中断
SETB    TR0                ;启动定时器/计数器 0
```

利用定时器/计数器扩展外部中断源受到 51 系列单片机资源的限制，当定时器/计数器被用作其他用途时，就无法再用于外部中断源的扩展。有关定时器/计数器中断的编程方法，将在 4.3 节详细介绍。

2. 采用中断和查询结合的方法扩展外部中断源

例 4.2　基于图 4.13，编程实现下列功能：用 K1～K4 分别单独控制 D1～D4 的发光，用于抢答成功显示，当任一按键按下后，其他按键无效。K5 为主持人清零开关，只有当主持人按下 K5，清零后，才允许开始新一轮抢答。

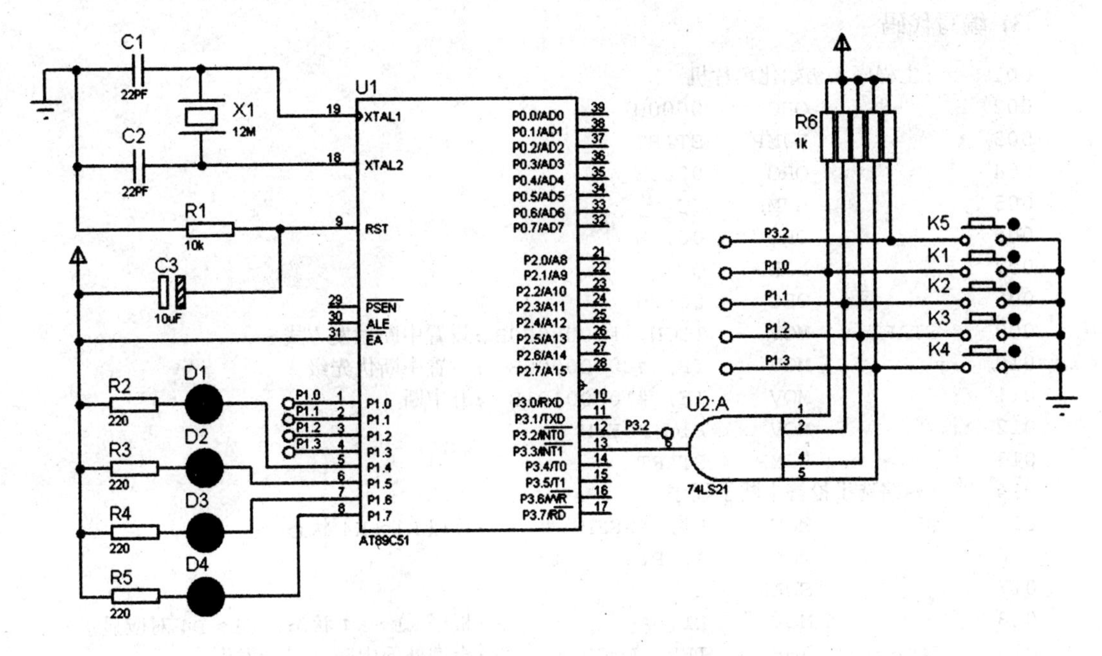

图 4.13　例 4.2 图

1) 分析建模

根据题意，4 个抢答键 K1～K4 分别接在 P1.0、P1.1、P1.2、P1.3 引脚上，并将其状态通过 4 输入与门 74LS21 送单片机 P3.3 引脚，当 K1～K4 任一按键按下时，都能产生外部中断 1 中断请求，并且点亮对应指示发光二极管。而其他按键再按下时属于同级中断，CPU 不再响应。主持人清零开关 K5 连接在单片机 P3.2 引脚，当按键按下时即实现外部中断 0 中断请求，优先级别高于外部中断 1，CPU 响应，转而执行外部中断 0 子程序，指示清零。

2) 画流程图

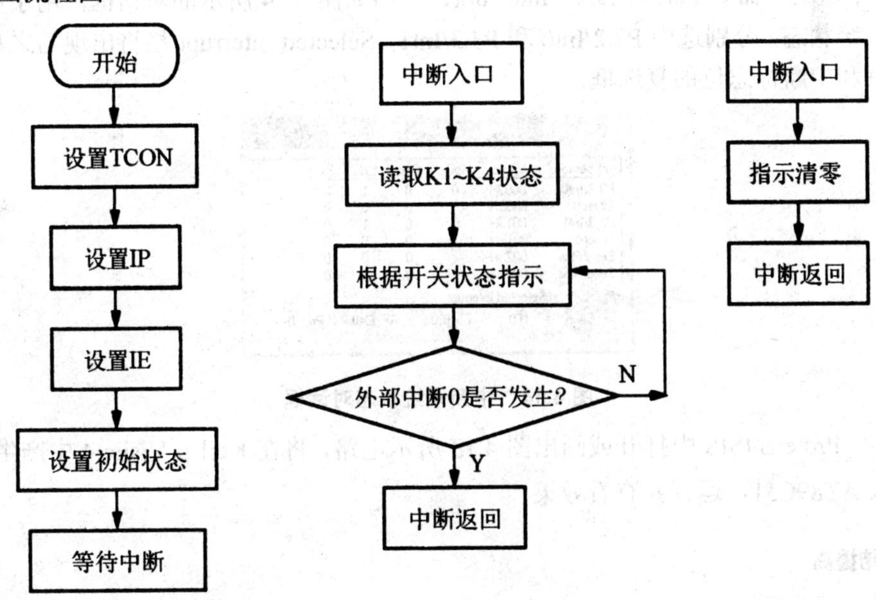

3) 编写代码

```
001         ;主程序，初始化单片机
002                   ORG      0000H
003                   LJMP     START
004                   ORG      0003H
005                   LJMP     ZC
006                   ORG      0013H
007                   LJMP     QD
008                   ORG      0030H
009     START:        MOV      TCON, #0000000B ;设置中断触发方式
010                   MOV      IP, #00000000B  ;设置中断优先级
011                   MOV      IE, #10000101B  ;开中断
012                   MOV      P1, #0FFH
013                   SJMP     START
014     ;四路选手抢答中断子程序
015     QD:           MOV      P1, #0FFH       ;读取 K1～K4 状态
016                   MOV      A, P1
017                   SWAP     A
018                   MOV      P1, A           ;根据 K1～K4 状态，D1～D4 对应显示
019     LOOP:         JNB      IE0, LOOP       ;查询外部中断 0 是否发生
020                   RETI
021     ;主持人清零中断子程序
022     ZC:           MOV      P1,#0FFH
023                   RETI
024
025                   END
```

4) 仿真调试

(1) 在 Keil μ Vision4 中单击 按钮进入仿真调试状态。

(2) 单击菜单命令 Peripherals→Interrupt，弹出如图 4.14 所示的对话框，用于显示单片机中断系统状态，分别选中 P3.2/Int0 和 P3.3/Int1，Selected Interrupt 栏将出现与之相对应的中断允许和中断标志位的复选框。

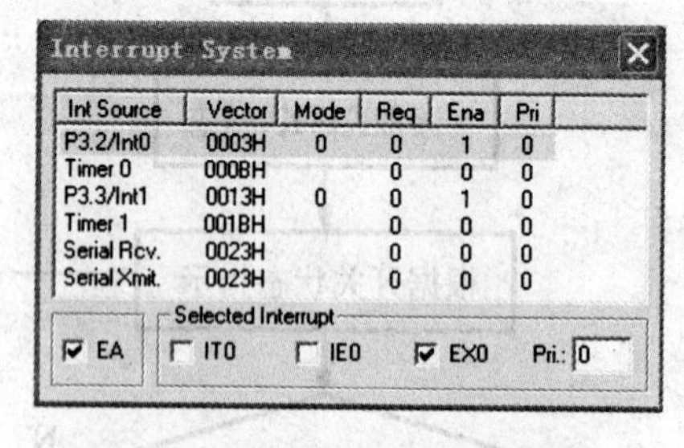

图 4.14 中断系统状态对话框

(3) 在 Proteus ISIS 中打开或画出图 4.13 所示电路，将在 Keil μ Vision4 中产生的 HEX 文件装入 AT89C51，运行并查看效果。

总结提高

采用中断和查询结合的方法扩展外部中断源，虽然不受 51 系列单片机资源的限制，但由于查询需要

时间，而这对于实时性要求较高的控制系统显然是不合适的。为此，可在电路中使用优先权解码芯片 74148，或专用的可编程中断控制芯片如 8259A 等。

4.3　定时器/计数器中断

在单片机应用系统中，往往需要定时或延时控制、对外部事件计数的功能。实现这些功能的方法有许多，如软件定时、硬件定时、可编程定时器定时等。软件定时(如空循环)占用 CPU 时间较多，效率低；硬件定时(如 555)不可编程；可编程定时器定时(如 8155)功能虽强但需要另外扩展，成本高。因此，在满足控制系统要求的情况下，应优先选用单片机内部的定时器/计数器，来实现定时或对外部事件计数的功能。

4.3.1　定时器/计数器的结构及工作原理

1．定时器/计数器组成框图

51 系列单片机内部有两个 16 位的定时器/计数器(T/C)，可用于定时控制、延时、对外部事件计数和检测等场合。通过编程可设定任意一个或两个定时器/计数器工作，并设定其工作方式、定时时间、计数值等。其逻辑结构图如图 4.15 所示。

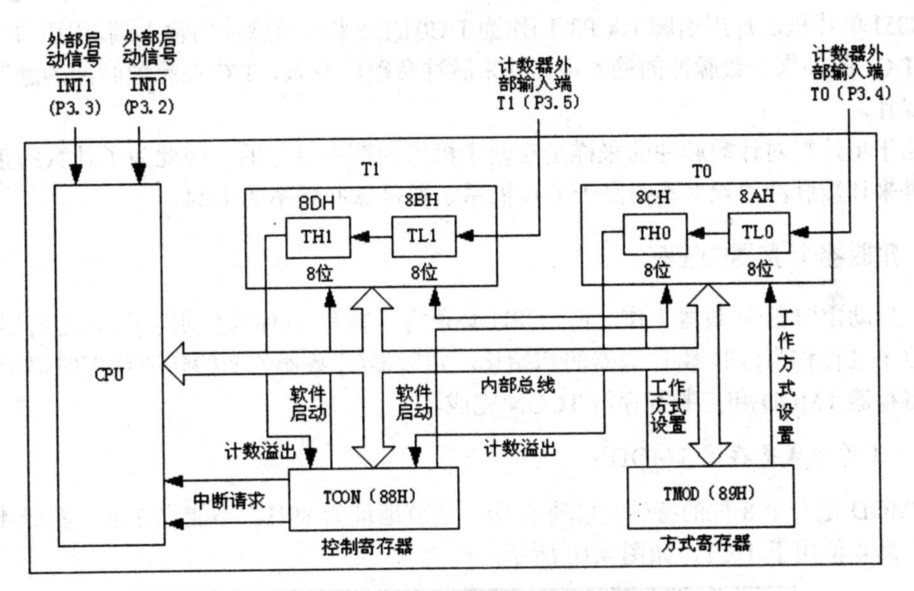

图 4.15　8051 定时器/计数器逻辑结构图

由图可知，8051 定时器/计数器由定时器 T0、定时器 T1、定时器方式寄存器 TMOD 和定时器控制寄存器 TCON 组成。

T0、T1 是 16 位加法计数器，分别由两个 8 位专用寄存器组成：T0 由 TH0 和 TL0 构成，T1 由 TH1 和 TL1 构成。TL0、TL1、TH0、TH1 的访问地址依次为 8AH～8DH，每个寄存器均可单独访问。T0 或 T1 用作计数器时，对芯片引脚 T0(P3.4)或 T1(P3.5)上输入的脉冲计数，每输入一个脉冲，加法计数器加 1；其用作定时器时，对内部机器周期脉冲计数，由于机器周期是定值，故计数值一定时，时间也随之确定。

TMOD、TCON 与 T0、T1 间通过内部总线及逻辑电路连接，TMOD 用于设置定时器的工作方式，TCON 用于控制定时器的启动与停止。

2. 定时器/计数器工作原理

1) 定时功能

当定时器/计数器设置为定时工作方式时，计数脉冲来自单片机芯片内部，是系统振荡脉冲经 12 分频后送来的，由于一个机器周期等于 12 个振荡脉冲周期，所以此时的定时器/计数器是每到一个机器周期就加 1，当加 1 计数器达到最大值(即 TH0TL0 或 TH1TL1 的内容为全 1)时，再来一个计数脉冲就使得 T/C 回到全 0，同时产生溢出。T/C 的溢出脉冲使定时中断请求标志位 TF0 或 TF1 置 1。对于定时功能而言，表示定时时间已到。定时器的定时时间与系统的振荡频率紧密相关，因 MCS-51 单片机的一个机器周期由 12 个振荡脉冲组成，所以，计数频率 $f_c=\frac{1}{12}f_{osc}$。如果单片机系统采用 12MHz 晶振，则计数周期为：

$T=\frac{1}{12\times10^6\times1/12}=1\mu s$，这是最短的定时周期，适当选择定时器的初值可获取各种定时时间。

2) 计数功能

定时器/计数器的计数是指对外部事件进行计数，外部事件的发生以输入脉冲来表示，因此计数功能的实质是对外来脉冲进行计数。

8051 单片机芯片用引脚 T0(P3.4)作为 T/C0 的外来计数脉冲的输入端，用引脚 T1(P3.5)作为 T/C1 的外来计数脉冲的输入端。外来脉冲负跳时有效，T/C 在有效脉冲的触发下进行加 1 操作。

由于单片机对计数脉冲的采样是在两个机器周期中进行的，因此为了计数的正确性，要求外来计数脉冲的频率不得高于单片机系统振荡脉冲频率的 1/24。

4.3.2 定时器/计数器的控制

在启动定时器/计数器工作之前，CPU 必须将一些命令(称为控制字)写入定时器/计数器中，这个过程称为定时器/计数器的初始化。定时器/计数器的初始化通过定时器/计数器的方式寄存器 TMOD 和控制寄存器 TCON 完成。

1. 工作方式寄存器 TMOD

TMOD 是一个 8 位的特殊功能寄存器，字节地址为 89H，不能位寻址。其低 4 位用于 T/C0，高 4 位用于 T/C1，如图 4.16 所示。

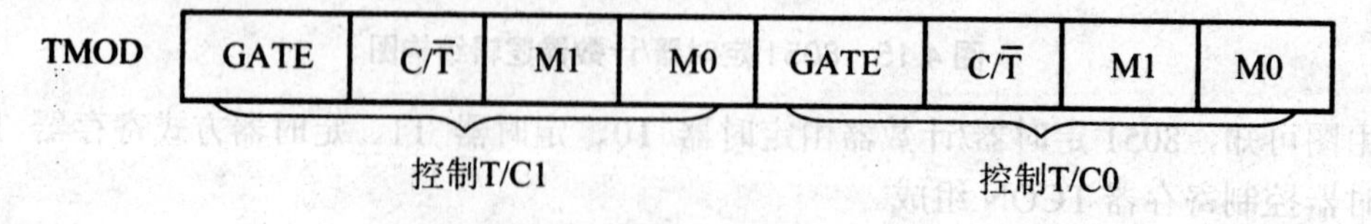

图 4.16 特殊功能寄存器 TMOD

1) 门控位 GATE

该位用于决定是用软件还是用外部中断引脚 $\overline{INT0}$ 或 $\overline{INT1}$ 来控制 T/C 工作。GATE＝0，由软件编程控制位 TR0(T/C0)或 TR1(T/C1)控制 T/C 工作。GATE＝1，由外部中断引脚 $\overline{INT0}$

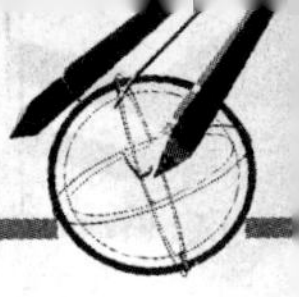

或$\overline{INT1}$控制 T/C 工作。

2) 功能选择位 $C/\overline{T}$

该位用于选择 T/C 的功能。$C/\overline{T}=0$，定时。$C/\overline{T}=1$，计数。

3) 工作方式选择位 M1M0

M1M0＝00：工作方式 0，最大计数值为 2^{13}，初值不能自动重装。

M1M0＝01：工作方式 1，最大计数值为 2^{16}，初值不能自动重装。

M1M0＝10：工作方式 2，最大计数值 2^{8}，初值能自动重装。

M1M0＝11：工作方式 3，TH0、TL0 独立，TL0 是定时器/计数器，TH0 只能定时。

2. 控制寄存器 TCON

TCON 是一个 8 位的特殊功能寄存器，字节地址为 88H，可位寻址。TCON 中用于 T/C 运行控制的位有两个，它们均可以由软件编程进行置位或清零，如图 4.17 所示。

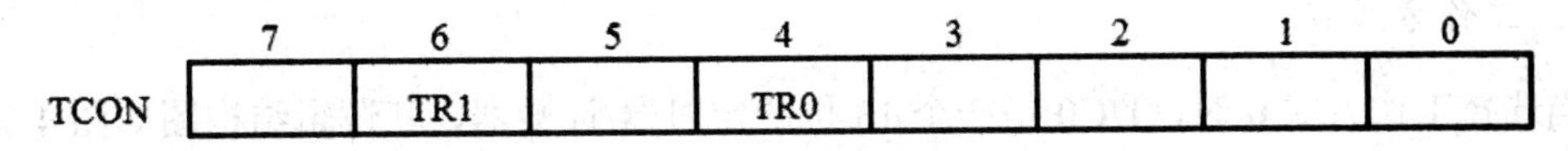

	7	6	5	4	3	2	1	0
TCON		TR1		TR0				

图 4.17　TCON 中的 T/C 运行控制位

1) T/C0 运行控制位 TR0

TR0 = 1，T/C0 开始工作。TR0 = 0，T/C0 停止工作。

2) T/C1 运行控制位 TR1

TR1 = 1，T/C1 开始工作。TR1 = 0，T/C1 停止工作。

3. 定时器/计数器的初始化

由于定时器/计数器的功能是由软件编程确定的，所以，一般在使用定时器/计数器前都要对其进行初始化，初始化步骤如下。

1) 确定工作方式——对 TMOD 赋值

可通过赋值语句实现，如 MOV　TMOD　#10H，表明定时器 1 工作在方式 1，且工作在定时器方式。

2) 预置定时或计数的初值——直接将初值写入 TH0、TL0 或 TH1、TL1

定时器/计数器的初值因工作方式的不同而不同。设最大计数值为 *m*，则各种工作方式下的 *m* 值如下。

方式 0：$m=2^{13}=8192$。

方式 1：$m=2^{16}=65536$。

方式 2：$m=2^{8}=256$。

方式 3：定时器 0 分成两个 8 位计数器，所以两个定时器的 *m* 值均为 256。

因定时器/计数器工作的实质是做“加 1”计数，所以，当最大计数值 *m* 值已知时，初值 *x* 可计算为

$$x=m-\text{计数值}$$

例如定时器 1 若采用方式 1 定时，*m*=65536，当要求定时 50ms 时，即每 50ms 溢出一次。如采用 12MHz 晶振，则计数周期 *t*=1μs，计数值$=\dfrac{50\times1000}{2}=50000$，所以，计数初值为

$$x = 65536 - 50000 = 15536 = 3CB0H$$

将 3C、B0 分别预置给 TH1、TL1。

3) 根据需要开启定时器/计数器中断——直接对 IE 寄存器赋值

如：MOV IE，#82H，即表示允许总开关及定时器 T1 中断。

4) 启动定时器/计数器工作——将 TR0 或 TR1 置“1”

GATE = 0 时，直接由软件置位启动，可用 SETB 指令实现；GATE = 1 时，除软件置位外，还必须在外中断引脚处加上相应的电平值才能启动。

4.3.3 定时器/计数器的工作方式及应用编程

T/C0 与 T/C1 除了工作方式 3 不同外，其余 3 种工作方式基本相同。下面以 T/C0 为例，分别介绍定时器/计数器的 4 种工作方式。

1. 工作方式 0

当选择工作方式 0 时，T/C0 是一个 13 位的定时器/计数器，其逻辑结构图如图 4.18 所示，图中 f_{osc} 为振荡器的频率，$f_{osc}/12$ 表示对 f_{osc} 进行 12 分频。在这种情况下，只用 TL0 的低 5 位和 TH0 的全部 8 位来计数。当 TL0 的低 5 位溢出时向 TH0 进位，而 TH0 溢出时向中断标志位 TF0 进位(称为 TF0 硬件置 1)，并申请中断。定时器/计数器操作是否完成可查询 TF0 是否置 1。

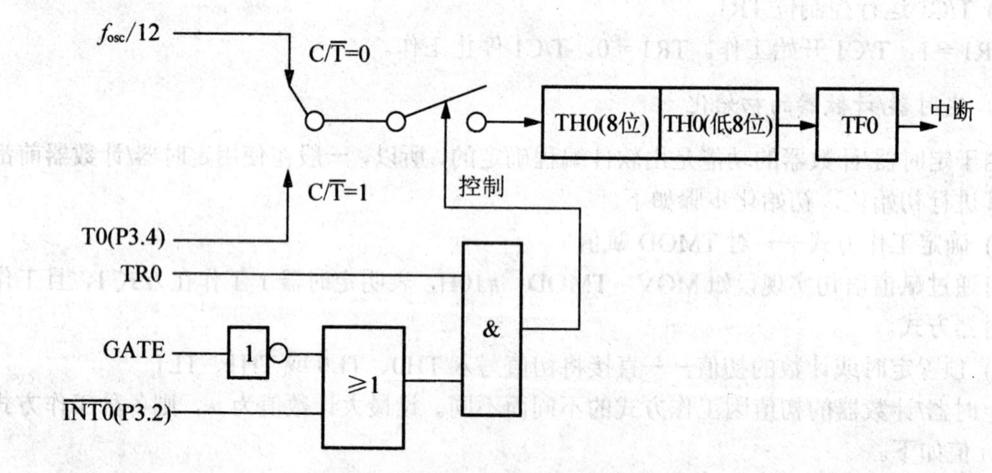

图 4.18 T/C0 工作方式 0 逻辑结构图

(1) 当 $C/\overline{T}=0$ 时，多路开关连接振荡器的 12 分频($f_{osc}/12$)输出，T/C0 对机器周期计数，用作定时功能。对一次溢出而言，工作方式 0 的定时时间 TIME0 为：

$$TIME0 = (2^{13} - x) \times \frac{12}{f_{osc}} = (8192 - x) \times \frac{12}{f_{osc}}$$

式中 x 为定时器初值。

(2) 当 $C/\overline{T}=1$ 时，多路开关与引脚 T0 相连接，T/C0 对外部脉冲进行计数，用作计数功能。外部脉冲由 T0 引脚输入，当引脚上的信号电平发生 1～0 的跳变时，计数器加 1。对一次溢出而言，工作方式 0 的计数值 COUNTER0 为

$$COUNTER0 = 2^{13} - x = 8192 - x$$

式中 x 为计数器初值。

在实际应用中，如果需要更长的定时时间或更大的计数范围，可以以此为基础通过编程，进行循环定时或循环计数来实现。

(3) 当 GATE = 0 时，从图 4.18 中的组合逻辑电路可知：或门被封锁，输出为常 1；与门打开，由 TR0 来控制 T/C0 的开启和关闭。TR0=1，与门输出 1，T/C0 开启；TR0=0，与门输出 0，T/C0 关闭。

(4) 当 GATE = 1，TR0 = 1 时，从图 4.18 中的组合逻辑电路可知：或门、与门全部被打开，由外部电平信号通过 $\overline{INT0}$ 来控制 T/C0 的开启和关闭。$\overline{INT0} = 1$ 时，与门输出 1，T/C0 开启；$\overline{INT0} = 0$ 时，与门输出 0，T/C 关闭。

例 4.3 设某单片机应用系统(图 4.19)的振荡器频率 f_{osc} =12MHz，试编写程序使得接在 P1.0 引脚上的 LED 亮 1 ms，灭 1 ms。

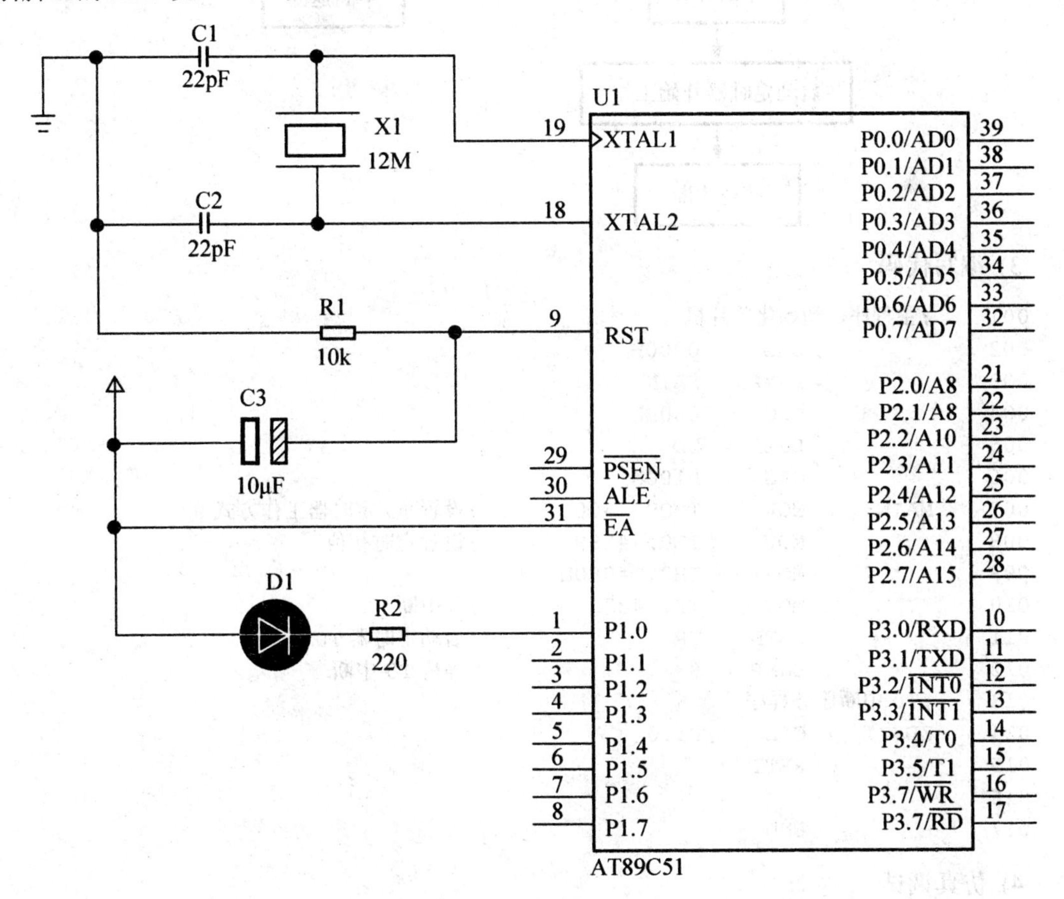

图 4.19 例 4.3 图

1) 分析建模

根据题意设定定时间隔为 1ms，每次定时时间到 P1.0 取反，即可实现 LED 亮 1 ms，灭 1 ms。计算定时器初值，有

$$1\times10^{-3} = (8192 - x)\times\frac{12}{12\times10^{-6}}$$

通过计算可求得定时器初值x=7192=(1110 0000 11000)$_B$，将高 8 位送 TH0，低 5 位送 TL0 得：TH0=e0H，TL0=18H。

2) 画流程图

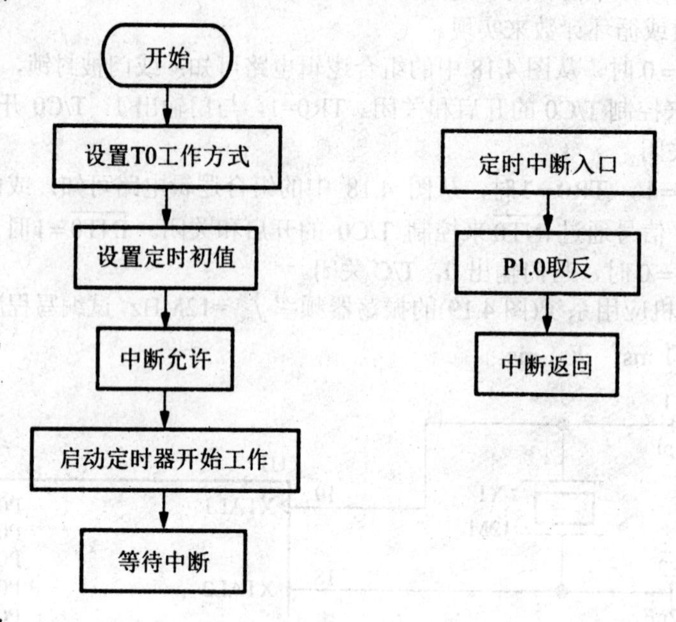

3) 编写代码

```
001      ;主程序，初始化单片机
002              ORG     0000H
003              LJMP    MAIN
004              ORG     000BH
005              LJMP    ZD
006              ORG     0100H
007      MAIN:   MOV     TMOD, #00H      ;设置 T0 定时器工作方式 0
008              MOV     TL0, #18H       ;设置定时初值
009              MOV     TH0, #0E0H
010              MOV     IE, #82H        ;开中断
011              SETB    TR0             ;启动定时器 T0 工作
012              SJMP    $               ;等待 T0 中断
013      ;T0 中断服务程序
014      ZD:     CPL     P1.0
015              RETI
016
017              END
```

4) 仿真调试

(1) 在 Keil μ Vision4 中单击 Start/Stop Debug Session (Ctrl+F5) 按钮进入仿真调试状态。

(2) 单击菜单命令 Peripherals→Time▶→Time 0，弹出如图 4.20 所示的对话框，可观察 T0 工作方式、TCON、TMOD 控制字等状态；单步运行，可观察 TH0、TL0 计数初值；全速运行后，可以观察 TH0、TL0 的变化。

(3) 执行菜单命令 Peripherals→I/O-Ports▶→Port 1 打开 P1 口仿真对话框 Parallel Port 1，全速运行后可以观察 P1.1 引脚上的电平变化，如图 4.21 所示。

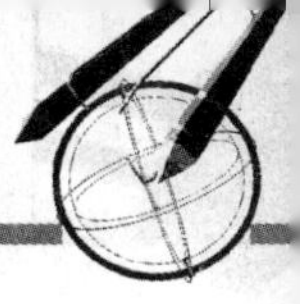

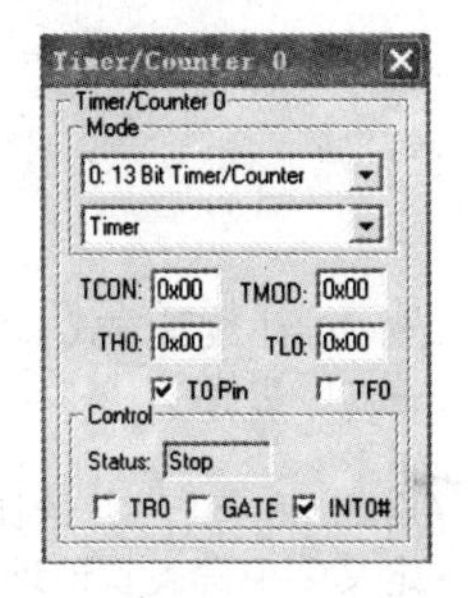

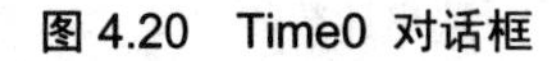
图 4.20　Time0 对话框

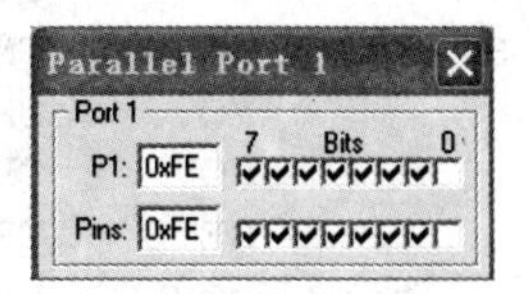

图 4.21　Port1 对话框

(4) 在 Proteus ISIS 中打开或画出图 4.18 所示电路，将在 Keil μ Vision4 中产生的 HEX 文件装入 AT89C51，运行并查看效果。

例 4.4　电路如图 4.22 所示，试编写程序实现：利用单片机内部定时计数器 T0，按计数器模式和方式 0 工作，对 P3.4 引脚进行计数，将其数值在 P0 口驱动数码管上显示出来。

1) 分析建模

根据题意，T0 按计数器模式和方式 0 工作，设置相对应寄存器值，然后启动 T0 开始工作进行计数，将计数值输出数码管显示。由于只采用一位数码管，而 T0 的最大计数值可达 8191，所以要对计数值进行求余运算，将个位值送数码管显示。

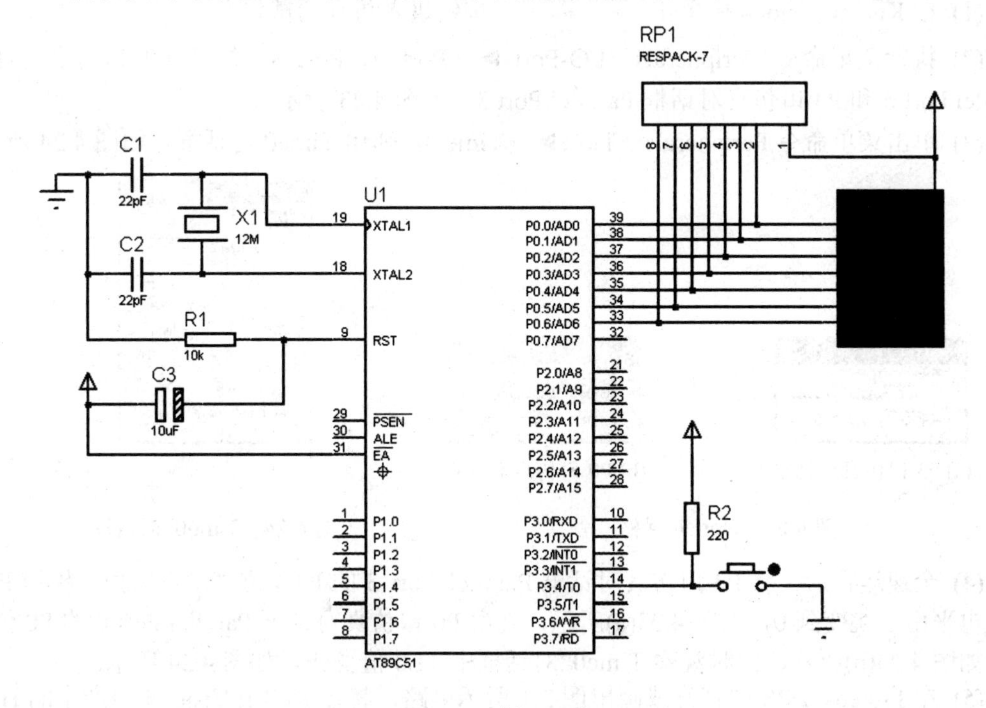

图 4.22　例 4.4 图

2) 画流程图

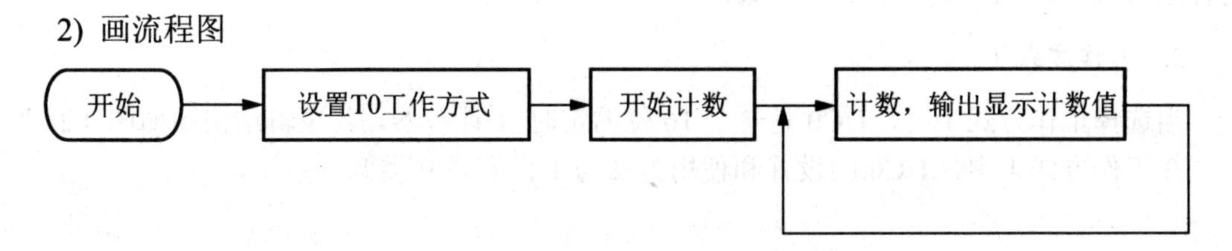

3) 编写代码

```
001              ORG     0000H
002              SJMP    START
003              ORG     0030H
004    START:    MOV     TMOD,#00000100B       ;置T0计数器方式0
005              MOV     TH0,#0                ;置T0初值
006              MOV     TL0,#0
007              SETB    TR0                   ;启动T0运行,开始计数
008              MOV     DPTR,#TABLE           ;定义字形码表首地址
009    DISP:     MOV     A,TL0                 ;输出计数值
010              MOV     B,#10                 ;将个位数分离出来
011              DIV     AB
012              MOV     A,B
013              MOVC    A,@A+DPTR             ;查表得显示字形码
014              MOV     P0,A
015              SJMP    DISP
016    TABLE:    DB      0c0h,0f9h,0a4h,0b0h   ;"0"～"9"共阳极字形码
017              DB      99h,92h,82h,0f8h,80h,90h
018              END
```

4) 仿真调试

(1) 在 Keil μ Vision4 中单击 Start/Stop Debug Session (Ctrl+F5) 按钮进入仿真调试状态。

(2) 执行菜单命令 Peripherals→I/O-Ports►→Port 0、Port 3，打开 P0 口仿真对话框 Parallel Port 0 和 P3 口仿真对话框 Parallel Port 3，如图 4.23 所示。

(3) 单击菜单命令 Peripherals→Time►→Time 0，弹出 Time0 对话框，如图 4.24 所示。

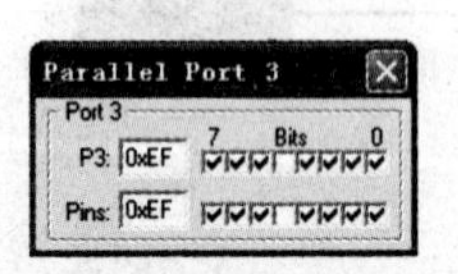

(a) P3 口仿真对话框

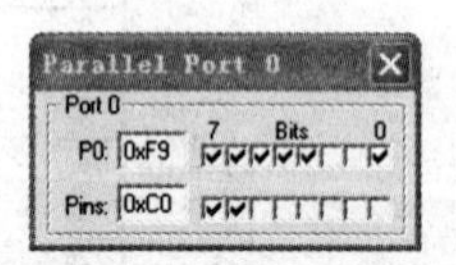

(b) P0 口仿真对话框

图 4.23　Port 对话框

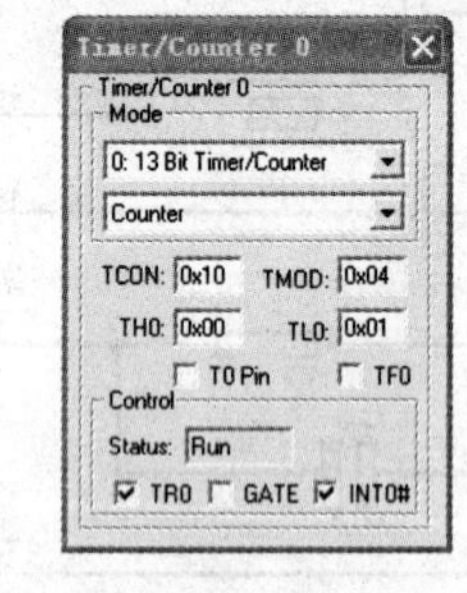

图 4.24　Time0 对话框

(4) 全速运行后，将 P3 口仿真对话框 Parallel Port 3 的 P3.4 位“√”去掉，模拟 P3.4 信号电平由 1 跳变到 0，如图 4.23(a)所示，观察 P0 口仿真对话框 Parallel Port 0 的 P0 值变化，如图 4.23(b)所示，同时观察 Time0 对话框中 TL0 值变化，如图 4.24 所示。

(5) 在 Proteus ISIS 中打开或画出图 2.1 所示电路，将在 Keil μ Vision4 中产生的 HEX 文件装入 AT89C51，运行并查看效果。

2. 工作方式 1

当选择工作方式 1 时，T/C0 是一个 16 位的定时器/计数器，其逻辑结构图如图 4.25 所示。在工作方式 1 中，T/C0 的设置和使用方法与工作方式 0 类似。

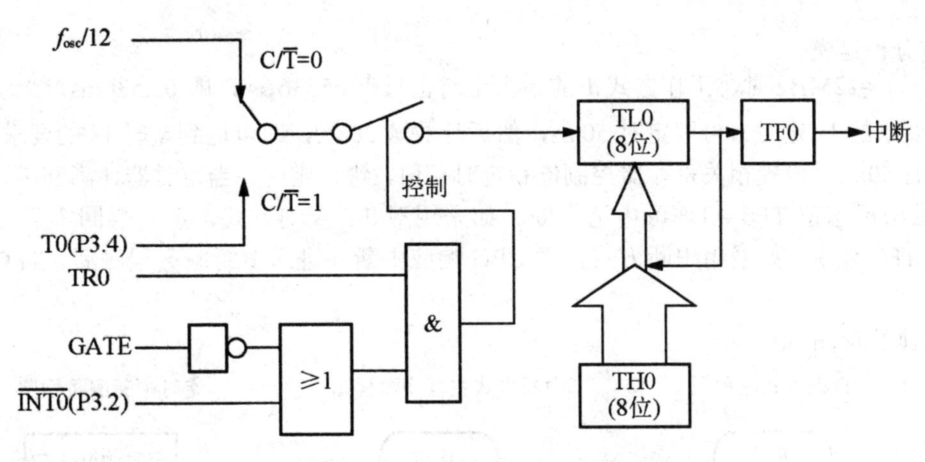

图 4.25　T/C0 工作方式 1 逻辑结构图

对一次溢出而言，工作方式 1 的定时时间 TIME1 及计数值 COUNTER1 分别为

$$\text{TIME1}=\left(2^{16}-x\right)\times\frac{12}{f_{\text{osc}}}=\left(65536-x\right)\times\frac{12}{f_{\text{osc}}}$$

$$\text{COUNTER1}=2^{16}-x=65536-x$$

式中 x 为定时器/计数器初值。同工作方式 0 一样，如果需要更长的定时时间或更大的计数范围，可以此为基础通过编程来实现。

例 4.5　电路图如图 4.26 所示，请用单片机的定时器/计数器 T0 产生 1s 的定时时间，作为秒计数时间，当 1s 产生时，秒计数加 1，秒计数到 60 时，自动从 0 开始。

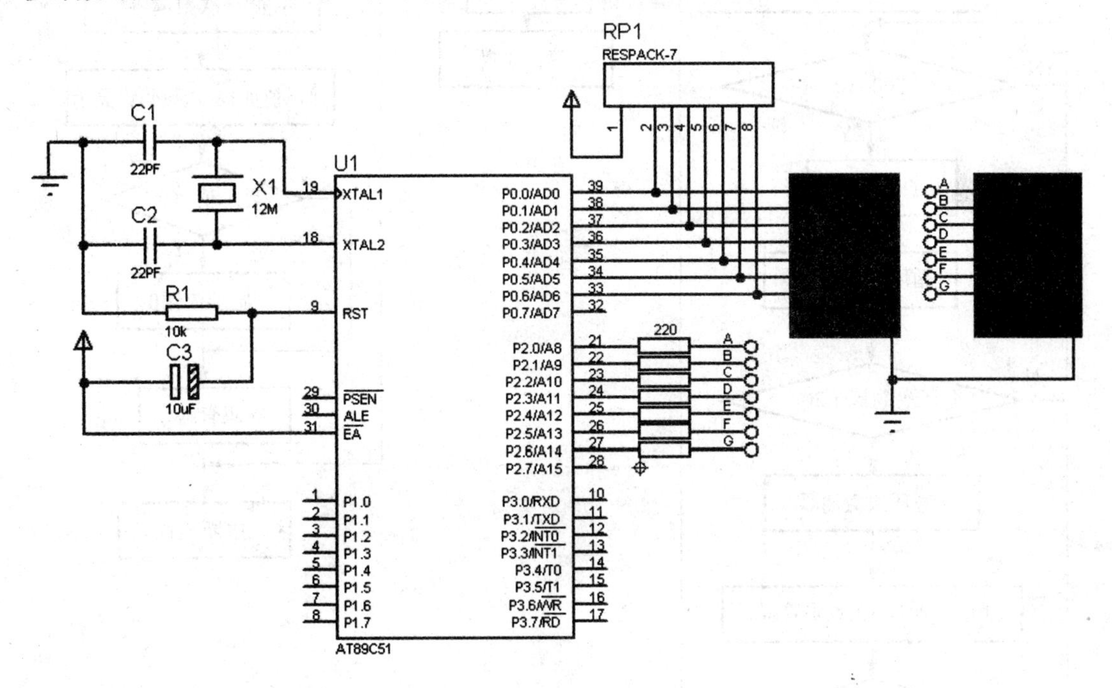

图 4.26　例 4.5 图

1) 分析建模

当 f_{osc} =12MHz 时，工作方式 1 的最大定时也只有 65536μs，即 65.536ms，无法达到题目所要求的 1s 定时。可取定时 50ms，然后计数满 20 次，即可达到定时 1s 的要求。

定时 50ms，设置相关寄存器控制位和定时初值，进入定时。当定时器计满回零，定时器 T0 溢出标志位 TF0＝1，可申请中断。如采用对 TF 查询方式，定时器回零后，要用指令将 TF0 清零。如采用中断方式，当 CPU 响应中断并进入中断服务程序后，TF0 自动清零。

2) 画流程图

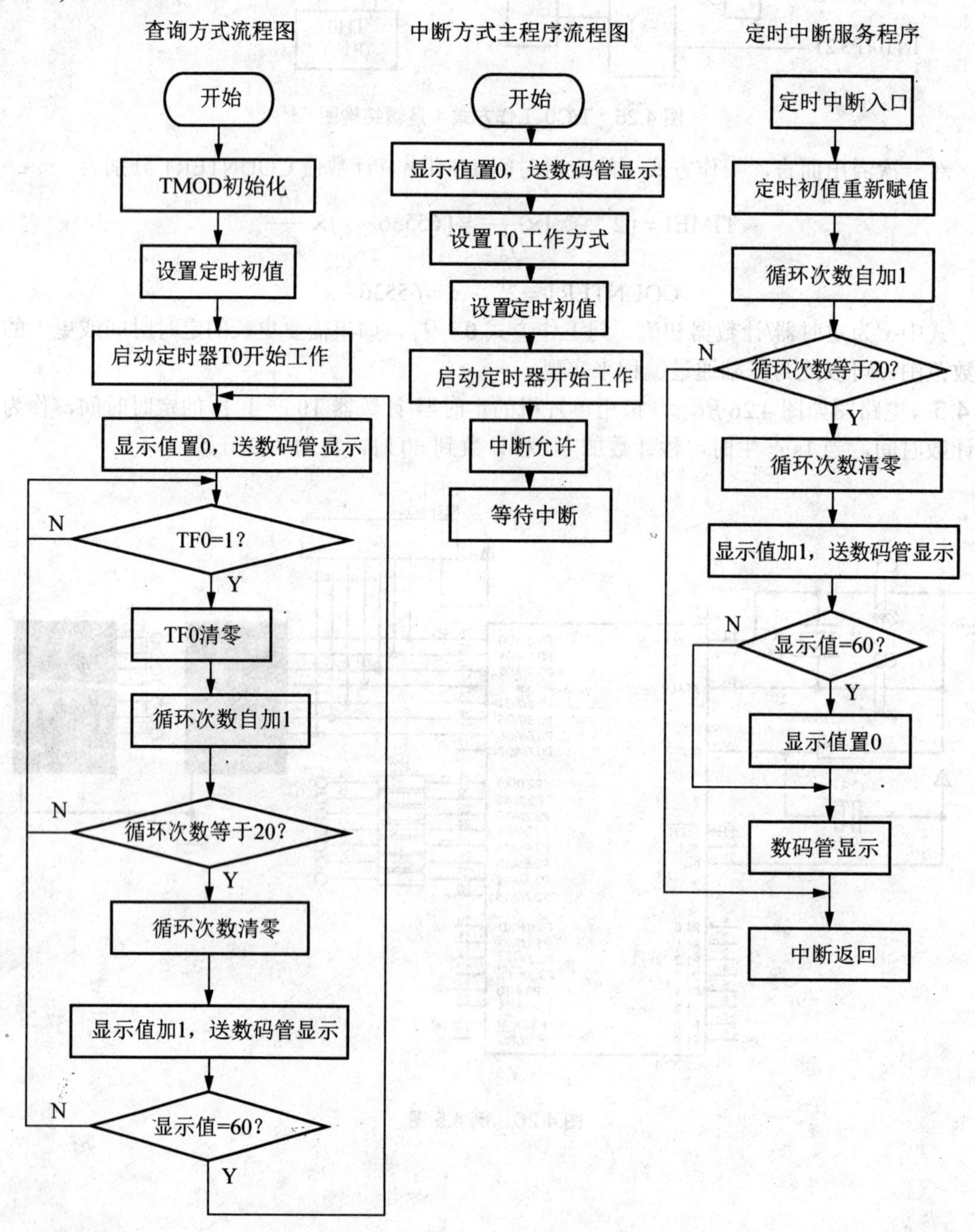

3) 编写代码

(1) 采用查询方式，用 T/C0 的工作方式 1 编程。

```
001        ;变量定义
002        SECOND    EQU     30H                     ;定义显示值单元地址
003        TCOUNT    EQU     31H                     ;定义循环次数单元地址
004        ;主程序，初始化单片机
005                  ORG     0000H
006        START:    MOV     SECOND, #00H            ;赋显示初值
007                  MOV     TCOUNT, #00H            ;赋循环次数初值
008                  MOV     TMOD, #01H              ;设置定时器 T0 工作方式 1
009                  MOV     TH0, #(65536-50000)/ 256     ;设置定时初值
010                  MOV     TL0, #(65536-50000) MOD 256
011                  SETB    TR0
012        ;显示程序段
013        DISP:     MOV     A, SECOND               ;显示初值送 A
014                  MOV     B, #10                  ;立即数 10 送 B
015                  DIV     AB                      ;分离显示值的十位和个位
016                  MOV     DPTR, #TABLE            ;DPTR 指向表头地址
017                  MOVC    A, @A+DPTR              ;查表取得字形码，送 A 存储
018                  MOV     P0, A                   ;十位数值送 P0 显示
019                  MOV     A, B                    ;个位值送 A 存储
020                  MOVC    A, @A+DPTR              ;个位数值送 P2 显示
021                  MOV     P2, A
022        ;查询判断程序段
023        WAIT:     JNB     TF0, WAIT               ;判断 TF1 是否等于 0
024                  CLR     TF0                     ;TR1 清零
025                  MOV     TH0, #(65536-50000) / 256    ;重新赋定时器初值
026                  MOV     TL0, #(65536-50000) MOD 256
027                  INC     TCOUNT                  ;循环次数加 1
028                  MOV     A, TCOUNT               ;将循环次数值送累加器 A
029                  CJNE    A, #20, WAIT            ;循环次数与 20 比较
030                  MOV     TCOUNT, #00H            ;重新赋循环次数初值
031                  INC     SECOND                  ;显示值加 1
032                  MOV     A, SECOND               ;显示值送 A
033                  CJNE    A, #60, DISP            ;显示值与 60 比较
034                  MOV     SECOND, #00H            ;显示值置 0
035                  LJMP    DISP
036        ;显示字形码表
037        TABLE:    DB      3FH, 06H, 5BH, 4FH, 66H
038                  DB      6DH, 7DH, 07H, 7FH, 6FH
039
040                  END
```

(2) 采用中断方式，用 T/C0 的工作方式 1 编程。

```
001        ;定义变量
002        SECOND    EQU     30H                     ;显示值单元地址
003        TCOUNT    EQU     31H                     ;循环次数单元地址
004        ;主程序，初始化单片机
005                  ORG     0000H
006                  LJMP    START
007                  ORG     000BH                   ;T0 的中断入口地址
008                  LJMP    ZDT0
009        START:    MOV     SECOND, #00H            ;赋显示初值
```

```
010            MOV    A, SECOND              ;显示初值送 A
011            MOV    B, #10                 ;立即数 10 送 B
012            DIV    AB                     ;分离显示值的十位和个位
013            MOV    DPTR, #TABLE           ;DPTR 指向表头地址
014            MOVC   A, @A+DPTR             ;查表取得字形码,送 A 存储
015            MOV    P0, A                  ;十位数值送 P0 显示
016            MOV    A, B                   ;个位值送 A 存储
017            MOVC   A, @A+DPTR             ;查表取得字形码,送 A 存储
018            MOV    P2, A                  ;个位数值送 P2 显示
019            MOV    TCOUNT, #00H           ;赋循环次数初值
020            MOV    TMOD, #01H             ;设置定时器 T0 工作方式 1
021            MOV    TH0, #(65536-50000)/ 256      ;设置定时初值
022            MOV    TL0, #(65536-50000)MOD256
023            SETB   TR0                    ;开启定时器 T0 工作
024            SETB   ET0                    ;允许 T0 中断
025            SETB   EA                     ;允许 CPU 中断
026            SJMP   $                      ;原地等待
027     ;T0 中断服务程序
028     ZDT0:  MOV    TH0, #(65536-50000)/ 256      ;重新赋初值
029            MOV    TL0, #(65536-50000)MOD256     ;循环次数加 1
030            INC    TCOUNT                 ;循环次数加 1
031            MOV    A, TCOUNT              ;将循环次数值送累加器 A
032            CJNE   A, #20, NEXT           ;循环次数与 20 比较
033            MOV    TCOUNT, #00H           ;重新赋循环次数初值
034            INC    SECOND                 ;显示值加 1
035            MOV    A, SECOND              ;显示值送 A
036            CJNE   A, #60, DISP           ;显示值与 60 比较
037            MOV    SECOND, #00H           ;显示值置 0
038     DISP:  MOV    A, SECOND              ;显示初值送 A
039            MOV    B, #10                 ;立即数 10 送 B
040            DIV    AB                     ;分离显示值的十位和个位
041            MOV    DPTR, #TABLE           ;DPTR 指向表头地址
042            MOVC   A, @A+DPTR             ;查表取得字形码,送 A 存储
043            MOV    P0, A                  ;十位数值送 P0 显示
044            MOV    P0, A                  ;十位数值送 P0 显示
045            MOV    A, B                   ;个位值送 A 存储
046            MOVC   A, @A+DPTR             ;查表取得字形码,送 A 存储
047            MOVC   A, @A+DPTR             ;查表取得字形码,送 A 存储
048            MOV    P2, A                  ;个位数值送 P2 显示
049     NEXT:  RETI                          ;中断子程序结束
050     ;显示字形码表
051     TABLE: DB     3FH, 06H, 5BH, 4FH, 66H
052            DB     6DH, 7DH, 07H, 7FH, 6FH
053
054            END
```

4) 仿真调试

在 Proteus ISIS 中打开或画出图 2.1 所示电路，将在 Keil μ Vision4 中产生的 HEX 文件装入 AT89C51，运行并查看效果。

总结提高

软件定时是对循环体内指令机器周期数进行计数；定时器定时是用加法计数器直接对机器周期进行计数。二者工作机理不同，置初值方式也不同，相比之下定时器定时无论是方便程度还是精确程度都高于软件定时。本例两种方法虽然都是采用定时器定时，但二者实现方法不同。方法(1)采用查询工作方式，在

1s 定时程序期间一直占用 CPU；方法(2)采用中断工作方式，在 1s 定时程序期间 CPU 可处理其他指令，从而充分发挥定时器/计数器的功能，大大提高 CPU 的效率。

3．工作方式 2

当选择工作方式 2 时，T/C0 是一个 8 位的、能重置初值的定时器/计数器，其逻辑结构图如图 4.27 所示。在工作方式 2 中，T/C0 只用 TL0 作为 8 位计数器，而把 TH0 作为预置寄存器，用作保存计数初值。初始化时，把计数初值分别装入 TL0 和 TH0 中。在运行时，当 TL0 计数溢出时，便置位 TF0，同时预置寄存器 TH0 自动将初值重新装入 TL0 中，T/C0 又进入新一轮的计数，如此循环重复不止。

工作方式 2 非常适用于需要循环定时或循环计数的应用系统。另外，在串行数据通信中，工作方式 2 也常作为波特率发生器的使用。

对一次溢出而言，工作方式 2 的定时时间 TIME2 及计数值 COUNTER2 分别为

$$\text{TIME2}=\left(2^{8}-x\right)\times\frac{12}{f_{\text{osc}}}=\left(256-x\right)\times\frac{12}{f_{\text{osc}}}$$

$$\text{COUNTER2}=2^{8}-x=256-x$$

式中 X 为定时器/计数器初值。由工作方式 2 的特点可知，如果需要更长的定时时间或更大的计数范围，实现起来比方式 0、方式 1 更为方便。

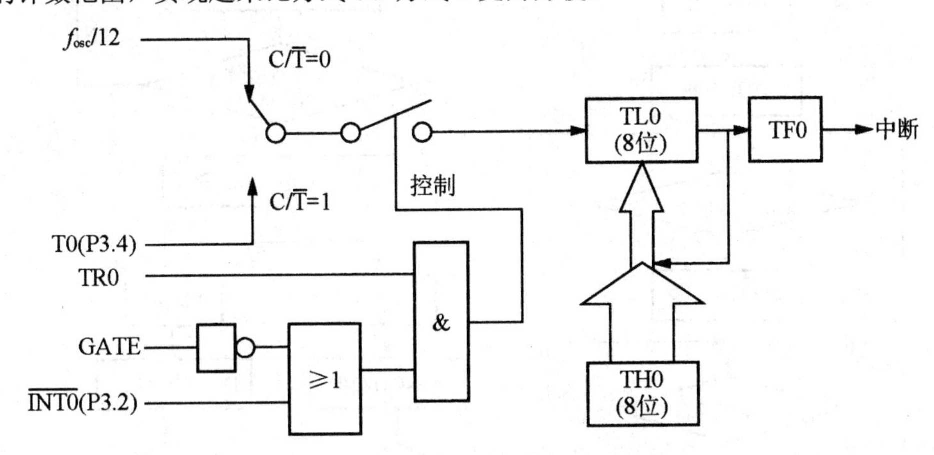

图 4.27　T/C0 工作方式 2 逻辑结构图

例 4.6　电路如图 4.28 所示，在引脚 P2.3 上通过 LM386 放大电路接有一个喇叭，引脚 P0.7 通过上拉电阻接一按键。试编写程序利用 T/C0 实现开关对喇叭控制，使喇叭产生“叮咚”声，“叮咚”声各占 0.5s。设振荡器频率 f_{osc} =12MHz。

1) 分析建模

要产生“叮咚”声，即要产生 700Hz 和 500Hz 的方波信号。500Hz 方波信号产生的方法，500Hz 信号周期为 2ms，定时间隔必须为 1ms，每次定时时间到，输出信号取反一次。700Hz 方波信号产生原理同上。由于需要多次使用定时，故定时器 T0 采用工作方式 2，方式 2 可自动加载计数初值，不需要重新赋计数初值，对于需要循环定时更适用。

当 f_{osc} =12MHz 时，定时器工作方式 2 最大定时时间为 256μs，本例定时时间设置为 250μs。因此，700Hz 的频率要经过 3 次 250μs 的定时，而 500Hz 的频率要经过 4 次 250μs 的定时。而根据题意，“叮”和“咚”声音各占用 0.5s，因此定时器/计数器 T0 还要完成 0.5s 的定时，对于以 250μs 为基准定时 2000 次才可以。

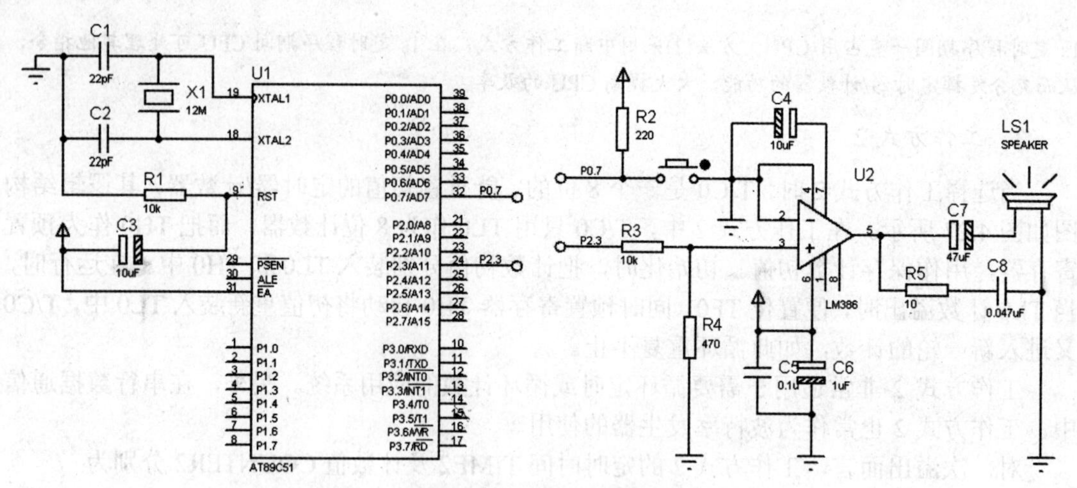

图 4.28　例 4.6 电路图

2) 画流程图

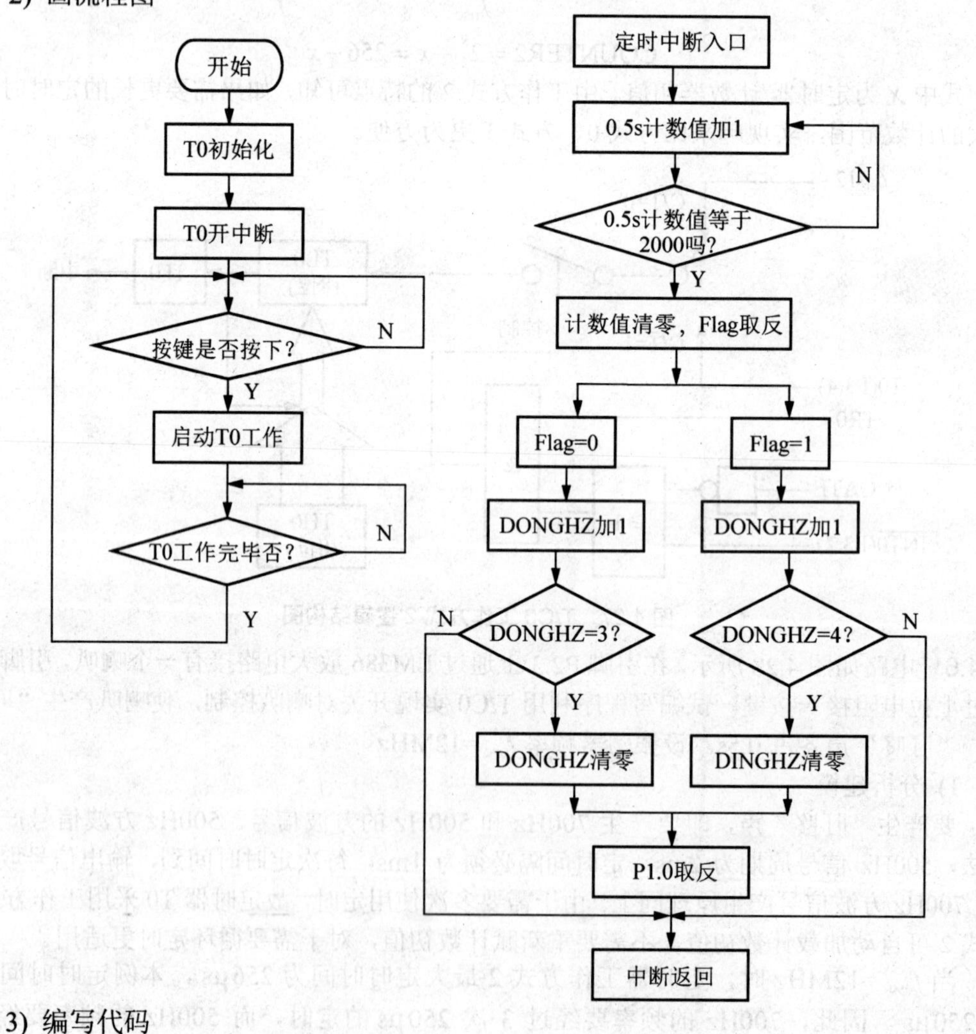

3) 编写代码

```
001          ;定义变量
002          DINGHZ      EQU       30H                     ;产生“叮”声频率值循环次数单元地址
```

```
003    DONGHZ    EQU     31H                   ;产生“咚”声频率值循环次数单元地址
004    T5A       EQU     32H                   ;定时 0.5s 所需循环 100 次单元地址
005    T5B       EQU     33H                   ;定时 0.5s 所需循环 20 次单元地址
006    FLAG      BIT     00H                   ;定时 0.5s 标志位
007    STOP      BIT     01H                   ;结束标志位
008    SWITCH    BIT     P0.7                  ;按键接口
009    ;主程序
010              ORG     0000H
011              LJMP    START
012              ORG     000BH                 ;定时器 T0 的中断入口地址
013              LJMP    INT_T0
014    START:    MOV     TMOD, #02H            ;设置定义器 T0 工作方式为 2
015              MOV     TL0, #06H
016              MOV     TL0, #06H
017              SETB    ET0                   ;开中断
018              SETB    EA
019
020    NSP:      MOV     DINGHZ, #00H          ;赋产生“叮”声频率初值
021              MOV     DONGHZ, #00H          ;赋产生“咚”声频率初值
022              MOV     T5A, #00H             ;赋循环 100 次的初值
023              MOV     T5B, #00H             ;赋循环 20 次的初值
024              CLR     FLAG                  ;FLAG 清零
025              CLR     STOP                  ;STOP 清零
026              JB      SWITCH, NSP           ;判断按键是否按下
027              LCALL   DELY10MS              ;防抖动
028              JB      SWITCH, NSP
029              SETB    TR0                   ;开启定时器 T0 工作
030              JNB     STOP, $               ;判断 STOP 是否为 0
031              LJMP    NSP
032    ----------------------------------------------------------------
033    ;按键防抖动的延时子程序
034    ----------------------------------------------------------------
035    DELY10MS:MOV      R6, #20
036    D1:       MOV     R7, #248
037              DJNZ    R7, $
038              DJNZ    R6, D1
039              RET
040    ----------------------------------------------------------------
041    ;中断 T0 子程序
042    ----------------------------------------------------------------
043    INT_T0:   INC     T5A                   ;循环 100 次初值加 1
044              MOV     A, T5A                ;循环次数送到累加器 A
045              CJNE    A, #100, DONG         ;判断是否已循环100次
046              MOV     T5A, #00H             ;清零
047              INC     T5B                   ;循环 20 次初值加 1
048              MOV     A, T5B                ;循环次数送到累加器 A
049              CJNE    A, #20, DONG          ;判断是否已循环 20 次
050              MOV     T5B, #00H             ;清零
051              JB      FLAG, STP             ;如果 FLAG 为 1,则转移
052              CPL     FLAG                  ;定时 0.5s 到后,FLAG 取反
053              LJMP    DONG
```

```
054
055    STP:     SETB   STOP              ;STOP 置 1
056             CLR    TR0               ;定时器 T0 停止工作
057             LJMP   DONE              ;中断结束
058    ;产生“咚声”程序段
059    DONG:    JB     FLAG, DING        ;如果 FLAG=1,跳转 DINGHZ
060             INC    DONGHZ            ;DONGHZ 自加 1
061             MOV    A, DONGHZ         ;DONGHZ 送到累加器 A
062             CJNE   A, #03H, DONE     ;判断 DONGHZ 值是否为 3
063             MOV    DONGHZ, #00H      ;DONGHZ 清零
064             CPL    P2.3              ;输出取反
065             LJMP   DONE
066    ;产生“叮声”程序段
067    DING:    INC    DINGHZ            ;DINGHZ 自加 1
068             MOV    A, DINGHZ         ;DINGHZ 值送到累加器 A
069             CJNE   A, #04H, DONE     ;判断 DINGHZ 值是否为 4
070             MOV    DINGHZ, #00H      ;DINGHZ 清零
071             CPL    P2.3              ;输出取反
072             LJMP   DONE
073    DONE:    RETI
074
075             END
```

4) 仿真调试

(1) 在 Keil μ Vision4 中单击按钮进入仿真调试状态。

(2) 单击菜单命令 Peripherals→Time▶→Time 0，弹出如图 4.29(a)所示的对话框，运行后可观察 T0 工作方式、TCON、TMOD 控制字等状态及 TH0、TL0 的变化，如图 4.29(b)所示。

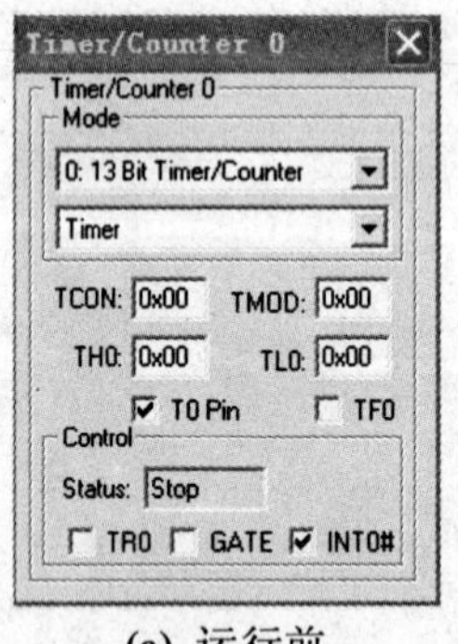

(a) 运行前

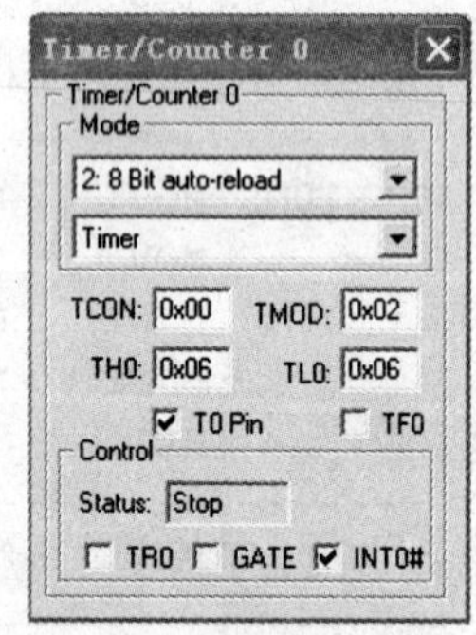

(b) 运行后

图 4.29 Time 0 对话框

(3) 执行菜单命令 Peripherals→I/O-Ports▶→Port 1 打开 P0 口和 P2 口仿真对话框 Parallel Port 0 和 Parallel Port 2，单击 Parallel Port 0 的第 7 位，将“√”去掉，如图 4.30(a)所示，全速运行后可以观察 P2.3 引脚上的电平变化，如图 4.30(b)所示。

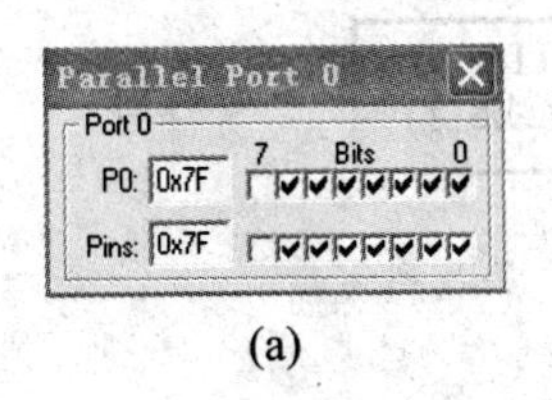

(a)

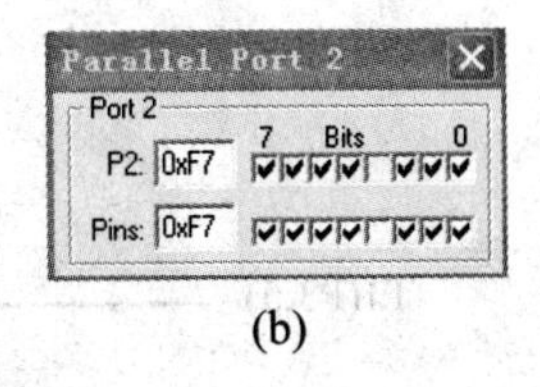

(b)

图 4.30　图 Port0 和 Port2 对话框

(4) 在 Proteus ISIS 中打开或画出图 4.27 所示电路，将在 Keil μVision4 中产生的 HEX 文件装入 AT89C51，运行并查看效果。

4. 工作方式 3

在工作方式 3 中，T/C0 和 T/C1 的设置和使用是不同的。

1) T/C0

当选择工作方式 3 时，T/C0 被拆成两个独立的 8 位计数器 TH0 和 TL0，其逻辑结构图如图 4.31 所示。

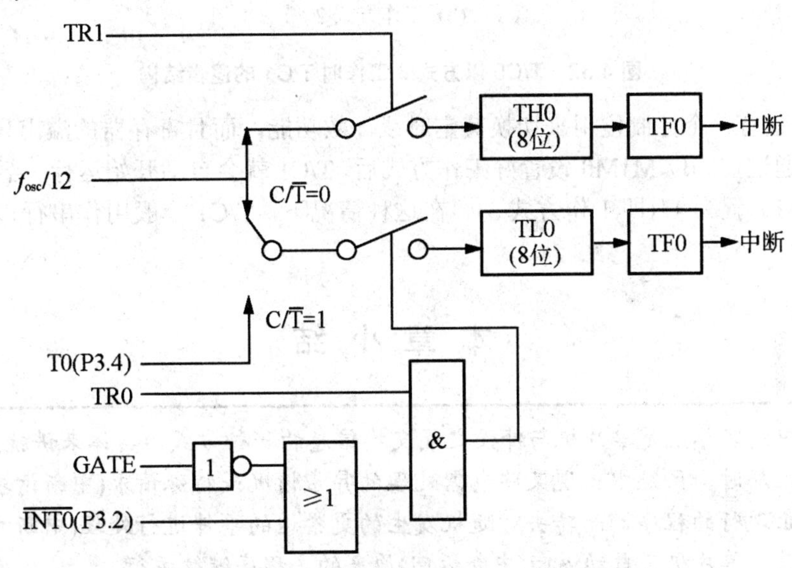

图 4.31　T/C0 工作方式 3 逻辑结构图

TL0 独占原 T/C0 的控制位和引脚信号：C/$\overline{T}$、GATE、TR0、TF0、T0(P3.4)引脚和 $\overline{INT0}$(P3.2)引脚。除只用 8 位 TL0 之外，其功能及操作与方式 0、方式 1 完全相同，可用于定时，也可用于计数。

TH0 只可用作简单的内部定时功能，它占用原 T/C1 的控制位 TR1 和溢出标志位 TF1，同时占用它的中断源。其启动和关闭只受 TR1 的控制。

2) T/C1

T/C1 不能在工作方式 3 下使用，如果把 T/C1 设置在工作方式 3，它就停止工作。

当 T/C0 工作在方式 3 时，T/C1 的 TR1、TF1 和中断源虽然均被 T/C0 所占用，但它仍可设置为工作方式 0～2，如图 4.32 所示。

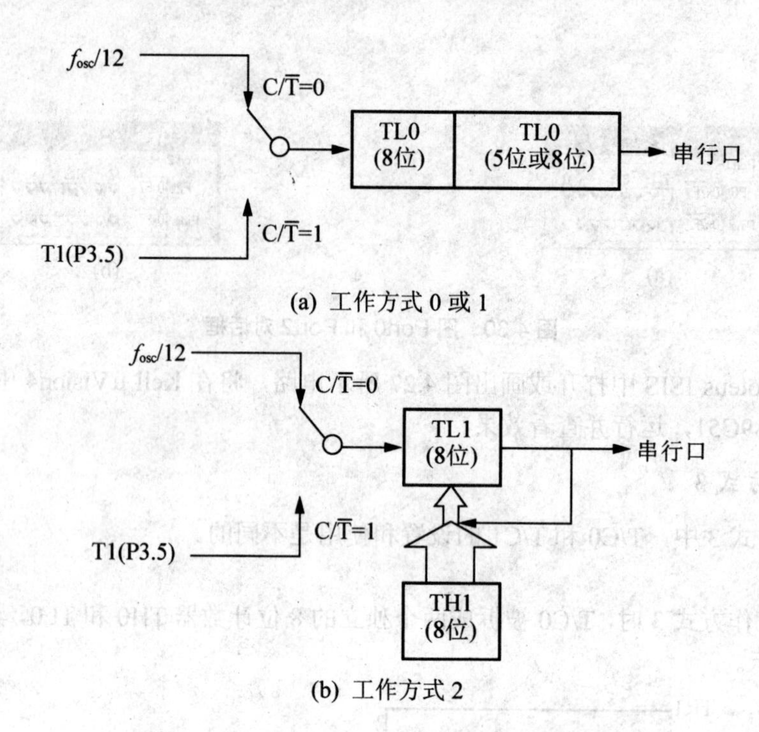

图 4.32　T/C0 以方式 3 工作时 T/C1 的逻辑结构

此时，只有一个控制位用来切换其定时或计数功能，而且寄存器的溢出只能将输出送入串行口。通过控制位 M1M0 设置好工作方式后，T/C1 就会自动开始运行；若要停止运行，只需将 M1M0 置为 11(即工作方式 3)。在这种情况下，T/C1 一般用作串行口的波特率发生器。

本 章 小 结

所谓中断实际上是单片机与外设之间交换信息的一种方式，具体来讲就是当单片机执行主程序时，系统中出现某些急需处理的异常情况或特殊请求(中断请求)，单片机暂时中止现行的程序，而转去对随机发生的更紧迫的事件进行处理(中断响应)，在处理完毕后，单片机又自动返回(中断返回)原来的主程序继续运行。

51 系列单片机的中断系统由中断源、中断标志位、中断控制位、硬件查询机构组成。

引起中断的原因或能发出中断请求的来源称为中断源。51 系列单片机有两个外部中断源、两个定时器/计数器中断源及 1 个串行口中断源。相对于外部中断源，定时器/计数器中断源与串行口中断源又称为内部中断源。

51 系列单片机中断系统的控制分成 3 个层次：总开关、分开关、优先级。这些控制功能主要是通过特殊功能寄存器 IE、IP 中相关位的软件设定来实现的。

中断处理过程可分为 4 个阶段：中断请求、中断查询和响应、中断处理、中断返回。

51 系列单片机仅提供了两个外部中断源，而在实际应用中可能需要两个以上的外部中断源，这时必须对外部中断源进行扩展。可用以下方法进行扩展。

(1) 利用定时器/计数器扩展外部中断源。

(2) 采用中断和查询结合的方法扩展外部中断源。

51系列单片机内部有两个16位的定时器/计数器(T/C)，可用于定时控制、延时、对外部事件计数和检测等场合。通过编程可设定任意一个或两个T/C工作，并使其工作在定时或计数方式。

定时器/计数器的控制是通过软件设置来实现的，所涉及的特殊功能寄存器有4个：TMOD(工作方式寄存器)、TCON(控制寄存器)、IE(中断允许寄存器)、IP(中断优先级寄存器)。

第 5 章

串行口通信技术

教学提示

51 系列单片机内部有一个可编程全双工串行通信接口，它具有 UART 的全部功能，该接口不仅可以同时进行数据的接收和发送，还可以作同步移位寄存器使用。该串行口有 4 种工作方式，帧格式有 8 位、10 位和 11 位 3 种，并能设置各种波特率。在介绍关于串行通信的基础知识后，本章重点讲述 51 系列单片机的串行口及其通信应用。

教学要求

理解串行数据通信的基本概念，包括串行数据通信的分类、串行通信数据的传送方向、串行数据通信的接口电路；掌握异步串行通信的两个重要指标：字符帧格式、波特率；掌握 51 系列单片机串行口的结构及工作原理；掌握 51 系列单片机串行口的控制寄存器；掌握 51 系列单片机串行口的工作方式及其波特率生成方法；掌握 51 系列单片机串行通信的两种编程方式：查询方式、中断方式。

项目八　基于 RS-232 的双机双向串行通信

项目目的

(1) 完成双机通信的接口设计。
(2) 完成双机通信的程序设计。

项目要求

(1) 在 Proteus ISIS 中绘制如图 5.1 所示的硬件电路。
(2) 编程实现甲、乙两机之间的双向串行通信，具体要求见表 5-1。

表 5-1　项目八的项目要求

硬　件		功　能
甲机	K1	设置甲机发往乙机的数据
	D1，D3	开机全灭，单击 K1 按以下顺序亮灭： D1 亮 D3 灭→D1 灭 D3 亮→D1 亮 D3 亮→D1 灭 D3 灭→D1 亮 D3 灭
	数码管	显示乙机发来的数据。开机熄灭，单击 K2 按以下顺序显示： 0→1→2→3→4→5→6→7→8→9→熄灭→0
乙机	K2	设置乙机发往甲机的数据
	D2，D4	显示甲机发来的数据。与 D1、D3 同步

项目引入

1. 硬件电路

通过 RS-232 实现双机双向串行通信的硬件电路如图 5.1 所示，包括时钟、复位电路(图 5.1(a))，甲机电路(图 5.1(b))，乙机电路(图 5.1(c))。元器件清单见表 5-2。

课外阅读

请读者查阅有关 MAX232 芯片的资料。

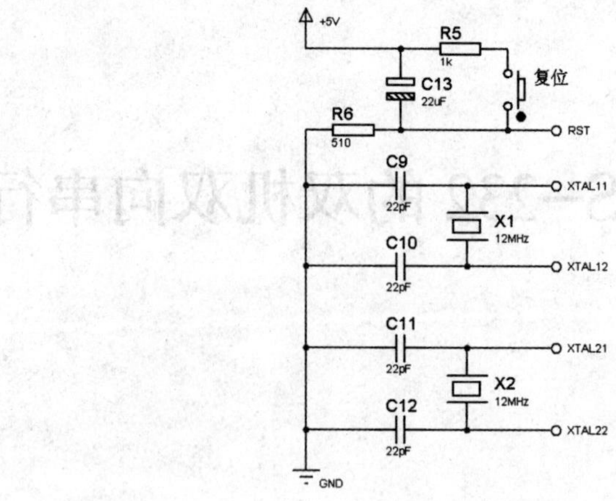

(a) 时钟、复位电路

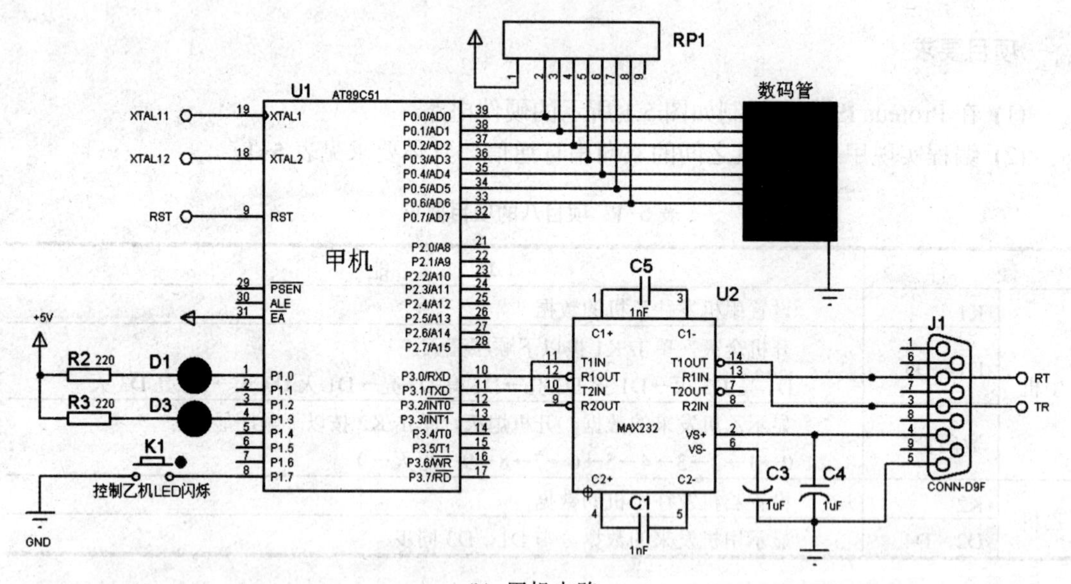

(b) 甲机电路

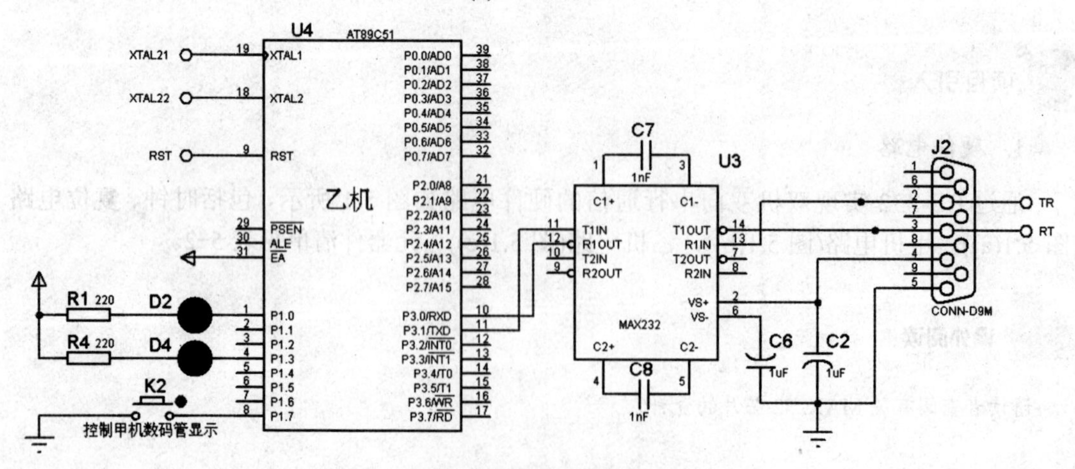

(c) 乙机电路

图 5.1 通过 RS-232 实现双机双向串行通信

表 5-2　项目八元器件清单

元器件名称	电路中标号	参　数	数　量	Proteus 中的名称
单片机芯片	U1，U4	AT89C51	2	AT89C51
晶体振荡器	X1，X2	12MHz	2	CRYSTAL
瓷片电容	C9～C12	22pF	4	CAP
	C1，C5，C7，C8	1nF	4	
电解电容	C13	22μF	1	CAP-ELEC
极性电容	C2，C3，C4，C6	1μF	4	CAP-POL
电阻	R1～R6		6	RES
排阻	RP1		1	RESPACK-8
LED 灯	D1，D3	绿色	2	LED-GREEN
	D2，D4	黄色	2	LED-YELLOW
串行通信芯片	U2，U3		2	MAX232
串行通信插座	J1	D9	1	CONN-D9F
串行通信插头	J2	D9	1	CONN-D9M
7 段数码管	数码管	共阴，绿色	1	7SEG-COM-CAT-GRN
按键	K1，K2		2	BUTTON

2. 程序代码

下面给出了项目要求的主要程序，空白的地方请读者填补。

1) 甲机程序

```
001     ;变量定义
002     D1        BIT     P1.0
003     D3        BIT     P1.3
004     K1        BIT     P1.7
005     MODEL     EQU     40H
006     ;主程序
007               ORG     0000H
008               SJMP    MAIN
009               ORG     0023H
010               LJMP    S_ZHD
011               ORG     0050H
012     MAIN:     CALL    INIT
013               CALL    DELAY
014     LOOP:     JNB     K1, LOP           ;等待按键
015               SJMP    LOOP
016     LOP:      CALL    DELAY
017               JNB     K1, LP
018               SJMP    LOOP
019
020     LP:       MOV     A, MODEL          ;(MODEL+1) MOD 4
021               ADD     A, #1
022               MOV     B, #4
023               DIV     AB
024               MOV     A, B
025               MOV     MODEL, B
```

```
026
027    M0:     CJNE    A, #0, M1
028            CALL    TRANS
029            SETB    D1              ;模式 0，全灭
030            SETB    D3
031            CALL    DELAY
032            LJMP    LOOP
033
034    M1:     CJNE    A, #1, M2
035            CALL    TRANS
036            CLR     D1              ;模式 1，D1 亮，D3 灭
037            SETB    D3
038            CALL    DELAY
039            LJMP    LOOP
040
041    M2:     CJNE    A, #2, M3
042            CALL    TRANS
043            SETB    D1              ;模式 2，D1 灭，D3 亮
044            CLR     D3
045            CALL    DELAY
046            LJMP    LOOP
047
048    M3:     CJNE    A, #3, LOOP
049            CALL    TRANS
050            CLR     D1              ;模式 3，全亮
051            CLR     D3
052            CALL    DELAY
053            LJMP    LOOP
054    ;--------------------------------------------------------------------
055    ;子程序名：INIT
056    ;程序功能：甲机初始化
057    ;--------------------------------------------------------------------
058    INIT:   SETB    D1              ;关闭D1
059            SETB    D3              ;关闭D3
060            MOV     P0, #00H        ;关闭数码管
061            MOV     MODEL, #0       ;乙机D2、D4的显示模式
062            MOV     SCON, #50H      ;串口工作在方式1，允许接收
063            MOV     TMOD, #20H      ;T1工作在模式2，8位自动装载
064            MOV     PCON, #00H      ;波特率不倍增
065            MOV     TH1, #0FDH      ;波特率 9600b/s
066            MOV     TL1, #0FDH
067            CLR     TI
068            CLR     RI
069            SETB    TR1
070            MOV     IE, #90H
071            RET
072    ;--------------------------------------------------------------------
073    ;子程序名：TRANS
074    ;程序功能：甲机向乙机发送显示模式
075    ;--------------------------------------------------------------------
076    TRANS:  MOV     A, MODEL
```

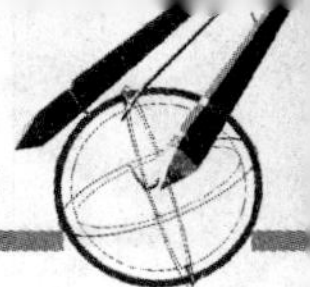

```
077                MOV     SBUF, A
078                JNB     TI, $
079                CLR     TI
080                RET
081     ;--------------------------------------------------------------
082     ;子程序名：S_ZHD
083     ;程序功能：接收乙机发送的数据 0～9
084     ;--------------------------------------------------------------
085     S_ZHD:     JNB     RI,NEXT
086                CLR     RI
087                MOV     A,SBUF
088                CLR     C
089                CJNE    A,#0,N1
090                SJMP    SERCH              ;=0
091     N1:        JC      WUX                ;<0
092                CJNE    A,#9,N2
093                SJMP    SERCH              ;=9
094     N2:        JNC     WUX                ;>9
095     SERCH:     MOV     DPTR,#TAB
096                MOVC    A,@A+DPTR
097                MOV     P0,A
098                RETI
099
100     WUX:       MOV     P0,#00H
123     NEXT:      RETI
124     ;--------------------------------------------------------------
125     ;子程序名：DELAY
126     ;程序功能：延时
127     ;--------------------------------------------------------------
128     DELAY:     MOV     R6, #100
129     DL1:       MOV     R5, #200
130     DL2:       NOP
131                NOP
132                NOP
133                DJNZ    R5, DL2
134                DJNZ    R6, DL1
135                RET
136
137     TAB:       DB      3FH,06H,5BH,4FH,66H,6DH,7DH,07H,7FH,6FH;段码表
138
139                END
```

2) 乙机程序

```
001     ;变量定义
002     D1         BIT     P1.0
003     D3         BIT     P1.3
004     K1         BIT     P1.7
005     MODEL      EQU     40H
006     ;主程序
007                ORG     0000H
008                SJMP    MAIN
```

```
009              ORG     0023H
010              LJMP    S_ZHD
011              ORG     0050H
012   MAIN:      CALL    INIT
013              CALL    DELAY
014   LOOP:      JNB     K1, LOP              ;等待按键
015              SJMP    LOOP
016   LOP:       CALL    DELAY
017              JNB     K1, LP
018              SJMP    LOOP
019
020   LP:        MOV     A, NUMX              ;(MODEL+1) MOD 11
021              ADD     A, #1
022              MOV     B, #11
023              DIV     AB
024              MOV     NUMX, B
025              MOV     SBUF, NUMX           ;发送
026              JNB     TI, $
027              CLR     TI
028              CALL    DELAY
029              LJMP    LOOP
030   ;-------------------------------------------------------------------
031   ;子程序名：INIT
032   ;程序功能：乙机初始化
033   ;-------------------------------------------------------------------
034   INIT:      SETB    D1                   ;关闭D1
035              SETB    D3                   ;关闭D3
036              MOV     NUMX, #0FFH
037              MOV     SCON, #50H           ;串口工作在方式1，允许接收
038              MOV     TMOD, #20H           ;T1工作在模式2，8位自动装载
039              MOV     PCON, #00H           ;波特率不倍增
040              MOV     TH1, #0FDH           ;波特率9600
041              MOV     TL1, #0FDH
042              CLR     TI
043              CLR     RI
044              SETB    TR1
045              MOV     IE, #90H
046              RET
047   ;-------------------------------------------------------------------
048   ;子程序名：S_ZHD
049   ;程序功能：接收甲机发送的数据 0～3
050   ;-------------------------------------------------------------------
051   S_ZHD:     JNB     RI, NEXT
052              CLR     RI
053              MOV     A, SBUF
054              CJNE    A, #0, N1
055              SETB    D1                   ;模式 0，全灭
056              SETB    D3
057              CALL    DELAY
058              LJMP    NEXT
059   N1:        CJNE    A, #1, N2
```

```
060                CLR      D1                    ;模式1，D1亮，D3灭
061                SETB     D3
062                CALL     DELAY
063                LJMP     NEXT
064        N2:     CJNE     A, #2, N3
065                SETB     D1                    ;模式2，D1灭，D3亮
066                CLR      D3
067                CALL     DELAY
068                LJMP     NEXT
069        N3:     CJNE     A, #3, NEXT
070                CLR      D1                    ;模式3，全亮
071                CLR      D3
072                CALL     DELAY
073        NEXT:   RETI
074        ;-------------------------------------------------------------
075        ;子程序名：DELAY
076        ;程序功能：延时
077        ;-------------------------------------------------------------
078        DELAY:  MOV      R6, #100
079        DL1:    MOV      R5, #200
080        DL2:    NOP
081                NOP
082                NOP
083                DJNZ     R5, DL2
084                DJNZ     R6, DL1
085                RET
086
087                END
```

项目分析

(1) 串行数据通信的制式有几种？51 系列单片机串行通信接口的工作方式有几种？

(2) 与串行通信控制相关的特殊功能寄存器有哪些？各位的功能是什么？

(3) 简述串口工作方式 0、1、2 的工作原理。

(4) 简述串行通信接口的两种编程方式。

(5) 本项目中甲、乙两机的串行通信接口采用哪种编程方式？请分别画出它们的流程图。

相关知识

5.1　51 系列单片机的串行通信接口

MCS-51 系列单片机内部有一个全双工的串行通信口，即串行接收和发送缓冲器(SBUF)，这两个在物理上独立的接收发送器，既可以接收数据也可以发送数据。但接收缓冲器只能读出不能写入，而发送缓冲器则只能写入不能读出，它们的地址为 99H。这个通

信口既可以用于网络通信，亦可实现串行异步通信，还可以构成同步移位寄存器使用。如果在串行口的输入/输出引脚上加上电平转换器(如 MAX232 等)，就可方便地构成标准的 RS-232 接口。

5.1.1 串行通信的基本概念

在单片机应用系统中，单片机与外围设备(或芯片)之间的通信方式有两种：并行通信和串行通信。如图 5.2 所示，并行通信，即数据的各位同时传送；串行通信，即数据一位一位顺序传送。

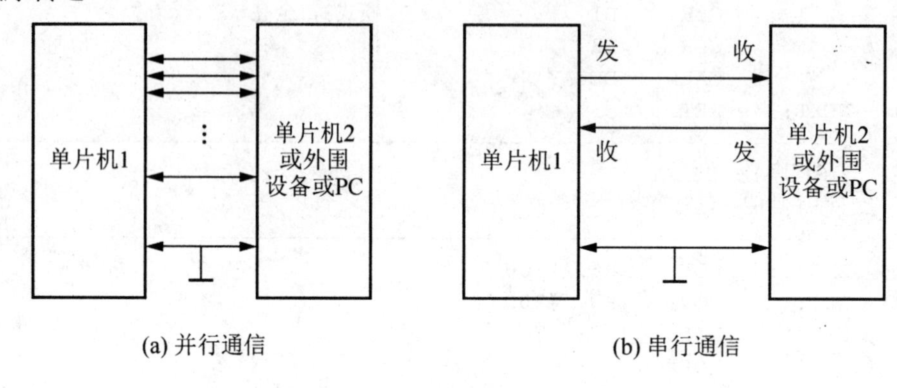

图 5.2 两种通信方式的示意图

串行通信的主要优点是所需传输线比并行通信要少，特别适合数据位数很多和远距离数据传送场合；串行通信方式的主要缺点是传送速度比并行通信要慢。

1. 串行数据通信的制式

按照数据传送的方向，串行数据通信可分为单工(Simplex)传送、半双工(Half Duplex)传送和全双工(Full Duplex)传送 3 种制式，如图 5.3 所示。

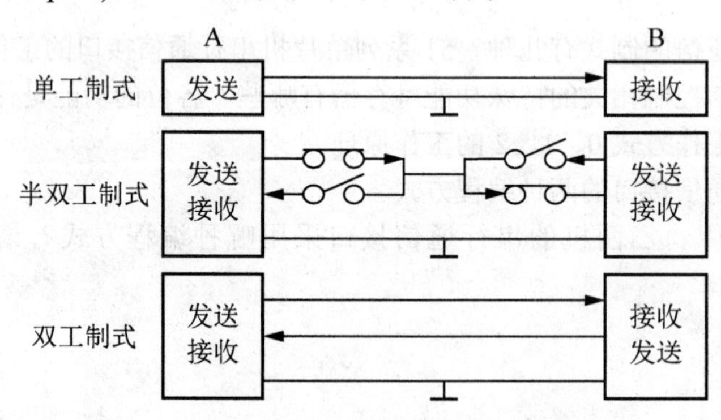

图 5.3 单工、半双工和全双工串行通信示意图

1) 单工制式

在单工制式下，数据传送是单向的。采用该制式进行串行通信时仅需一条数据线。通信双方中一方固定作为发送端，而另一方则固定作为接收端。因此，单工制式的用途有限，常用于串行口的打印数据传输、简单系统间的数据采集。

2) 半双工制式

在半双工制式下，数据传送是准双向的，即通信双方均能发送和接收数据，但不能同时进行。采用该制式进行串行通信时，可以使用一条数据线，也可以使用两条数据线。通信双方的收发开关一般是由软件控制的电子开关。

3) 全双工制式

在全双工制式下，数据传送是双向的，即通信双方均可同时发送和接收数据，数据可以在两个方向上同时传送。采用全双工制式进行串行通信时需要两条数据线，线路和设备较复杂。

总结提高

以上 3 种传输方式都是用同一线路传输一种频率信号，为了充分地利用线路资源，可通过使用多路复用器或多路集线器，采用频分、时分或码分复用技术，即可实现在同一线路上资源共享功能，称之为多工传输方式。

2. 串行数据通信的分类

按照串行数据的时钟控制方式，串行通信可分为同步通信和异步通信两类。

1) 异步通信

在异步通信(Asynchronous Communication)中，接收器和发送器有各自的时钟，它们的工作是非同步的，如图 5.4 所示。

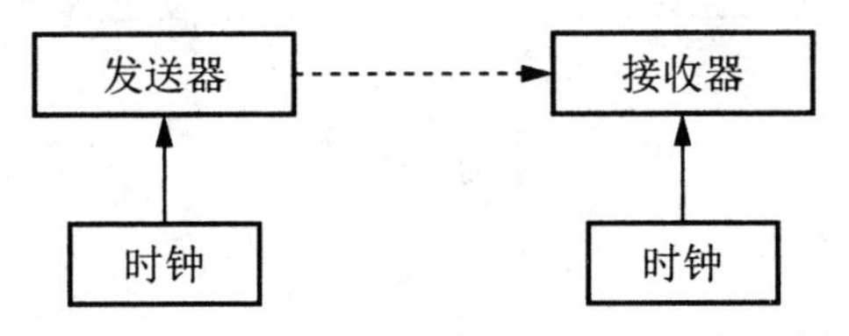

图 5.4　异步通信

在异步通信中，数据通常是以字符帧(Character Frame)格式传送的。接收端依靠字符帧格式来判断发送端是何时开始发送及何时结束发送的。字符帧也称为数据帧，由起始位、数据位、奇偶校验位和停止位 4 部分组成，如图 5.5 所示。

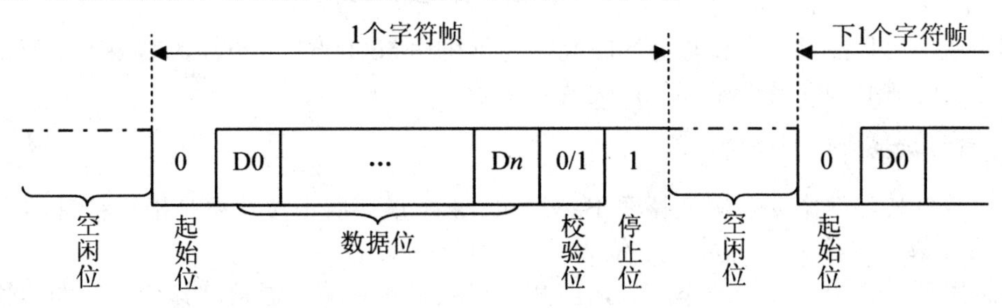

图 5.5　异步通信的字符帧格式

(1) 起始位：位于字符帧开头，仅占一位，为逻辑 0 低电平，用于向接收设备表示发送端开始发送一帧信息。

(2) 数据位：紧跟起始位之后，用户根据情况可取 5 位、6 位、7 位或 8 位，低位在前，高位在后。

(3) 校验位：位于数据位之后，仅占一位，用来表征串行通信中采用奇校验还是偶校验，由用户决定。

(4) 停止位：位于字符帧最后，为逻辑 1 高电平。通常可取 1 位、1.5 位或 2 位，用于向接收端表示一帧字符信息已经发送完，也为发送下一帧做准备。

特别提示

在异步串行通信中，两个相邻字符帧之间可以没有空闲位，也可以有若干空闲位(高电平)，这由用户来决定。

异步通信的优点是不需要传送同步时钟，字符帧长度不受限制，故设备简单。缺点是字符帧中因包含起始位和停止位而降低了有效数据的传输速率。

2) 同步通信

在同步通信(Synchronous Communication)中，发送器和接收器由同一个时钟源控制，如图 5.6 所示。在异步通信中，每传输一帧字符都必须加上起始位和停止位，占用了传输时间，在要求传送数据量较大的场合，速度就慢得多。为此，同步传输方式去掉了这些起始位和停止位，只在传输数据块时先送出一个同步字符(SYN)标志即可，如图 5.7 所示。同步字符可以采用统一的标准格式，也可以由用户约定。

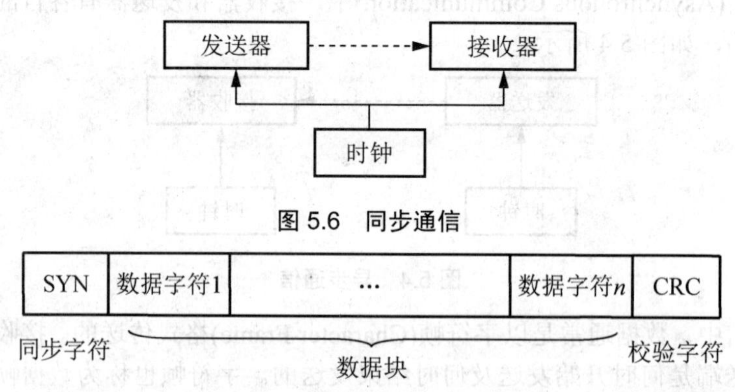

图 5.6　同步通信

SYN	数据字符1	…	数据字符n	CRC

同步字符　　数据块　　校验字符

图 5.7　同步通信的信息帧格式

同步通信的优点是数据传输速率较高，通常可达 56000b/s 或更高，其缺点是要求发送时钟和接收时钟必须保持严格同步，设备较复杂。

3. 串行数据通信的传输速率

串行数据传输速率通常用波特率(Baud rate)来衡量。所谓波特率是指每秒钟传送二进制数码的位数，也称为比特数，单位为 b/s，即位/秒。

波特率越高，数据传输速率越大，但和字符帧格式有关。通常，异步通信的传输速率为 50～9600b/s，而同步通信的传输速率可达 56000b/s 或更高。

5.1.2 RS-232C 串行通信接口标准

在单片机应用系统中，异步串行通信接口标准主要有 3 类：RS-232 接口；RS-449、RS-422 和 RS-485 接口以及 20mA 电流环。

RS-232C 是一种应用广泛的异步串行通信总线标准，主要用来定义计算机系统的一些数据终端设备(DTE)和数据电路终接设备(DCE)之间的电气性能。例如 CRT、打印机与 CPU 的通信大都采用 RS-232C 接口，51 系列单片机与 PC 机的通信也是采用该种类型的接口。由于 51 系列单片机本身有一个全双工的串行接口，因此该系列单片机用 RS-232C 串行接口总线非常方便。

RS-232C 串行接口总线的通信距离小于或等于 15m，传输速率最大为 20Kb/s。

1. RS-232C 接口及其引脚

RS-232C 接口规定了 21 个信号和 25 个引脚，包括一个主通道和一个辅助通道，在多数情况下主要使用主通道。对于一般双工通信，仅需几条信号线就可以实现，包括一条发送线、一条接收线和一条地线。

与 RS-232C 接口相匹配的标准 D 型连接器为 DB-25，如图 5.8 所示。除 DB-25 外，还有简化的 DB-15 和 DB-9。

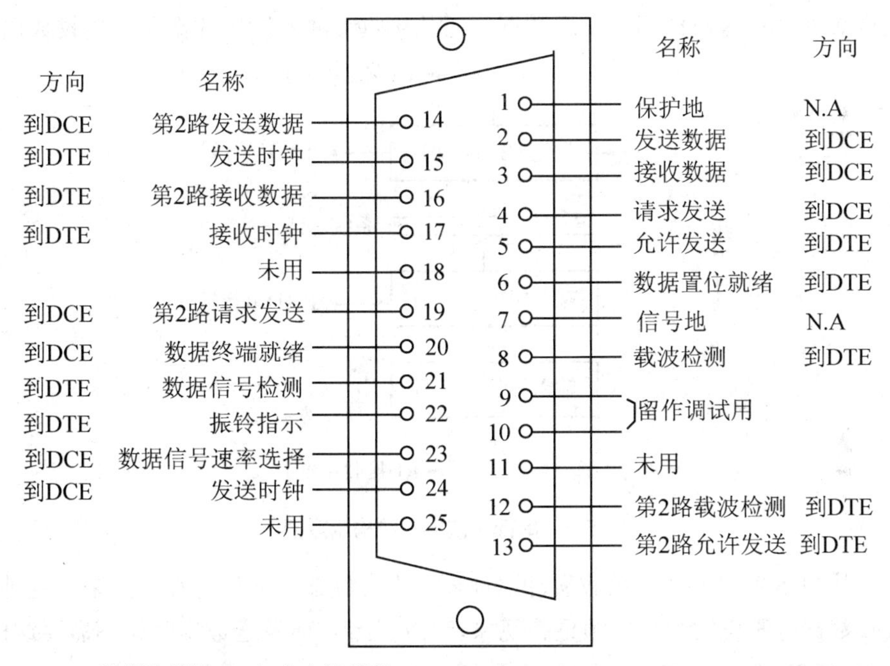

图 5.8　DB-25 连接器引脚排列图

2. RS-232C 接口的电气特性

由于 RS-232C 是在 TTL 电路之前研制的，与 TTL 以高低电平表示逻辑状态的规定不同，RS-232C 是用正负电压来表示逻辑状态的。RS-232C 采用负逻辑：+3～+15V 为逻辑“0”；−3～−15V 为逻辑“1”；−3～+3V 为过渡区。

为了能够同计算机接口或终端的 TTL 器件连接，必须在 RS-232C 与 TTL 电路之间进行电平和逻辑关系的变换，否则将使 TTL 电路烧坏，实际应用时必须注意！实现这种变换的方法可用分立元件，也可用集成电路芯片(如 MC1488、MC1489、MAX232 等)。

特别提示

RS-232C 的信息格式标准参见图 5.5 及其说明。

5.1.3 51 系列单片机的串行通信接口

51 系列单片机内部有一个可编程全双工串行通信接口，它具有 UART 的全部功能，该接口不仅可以同时进行数据的接收和发送，还可以作为同步移位寄存器使用。该串行口有 4 种工作方式，帧格式有 8 位、10 位和 11 位这 3 种，并能设置各种波特率。

1. 串行通信接口的结构及工作原理

51 系列单片机串行通信接口的结构如图 5.9 所示。SBUF 为串行口的收发缓冲器，它是一个可寻址的专用寄存器，其中包含了接收器寄存器和发送器寄存器，可以实现全双工通信。但这两个寄存器具有同一地址(99H)。MCS-51 系列单片机的串行数据传输很简单，只要向发送缓冲器写入数据即可发送数据。而从接收缓冲器读出数据即可接收数据。

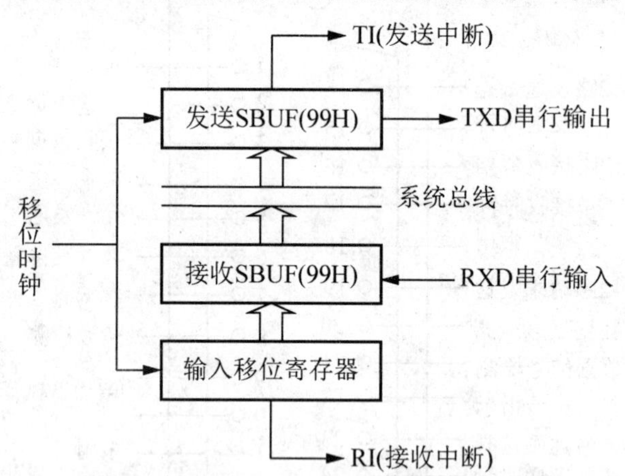

图 5.9 串行通信接口结构示意图

此外，从图 5.9 可看出，接收缓冲器前还加上一级输入移位寄存器，采取这种结构目的在于接收数据时避免发生数据帧重叠现象，以免出错。而发送数据时就不需要这样设置，因为发送时，CPU 是主动的，不可能出现这种现象。

1) 发送(输出)数据

将待发送的数据写入串行口的数据发送缓冲器 SBUF 后，串行口会自动地按照软件设定的格式将待发送的数据组成数据帧，发送控制器 TI 按波特率发生器(由定时器 T1 或 T2 构成)提供的时钟速率，通过引脚 TXD(P3.1)逐位地将发送缓冲器 SBUF 中的并行数据输出。输出完一帧数据后，硬件自动置 TI =1，形成中断请求，通知 CPU 准备下一帧的发送工作。

特别提示

TI 必须由软件清零。发送为主动，只要发送缓冲器 SBUF 中有数据，就发送。

2) 接收(输入)数据

当软件置位 REN(允许/禁止串行接收控制位)、清零 RI(接收中断标志位)后，串行口即进入接收状态(SBUF 只读不写)。接收控制器 RI 按要求的波特率对引脚 RXD(P3.0)上的输入信号进行采样，待接收到一个完整的字节后，就装入 SBUF。数据接收完，硬件自动置 RI=1，必须由软件清零 RI。

2. 串行通信控制寄存器

51 系列单片机为串行口设置了两个特殊功能寄存器：串行口控制寄存器 SCON、电源及波特率选择寄存器 PCON。

1) 串行口控制寄存器 SCON

SCON 用来控制串行口的工作方式和状态，可以位寻址，字节地址为 98H。单片机复位时，所有位全为 0。其格式如图 5.10 所示。

	9FH	9EH	9DH	9CH	9BH	9AH	99H	98H
SCON	SM0	SM1	SM2	REN	TB8	RB8	TI	RI

图 5.10　串行口控制寄存器 SCON

各位的含义参见附录 B。

2) 电源及波特率选择寄存器 PCON

PCON 主要是为 CHMOS 型单片机的电源控制而设置的专用寄存器，字节地址为 87H，不可以位寻址。在 HMOS 型单片机中，PCON 除了最高位以外，其他位都是虚设的。其格式如图 5.11 所示。

PCON	SMOD	/	/	/	GF1	GF0	PD	IDL

图 5.11　电源及波特率选择寄存器 PCON

各位的含义参见附录 B。

3) 中断允许寄存器 IE

中断允许寄存器在第 4 章中已阐述，其中 ES 位与串行口有关，如图 5.12 所示。ES 为串行中断允许控制位，ES=1 允许串行中断，ES=0，禁止串行中断。

位地址	AFH	AEH	ADH	ACH	ABH	AAH	A9H	A8H
IE	EA	/	/	ES	ET1	EX1	ET0	EX0

图 5.12　中断允许寄存器 IE

其他位的含义参见附录 B。

5.2　串行通信接口的工作方式

根据 SCON 中的 SM1、SM0 位的状态组合，串行口有 4 种工作方式。其中，方式 0 主要用于扩展并行 I/O 口，方式 1、2、3 则主要用于串行通信。在串行通信中，收发双方对传送的数据速率即波特率要有一定的约定。在串行口的 4 种工作方式中，方式 0 和方式 2 的波特率是固定的，方式 1 和方式 3 的波特率可变，由定时器 T1 的溢出率决定。

5.2.1 工作方式 0

在工作方式 0 下，串行通信接口的内部结构相当于一个 8 位的同步移位寄存器，引脚 RXD(P3.0)固定为串行数据的输入或输出端，引脚 TXD(P3.1)固定为同步移位脉冲的输出端。串行数据的发送和接收格式以一个字节为一组。其发送顺序为低位先发，高位后发。其接收顺序为低位先收，高位后收。

1. 发送

当一个数据写入串行口发送缓冲器 SBUF 时，串行口将 8 位数据以 $f_{osc}/12$ 的波特率从 RXD 引脚输出(低位在前)，发送完置中断标志 TI 为 1，请求中断。在再次发送数据之前，必须由软件置 TI 为 0。

2. 接收

在满足 REN=1 和 RI=0 的条件下，串行口即开始从 RXD 端以 $f_{osc}/12$ 的波特率输入数据(低位在前)，当接收完 8 位数据后，置中断标志 RI 为 1，请求中断。在再次接收数据之前，必须由软件置 RI 为 0。

总结提高

在工作方式 0 中，SCON 中的 TB8 位和 RB8 位未用；SM2 必须为 0；借助于外接的移位寄存器，可方便地实现单片机 I/O 端口的扩展，即由串入并出移位寄存器(如 74LS164、CD4094 等)来扩展输出端口，由并入串出移位寄存器(如 74165、CD4014 等)来扩展输入端口。

3. 波特率

工作方式 0 的波特率为固定值，恒等于振荡器频率 f_{osc} 的 1/12，即

$$BPS_0 = f_{osc}/12$$

例 5.1 用 8 位串入并出移位寄存器 74LS164 通过串行通信接口扩展单片机的输出端口，电路如图 5.13 所示，其中 LED 灯 D1～D8 采用共阳极连接方式。试编写程序完成以下功能。

(1) D8→D1 流水两次。

(2) D1→D8 流水两次。

(3) D1～D8 闪烁两次。

(4) 重复步骤(1)～(3)。

1. 分析建模

根据题意，应将单片机串行通信接口设置为工作方式 0。

流水、闪烁均需要延时，因此应设计延时子程序。

因亮灯模式较复杂，宜将所有显示数据表格化，然后采用查表方式读取数据。

采用查询方式发送数据，即将待传送的数据送 SBUF 后，查询 TI 的值是否为 1：若为 1 则表示数据已发送完毕，清零 TI 并准备下一个待发送数据；若为 0 则等待。

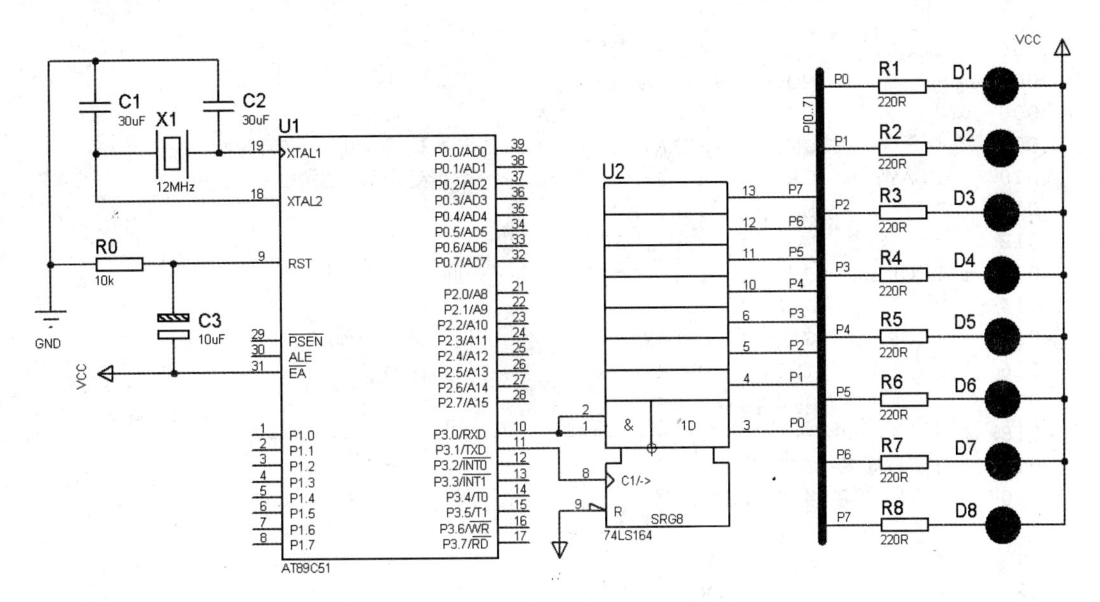

图 5.13 串行通信接口用于扩展输出端口

课外阅读

查阅相关书籍，了解 74LS164 的工作原理。

2. 画流程图

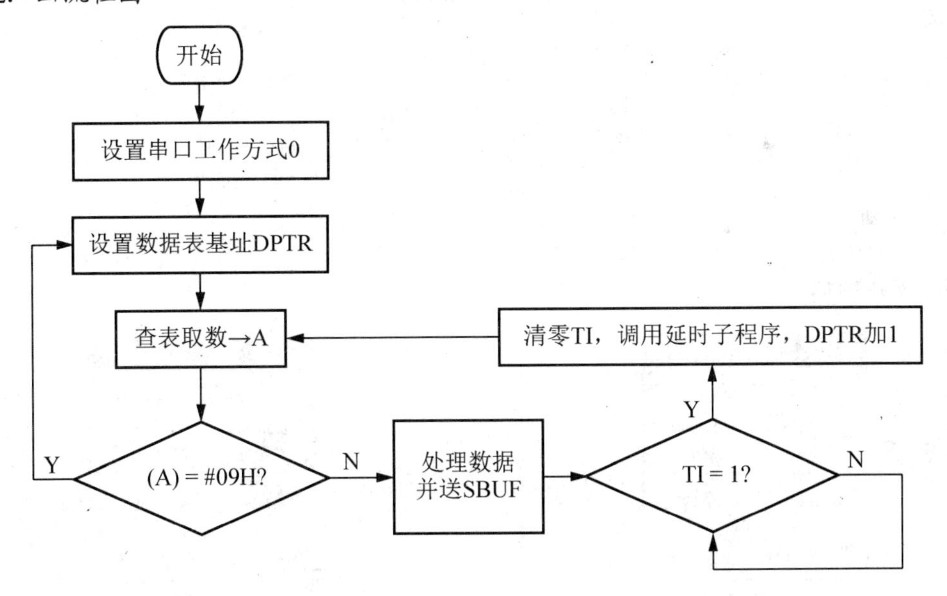

3. 编写代码

```
001                 ORG      0000H
002                 LJMP     MAIN
003                 ORG      0070H
004     MAIN:       MOV      SCON, #00H         ;串口采用工作方式0
005     START:      MOV      DPTR, #TABLE       ;查表取数
```

```
006     LOOP:     CLR     A
007               MOVC    A, @A+DPTR
008               CJNE    A, #09, PLAY
009               JMP     START                 ;若数据等于09，重新开始
010     PLAY:     CPL     A                     ;数据处理后送SBUF
011               MOV     30H, A
012               MOV     SBUF, 30H
013     LOOP1:    JBC     TI, LOOP2             ;判断发送中断标志位
014               JMP     LOOP1
015     LOOP2:    CALL    DELAY                 ;调用延时子程序
016               INC     DPTR                  ;表指针加1
017               JMP     LOOP
018     ;-----------------------------------------------------------------
019     ;子程序名：DELAY
020     ;程序功能：延时约 65ms
021     ;-----------------------------------------------------------------
022     DELAY:    MOV     R5, #255
023     D3:       MOV     R2, #255
024     D4:       DJNZ    R2, D4
025               DJNZ    R5, D3
026               RET
027     ;数据表
028     TABLE:    DB      01H, 02H, 04H, 08H         ;D8→D1流水
029               DB      10H, 20H, 40H, 80H
030               DB      01H, 02H, 04H, 08H         ;D8→D1流水
031               DB      10H, 20H, 40H, 80H
032               DB      80H, 40H, 20H, 10H         ;D1→D8流水
033               DB      08H, 04H, 02H, 01H
034               DB      80H, 40H, 20H, 10H         ;D1→D8流水
035               DB      08H, 04H, 02H, 01H
036               DB      00H, 0FFH, 00H, 0FFH       ;D1～D8闪烁两次
037               DB      09H                        ;循环标志
038
039               END
```

4. 仿真调试

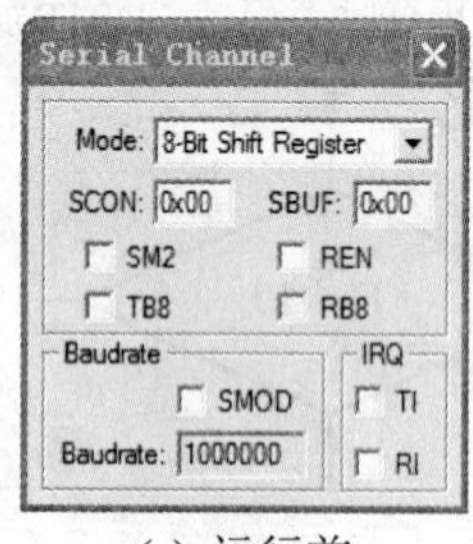

(a) 运行前

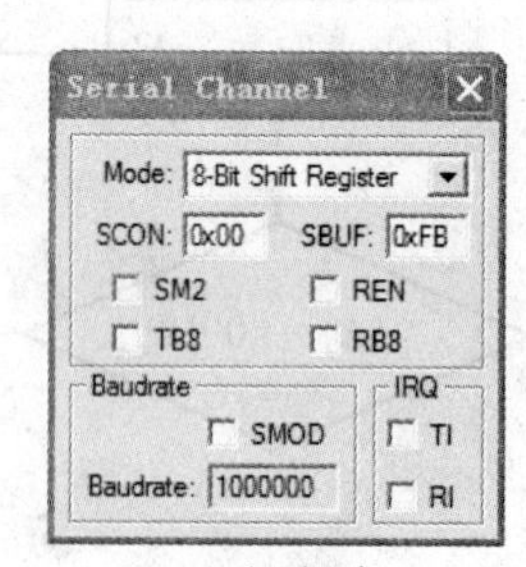

(b) 运行中

图 5.14　串口仿真对话框

(1) 在 Keil μ Vision4 中单击 按钮进入仿真调试状态。

(2) 执行菜单命令 Peripherals→Serial 打开串行通道仿真对话框 Serial Channel，如图 5.14(a)所示。

(3) 单击 Run (F5) Start code execution 按钮，可以观察到 Serial Channel 对话框中 SBUF 数值的变化，如图 5.14(b)所示。

(4) 在 Proteus ISIS 中打开或画出图 5.13 所示电路，将在 Keil μ Vision4 中产生的 HEX 文件装入 AT89C51，运行并查看效果。

5.2.2　串行通信接口工作方式 1

在工作方式 1 下，串行口的内部结构相当于一个波特率可调的 10 位通用异步串行通信接口：使用 RXD(P3.0)引脚作为串行数据输入线，使用 TXD(P3.1)引脚作为串行数据输出线。10 位字符帧由 1 位起始位(低电平 0)、8 位数据位和 1 位停止位(高电平 1)组成，如图 5.15 所示。

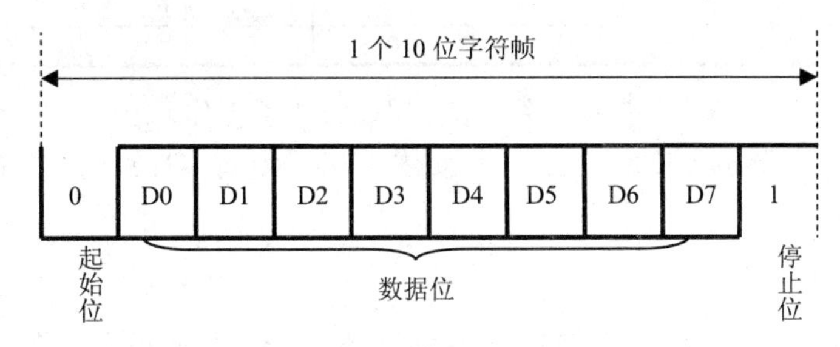

图 5.15　10 位字符帧格式

1. 发送

发送时，数据从 TXD 输出，当数据写入发送缓冲器 SBUF 后，启动发送器发送。当发送完一帧数据后，置中断标志 TI 为 1。

2. 接收

接收时，需先将 REN 置 1，即允许串行口接收数据。串行口采样 RXD，当由 1～0 跳变时，确认是起始位“0”后，就开始接收一帧数据。当 RI=0 且停止位为 1 或 SM2=0 时，停止位进入 RB8 位，同时置中断标志 RI；否则信息将丢失。所以，以方式 1 接收时，应先用软件清除 RI 或 SM2 标志。

3. 波特率

工作方式 1 的波特率是可变的，其值由定时器 T1 的溢出率和特殊功能寄存器 PCON 中的 SMOD 共同决定。定时器 T1 的溢出率是指 T1 在 1s 内的溢出次数，与振荡器频率 f_{osc}、定时器初值 x 以及定时器的工作方式有关；SMOD 的值只能是 0 或 1，计算公式为

$$BPS_1 = \frac{2^{SMOD}}{32} \times \frac{f_{osc}}{12 \times \left(2^k - x\right)}$$

式中，k 由定时器工作方式决定：方式 0，$k=13$；方式 1，$k=16$；方式 2、3，$k=8$；SMOD 为特殊功能寄存器 PCON 的第 7 位。实际上，当定时器 T1 作为波特率发生器使用时，通常是工作在方式 2。表 5-2 列出了各种常用的波特率及获得办法。

表 5-2 定时器 T1 产生的常用波特率

波特率(b/s)	f_{osc}(MHz)	SMOD	定时器 T1		
			$C/\overline{T}$	工作方式	初始值(X)
方式 0：1M	12	×	×	×	×
方式 2：375×10^3	12	1	×	×	×
方式 1、3：62.5×10^3	12	1	0	2	FFH
19.2×10^3	11.0592	1	0	2	FDH
9.6×10^3	11.0592	0	0	2	FDH
4.8×10^3	11.0592	0	0	2	FAH
2.4×10^3	11.0592	0	0	2	F4H
1.2×10^3	11.0592	0	0	2	E8H
110	6	0	0	2	72H
110	12	0	0	1	FEEBH

例 5.2 设单片机采用 12MHz 晶振频率，串行口以方式 1 工作，定时器/计数器 1 工作于定时器方式 2 作为其波特率发生器，波特率选定为 1200b/s。试编程实现单片机从串行口输出 26 个英文小写字母。

1. 分析建模

根据题意，相关特殊功能寄存器的值分别为：TMOD=#20H，TH1=TL1=#0E6H，PCON=#00H，SCON=#40H。

26 个英文小写字母在 ASCII 表中是连续排列的，其中 a 的 ASCII 码值为#61H。

采用查询方式发送数据，即将待传送的数据送 SBUF 后，查询 TI 的值是否为 1：若为 1 则表示数据已发送完毕，清零 TI 并准备下一个待发送数据；若为 0 则等待。

2. 画流程图

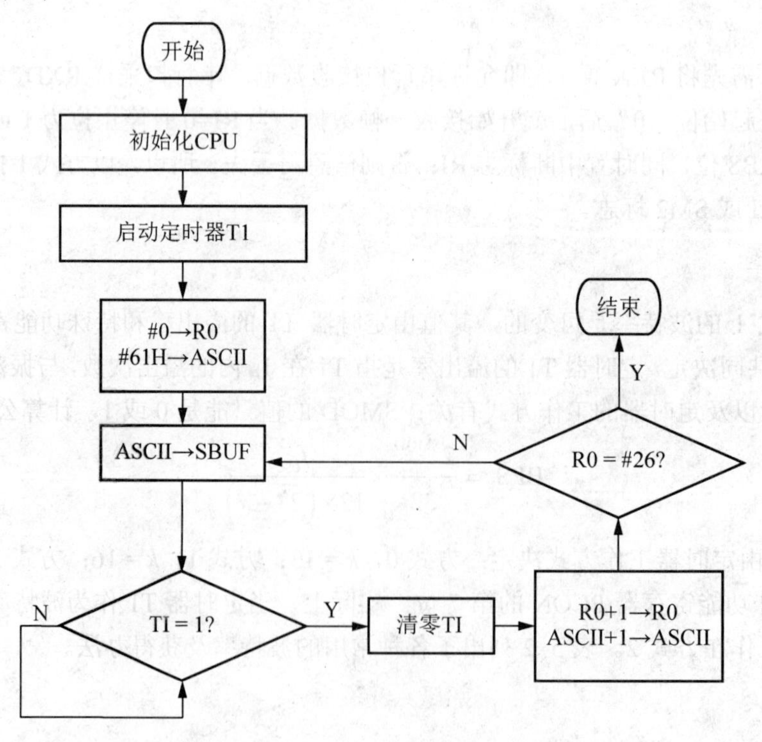

3. 编写代码

```
001    ASCII    EQU     40H
002             ORG     0000H
003             LJMP    MAIN
004             ORG     0070H
005    MAIN:    MOV     SP, #60H           ;设栈指针
006             MOV     TMOD, #20H         ;设T1为方式2，作定时器使用
007             MOV     TL1, #0E6H         ;设波特率为1200b/s
008             MOV     TH1, #0E6H         ;设置重置值
009             MOV     PCON, #00H         ;SMOD=0，波特率不倍增
010             SETB    TR1                ;启动T1运行
011             MOV     SCON, #40H         ;设串行口为工作方式1，关接收
012
013    LOP:     MOV     R0, #0             ;初始化计数器
014             MOV     ASCII, #61H        ;字母a的ASCII码值
015    LOOP:    MOV     SBUF, ASCII        ;准备发送字符"a"
016    WAIT:    JBC     TI, NEXT
017             SJMP    WAIT
018    NEXT:    INC     ASCII              ;ASCII码值
019             INC     R0                 ;计数器加1
020             CJNE    R0, #26, LOOP
021
022             END
```

4. 仿真调试

(1) 在 Keil μ Vision4 中单击按钮进入仿真调试状态。

(2) 执行菜单命令 Peripherals→Serial 打开串行通道仿真对话框 Serial Channel；单击按钮打开串行对话框 UART #1，如图 5.16(a)所示。

(3) 单击按钮，可以在 Serial Channel 对话框中观察到各个特殊功能寄存器数值的变化，在 UART #1 对话框中观察到输出结果，如图 5.16(b)所示。

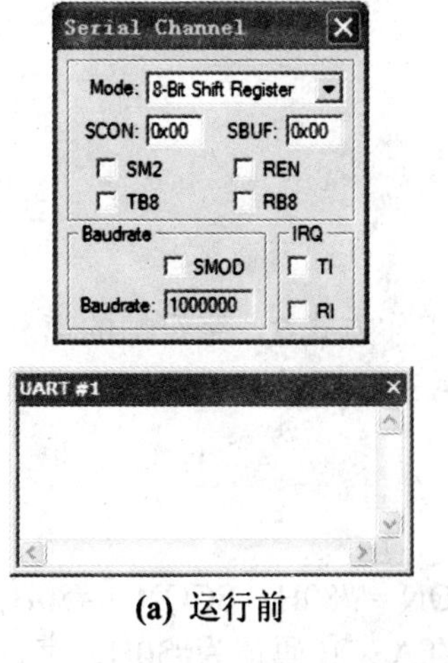

(a) 运行前

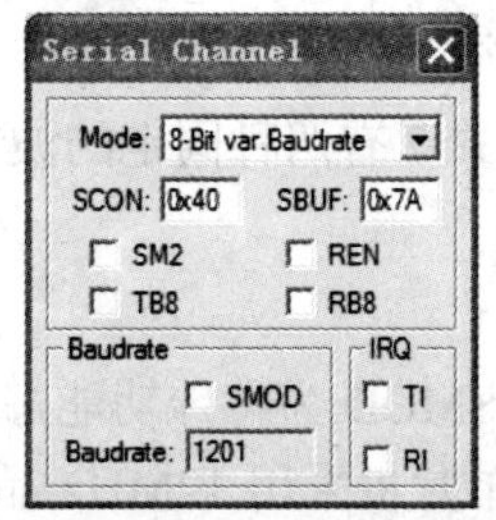

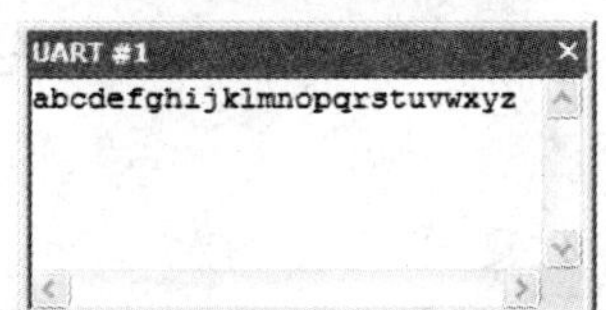

(b) 运行后

图 5.16　串口仿真对话框

5.2.3 串行通信接口工作方式2、3

在工作方式2下，串行口的内部结构相当于一个11位UART，波特率与SMOD有关。11位字符帧由1位起始位(低电平0)、8位数据位、1位可编程位(用于奇偶校验)和1位停止位(高电平1)组成，如图5.17所示。

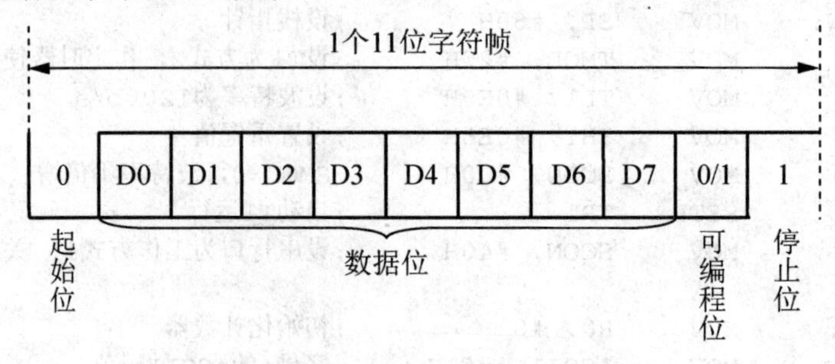

图5.17　11位字符帧格式

1. 发送

发送时，先根据通信协议由软件设置TB8，然后将要发送的数据写入SBUF，则启动发送器。写SBUF时，除了将8位数据送入SBUF外，同时还将TB8装入发送移位寄存器的第9位，并通知发送控制器进行一次发送。在送完一帧信息后，TI被自动置1，在发送下一帧信息之前，TI必须由中断服务程序或查询程序清零。

2. 接收

当REN=1时，允许串行口接收数据。数据由RXD端输入，接收11位的信息。当接收器采样到RXD端的负跳变，并判断起始位有效后，开始接收一帧信息。当接收器接收到第9位数据后，若同时满足以下两个条件：RI=0、SM2=0或接收到的第9位数据为1，则接收数据有效，8位数据送入SBUF，第9位送入RB8，并置RI=1。若不满足上述两个条件，则信息丢失，即接收无效。

3. 波特率

工作方式2有两种固定的波特率值可选，即

$$BPS_2 = \frac{2^{SMOD}}{64} \times f_{osc}$$

式中，SMOD为特殊功能寄存器PCON的第7位。

例5.3　设单片机采用12MHz晶振频率，串行口选择工作方式2，字符帧的第9位用作奇偶校验位。试编写发送程序，将字符0～9、A～F的ASCII码值从串行口上发送出去，采用偶校验。

1. 分析建模

根据题意，相关特殊功能寄存器的值分别为：PCON = #80H，SCON = #80H。

字符0～9在ASCII表中是连续排列的，其中0的ASCII码值为#30H；字符A～F在ASCII表中是连续排列的，其中A的ASCII码值为#41H。所有字符的ASCII码值以表格的形式定义，采用查表方式读取。

采用查询方式发送数据，即将待传送的数据送 SBUF 后，查询 TI 的值是否为 1：若为 1 则表示数据已发送完毕，清零 TI 并准备下一个待发送数据；若为 0 则等待。

2. 画流程图

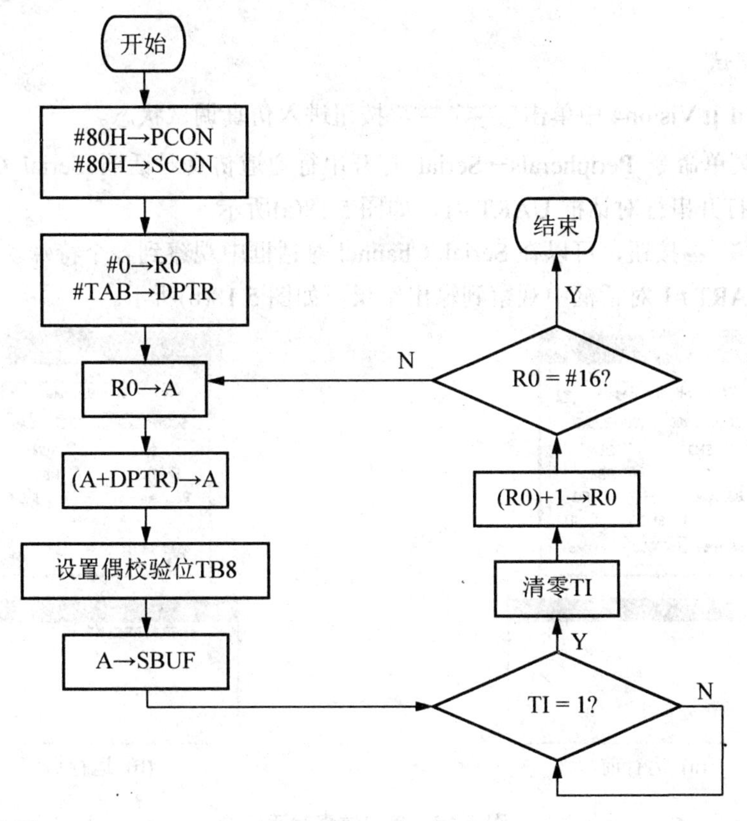

3. 编写代码

```
001              ORG     0000H
002              LJMP    MAIN
003              ORG     0070H
004     MAIN:    MOV     SP, #60H          ;设栈指针
005              MOV     PCON, #80H        ;SMOD=1, 波特率倍增
006              MOV     SCON, #80H        ;设串行口为工作方式2, 关接收
007
008              MOV     R0, #0            ;初始化计数器
009              MOV     DPTR, #TAB        ;初始化数据指针
010     LP:      MOV     A, R0
011              MOVC    A, @A+DPTR        ;查表取数
012              JB      P, LOP
013              CLR     TB8
014              SJMP    LOOP
015     LOP:     SETB    TB8               ;置偶校验位
016     LOOP:    MOV     SBUF, A           ;启动发送
017     WAIT:    JBC     TI, NEXT          ;等待发送结束
018              SJMP    WAIT
019     NEXT:    INC     R0                ;计数器加1
020              CJNE    R0, #16, LP
```

```
021      ;数据表
022      TAB:     DB      30H, 31H,32H,33H, 34H,35H,36H,37H,38H,39H;字符0～9
023               DB      41H, 42H,43H, 44H, 45H, 46H                 ;字符A～F
024
025               END
```

4. 仿真调试

(1) 在 Keil μ Vision4 中单击 Start/Stop Debug Session (Ctrl+F5) 按钮进入仿真调试状态。

(2) 执行菜单命令 Peripherals→Serial 打开串行通道仿真对话框 Serial Channel；单击 Serial Windows 按钮打开串行对话框 UART #1，如图 5.18(a)所示。

(3) 单击 Run (F5) 按钮，可以在 Serial Channel 对话框中观察到各个特殊功能寄存器数值的变化，在 UART #1 对话框中观察到输出结果，如图 5.18(b)所示。

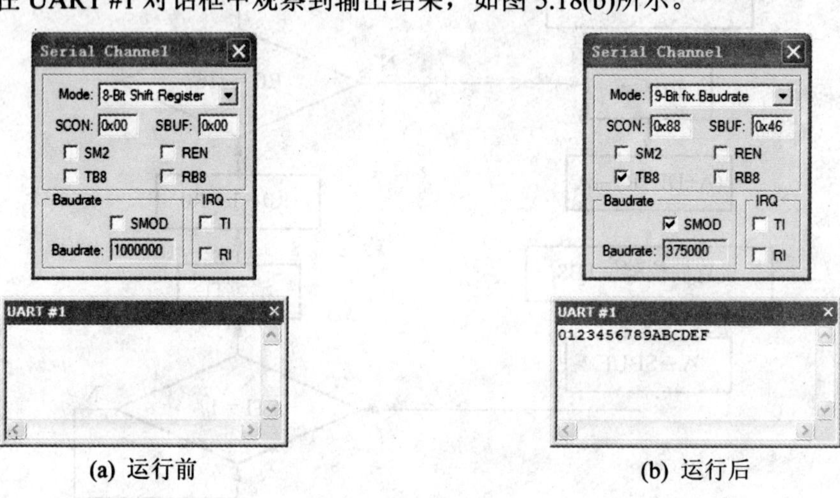

(a) 运行前　　　　　(b) 运行后

图 5.18　串口仿真对话框

工作方式 3 为波特率可变的 11 位 UART 通信方式，其发送、接收过程与工作方式 2 完全相同；其波特率的计算与工作方式 1 完全相同。

5.3　串行通信接口应用

在数据处理和过程控制应用领域，通常需要单片机与单片机之间、单片机与 PC 之间进行通信，本节主要介绍单片机之间的通信。

如果 51 系列单片机应用系统距离较近，将它们的串行口直接相连，就可以实现双机或多机之间的串行通信，如图 5.19 所示。多机通信通常采用主从方式，即用一个单片机作主机，而其他单片机作从机，主机发送的信息可以传送到各个从机或指定的从机，各从机发送的信息只能被主机接收，从机与从机之间不能进行通信。

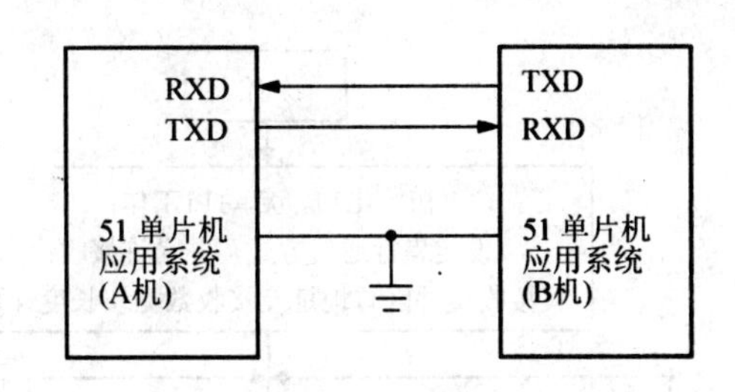

(a) 短距离的双机通信连接示意图

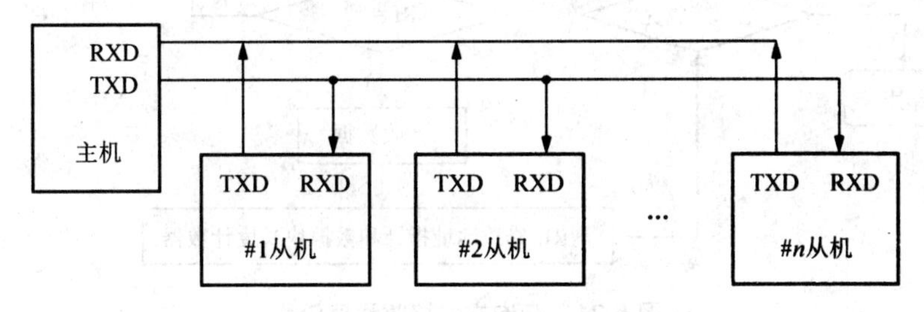

(b) 短距离的多机通信连接示意图

图 5.19　单片机之间的串行通信

5.3.1　串行通信接口的编程方式

单片机串行通信接口的编程方式有两种：查询方式、中断方式。查询方式是指通过指令查询标志位 TI 和 RI，从而判断一帧数据是否发送或接收完毕；中断方式是指以 TI 和 RI 作为中断请求标志位，TI=1 或 RI=1 均可引发中断。

特别提示

标志位 TI 和 RI 是硬件自动置 1，需用软件清零。

采用查询方式编写串行通信发送程序、接收程序的流程分别如图 5.20、图 5.21 所示。

采用中断方式编写串行通信发送程序、接收程序的流程分别如图 5.22、图 5.23 所示。

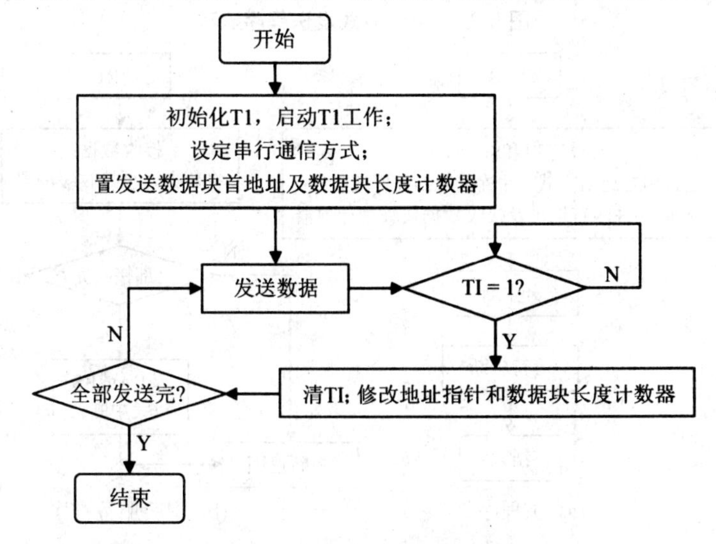

图 5.20　查询方式发送程序流程

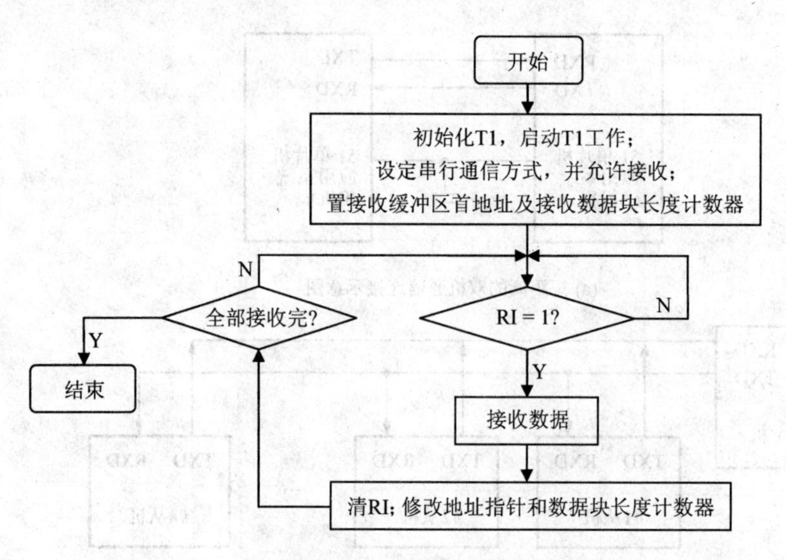

图 5.21　查询方式接收程序流程

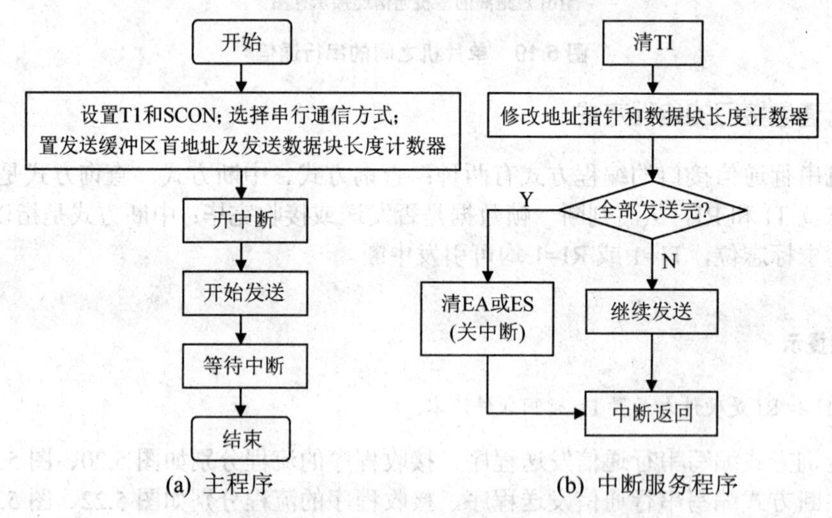

图 5.22　中断方式发送程序流程

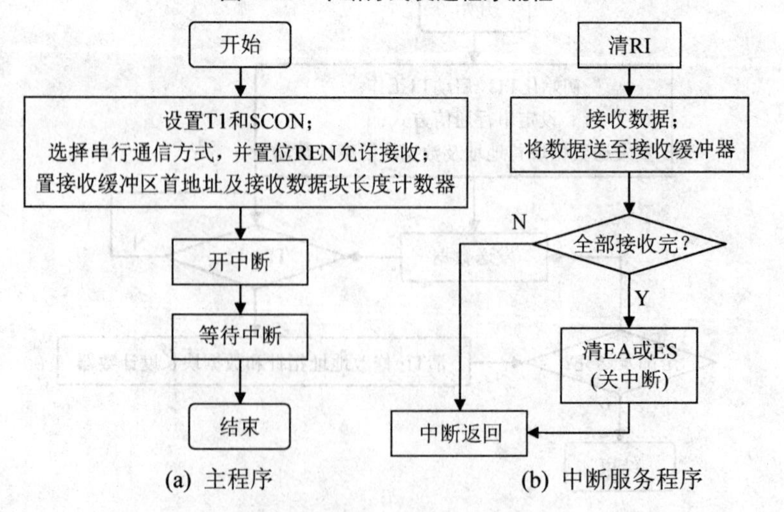

图 5.23　中断方式接收程序流程

5.3.2　单片机之间的双机串行通信

电路如图 5.24 所示，单片机 U1、U2 互为发送方、接收方。在 U1 的 P1 口连接的是 4 行 3 列的矩阵键盘 U8；P0 口连接的是数码管 U4，用于显示 U1 中待发送的数据；P2 口连接的是数码管 U5，用于显示 U1 所收到的数据。在 U2 的 P1 口连接的是 4 行 3 列的矩阵键盘 U9；P0 口连接的是数码管 U6，用于显示 U2 中待发送的数据；P2 口连接的是数码管 U7，用于显示 U2 所收到的数据。

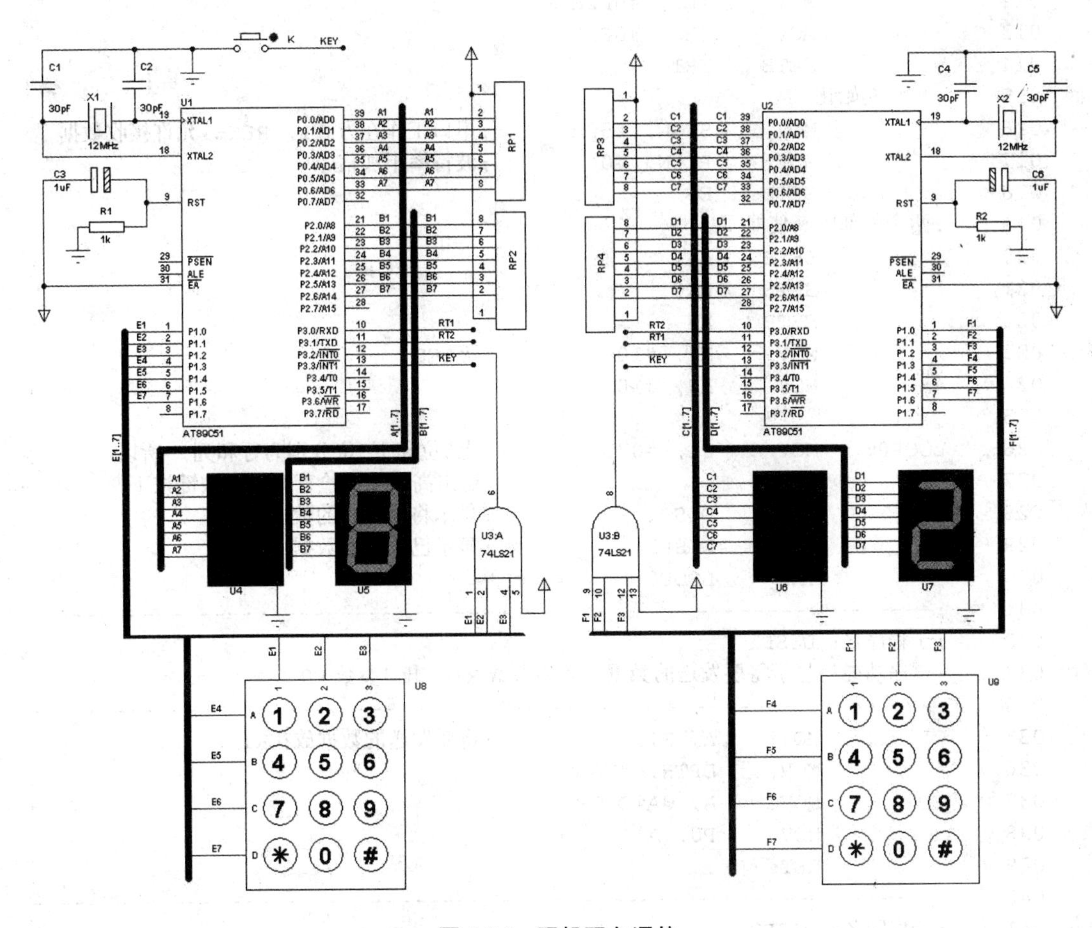

图 5.24　双机双向通信

具体要求如下。

(1) 开机时，数码管 U4、U5、U6、U7 均无显示。

(2) 通过矩阵键盘 U8，可设置单片机 U1 中待发送的数据，显示在数码管 U4 上。

(3) 通过矩阵键盘 U9，可设置单片机 U2 中待发送的数据，显示在数码管 U6 上。

(4) 按下按键 K，U1、U2 双向发送数据，接收的数据分别显示在数码管 U5、U7 上。此时，U4、U7 上显示的数据是一致的，U5、U6 上显示的数据也是一致的。

参考程序如下：

```
001            ORG     0000H
002            LJMP    START          ;主程序
```

```
003              ORG     0003H
004              LJMP    KSCAN              ;外部中断 0 服务程序
005              ORG     0013H
006              LJMP    SENT               ;外部中断 1 服务程序
007              ORG     0023H
008              LJMP    RECV               ;串口中断服务程序
009     START:
010     ;定时器初始化
011              MOV     TMOD, #20H         ;设置定时器1工作在方式2
012              MOV     TL1, #0F2H
013              MOV     TH1, #0F2H
014              SETB    TR1
015     ;串口初始化
016              MOV     SCON, #50H         ;串口工作在方式1, REN=1允许接收数据
017              MOV     PCON, #0           ;波特率不加倍
018              SETB    ES
019     ;两个外部中断使能
020              SETB    EX1
021              SETB    EX0
022              SETB    EA
023              MOV     R1, #10            ;灭LED
024              MOV     R2, #10
025
026     LOOP0:   MOV     P1, #07H           ;上5位和下3位分别为行和列, 所以
027                                          送出高低电压检查有没有按键按下
028              CALL    DISP1              ;显示将要发送的数据
029              CALL    DISP2              ;显示已收到的数据
030              JMP     LOOP0
031     ;-------------------------------------------------------------
032     ;子程序名: DISP1
033     ;程序功能: 显示将要发送的数据。入口参数 R1, 出口参数 P0
034     ;-------------------------------------------------------------
035     DISP1:   MOV     A, R1              ;将要发送的数据放在R1
036              MOV     DPTR, #TAB
037              MOVC    A, @A+DPTR
038              MOV     P0, A
039              RET
040     ;-------------------------------------------------------------
041     ;子程序名: DISP2
042     ;程序功能: 显示已收到的数据。入口参数 R2, 出口参数 P2
043     ;-------------------------------------------------------------
044     DISP2:   MOV     A, R2              ;接收的数据放在R2
045              MOV     DPTR, #TAB
046              MOVC    A, @A+DPTR
047              MOV     P2, A
048              RET
049     ;显示用段码表(0～9)
050     TAB:     DB      3FH, 06H, 5BH, 4FH, 66H
051              DB      6DH, 7DH, 07H, 7FH, 6FH
052              DB      00H
053     ;-------------------------------------------------------------
```

```
054     ;子程序名：KSCAN
055     ;程序功能：键盘扫描，外部中断 0 服务程序。出口参数 R1
056     ;------------------------------------------------------------------
057     KSCAN:   CALL    DELAY               ;去抖动延时
058     K10:     JB      P1.0, K20           ;第一列的扫描
059     K11:     MOV     P1, #11110111B
060              JB      P1.0, K12
061              MOV     R1, #1
062     K12:     MOV     P1, #11101111B
063              JB      P1.0, K13
064              MOV     R1, #4
065     K13:     MOV     P1, #11011111B
066              JB      P1.0, K14
067              MOV     R1, #7
068     K14:     MOV     P1, #10111111B
069              JB      P1.0, KEND          ;有按键，跳到结尾
070              JMP     KEND
071     K20:     JB      P1.1, K30           ;第二列的扫描
072     K21:     MOV     P1, #11110111B
073              JB      P1.1, K22
074              MOV     R1, #2
075     K22:     MOV     P1, #11101111B
076              JB      P1.1, K23
077              MOV     R1, #5
078     K23:     MOV     P1, #11011111B
079              JB      P1.1, K24
080              MOV     R1, #8
081     K24:     MOV     P1, #10111111B
082              JB      P1.1, KEND
083              MOV     R1, #0
084              JMP     KEND                ;有按键，跳到结尾
085     K30:     JB      P1.2, KEND          ;第三列的扫描
086     K31:     MOV     P1, #11110111B
087              JB      P1.2, K32
088              MOV     R1, #3
089     K32:     MOV     P1, #11101111B
090              JB      P1.2, K33
091              MOV     R1, #6
092     K33:     MOV     P1, #11011111B
093              JB      P1.2, K34
094              MOV     R1, #9
095     K34:     MOV     P1, #10111111B
096              JB      P1.2, KEND
097     KEND:    RETI
098     ;------------------------------------------------------------------
099     ;子程序名：SENT
100     ;程序功能：发送数据，外部中断 1 服务程序。入口参数 R1，出口参数 SBUF
101     ;------------------------------------------------------------------
102     SENT:    CLR     ES                  ;屏蔽因为发送完产生的中断
103              MOV     A, R1
104              MOV     SBUF, A
```

```
105              JNB     TI, $
106              CLR     TI
107              SETB    ES
108              RETI
109      ;-----------------------------------------------------------------------
110      ;子程序名：RECV
111      ;程序功能：接收数据，串口中断服务程序。入口参数 SBUF，出口参数 R2
112      ;-----------------------------------------------------------------------
113      RECV:    CLR     RI
114               MOV     A, SBUF
115               MOV     R2, A
116               RETI
117      ;-----------------------------------------------------------------------
118      ;子程序名：DELAY
119      ;程序功能：延时
120      ;-----------------------------------------------------------------------
121      DELAY:   MOV     R4, #0FH
122      LOOP2:   MOV     R5, #0FFH
123      LOOP4:   DJNZ    R5, LOOP4
124               DJNZ    R4, LOOP2
125               RET
126
127               END
```

5.3.3 单片机之间的多机串行通信

当 51 系列单片机的串行通信口工作在方式 2 或方式 3 时，通过置位 SM2=1，可以实现多机通信。

1. 多机通信原理

主机在给从机发送数据之前，先要发送出接收从机的地址，称为地址帧。所有的从机都会收到这个地址帧，但是只有地址编号与地址帧相同的从机才会向主机发出自己的地址供主机核对。主机核对无误以后才开始发送数据帧，如果核对有误，主机就重新发送地址帧。

2. 通信过程

(1) 主机与所有的从机都初始化为方式 2 或初始化为方式 3，置 SM2=1。

(2) 主机置 TB8=1，发送要寻址的从机地址。

(3) 所有从机均接收到主机发出的地址帧，并将接收到的地址帧与本机地址作比较。

(4) 被寻址的从机确认地址后，置本机 SM2=0，向主机返回本机地址，供主机核对；若不是被寻址的从机，则 SM2=1，保持不变。

(5) 主机收到被寻址的从机发出的地址后，核对无误后，启动数据发送。

(6) 通信只能在主机与从机之间进行，从机之间必须通过主机的中介作用才能进行通信。

(7) 通信结束后，主从机重新将 SM2 置 1，主机可以进行下一次通信的寻址。

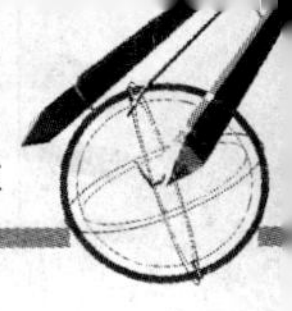

3. 硬件电路及功能要求

三机通信的硬件电路如图 5.25 所示(注意：电路中省略了时钟电路、复位电路，在仿真调试时应予以补上)，要求编程实现以下功能。

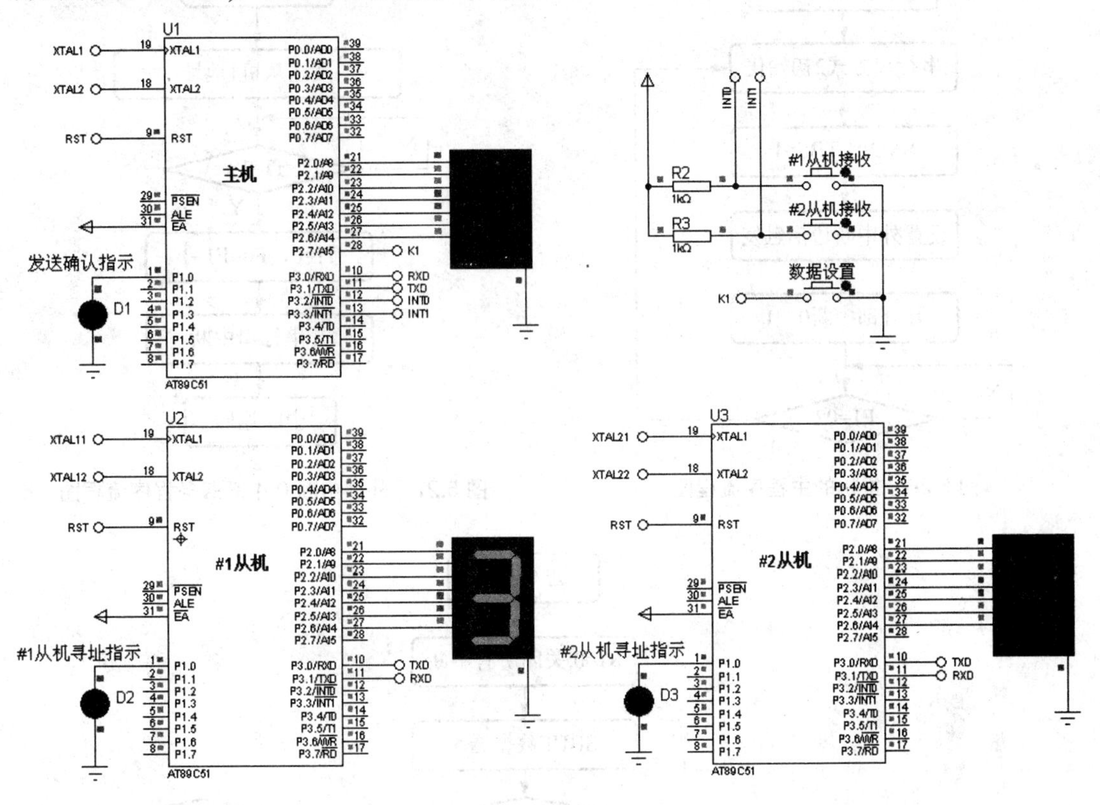

图 5.25　三机通信电路

(1) 主机读入 P2 开关状态作为向从机发送的数据。

(2) 若“#1 从机接收”开关闭合则#1 从机接收主机发送的数据，并将数据通过#1 从机的 P2 口输出送显。

(3) 若“#2 从机接收”开关闭合则#2 从机接收主机发送的数据，并将数据通过#2 从机的 P2 口输出送显。

(4) 当从机接收到与本机相同的地址寻址时，各自 P1.0 引脚外接的 LED 发光二极管闪烁提示。

(5) 要求主机在发送数据之前必须认证从机发回的地址。

4. 主机程序设计

按照前面的通信过程描述，主机要先发送寻址帧，然后接收被寻址的从机发回的从机地址帧，经过核对无误后再发送数据。根据硬件电路图，采用 3 个中断来实现，分别是：外部中断 0、外部中断 1 和串行口中断。

主机的主程序流程图、外部中断 0 中断服务程序流程图、外部中断 1 中断服务程序流程图、串行口中断服务程序流程图分别如图 5.26、图 5.27、图 5.28、图 5.29 所示。

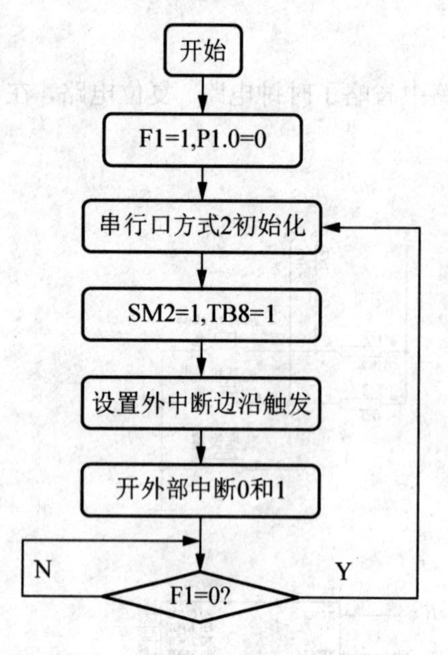

图 5.26　主机的主程序流程图

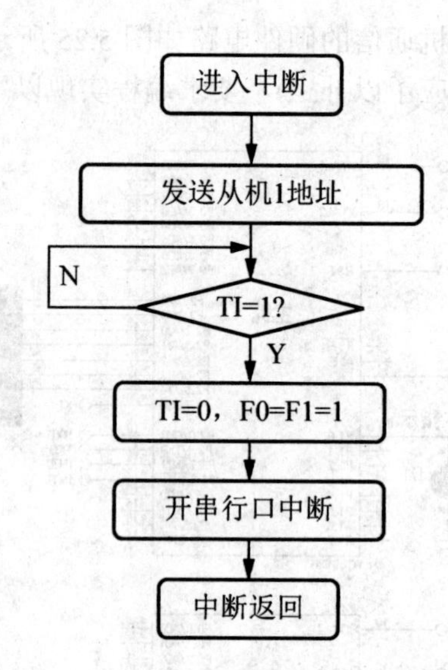

图 5.27　外部中断 0 中断服务程序流程图

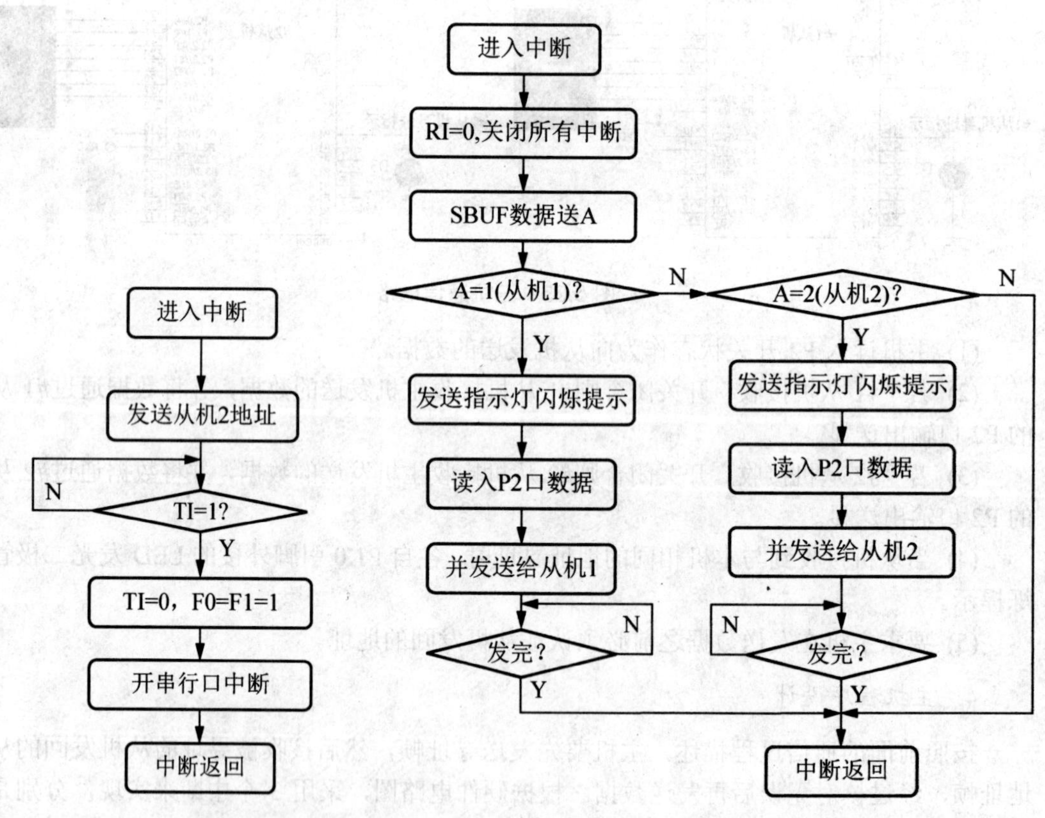

图 5.28　外部中断 1 中断服务程序流程图

图 5.29　串行口中断服务程序流程图

主机参考程序代码：

```
001     ;变量定义
002     F1          BIT      00H
003     NUMX        EQU      40H                ;主机数据
004     K1          BIT      P2.7               ;数据设置
005     ;主程序
006                 ORG      0000H
007                 LJMP     MAIN               ;转主程序
008                 ORG      0003H
009                 LJMP     No1                ;转外部中断 0 服务程序
010                 ORG      0013H
011                 LJMP     No2                ;转外部中断 1 服务程序
012                 ORG      0023H
013                 LJMP     RXTX               ;转串通中断服务程序
014
015                 ORG      0050H
016     MAIN:       SETB     F1                 ;F1=1
017                 CLR      P1.0               ;发送确认指示灯灭
018                 MOV      NUMX, #8           ;数据初值
019     LOOP:       MOV      SCON, #10011000B
020                 SETB     EA
021                 SETB     EX0
022                 SETB     EX1
023                 SETB     IT0
024                 SETB     IT1
025     WAIT:       ACALL    KSD                ;调用主机键盘、显示
026                 JB       F1, WAIT           ;等待发送指令
027                 SJMP     LOOP
028     ;--------------------------------------------------------------------
029     ;子程序名：KSD
030     ;程序功能：主机数据设置 0～9
031     ;--------------------------------------------------------------------
032     KSD:        JNB      K1, HK1            ;有按键
033                 SJMP     NK1
034     HK1:        CALL     DELAY
035                 JB       K1, NK1            ;无按键
036                 MOV      A, NUMX            ;(NUMX+1) MOD 11
037                 ADD      A, #1
038                 MOV      B, #11
039                 DIV      AB
040                 MOV      NUMX, B
041     NK1:        MOV      A, NUMX
042                 MOV      DPTR, #TAB
043                 MOVC     A, @A+DPTR
044                 MOV      P2, A
045                 RET
```

```
046     ;----------------------------------------------------------------
047     ;子程序名：No1
048     ;程序功能：主机外部中断 0 服务程序，准备向#1 从机发送数据
049     ;----------------------------------------------------------------
050     No1:      MOV     A, #1
051               MOV     SBUF, A
052               JNB     TI, $
053               CLR     TI
054               SETB    F0                  ;F0=1
055               SETB    F1                  ;F1=1
056               SETB    ES
057               RETI
058     ;----------------------------------------------------------------
059     ;子程序名：No2
060     ;程序功能：主机外部中断 1 服务程序，准备向#2 从机发送数据
061     ;----------------------------------------------------------------
062     No2:      MOV     A, #2
063               MOV     SBUF, A
064               JNB     TI, $
065               CLR     TI
066               CLR     F0                  ;F0=1
067               SETB    F1                  ;F1=1
068               SETB    ES
069               RETI
070     ;----------------------------------------------------------------
071     ;子程序名：RXTX
072     ;程序功能：主机串口中断服务程序，收发数据
073     ;----------------------------------------------------------------
074     RXTX:     CLR     RI
075               CLR     ES
076               CLR     EX0
077               CLR     EX1
078               MOV     A, SBUF
079               CJNE    A, #1 ,LP
080               JNB     F0, RTURN
081               ACALL   FLASH
082               ACALL   TRANS
083               SJMP    RTURN
084     LP:       CJNE    A, #2, RTURN
085               JB      F0, RTURN
086               ACALL   FLASH
087               ACALL   TRANS
088     RTURN:    CLR     F1                  ;F1=0
089               SETB    EX0
090               SETB    EX1
091               RETI
092     ;----------------------------------------------------------------
```

```
093      ;子程序名：TRANS
094      ;程序功能：主机向从机发送数据
095      ;--------------------------------------------------------------------
096      TRANS:    MOV     A, NUMX
097                MOV     SBUF, A
098                JNB     TI, $
099                CLR     TI
100                RET
101      ;--------------------------------------------------------------------
102      ;子程序名：FLASH
103      ;程序功能：主机发送确认指示灯 D1 闪烁 5 次
104      ;--------------------------------------------------------------------
105      FLASH:    MOV     R7, #5
106      FL1:      SETB    P1.0
107                ACALL   DELAY
108                CLR     P1.0
109                ACALL   DELAY
110                DJNZ    R7, FL1
111                RET
112      ;--------------------------------------------------------------------
113      ;子程序名：DELAY
114      ;程序功能：延时
115      ;--------------------------------------------------------------------
116      DELAY:    MOV     R6, #0FFH
117      DL1:      MOV     R5, #0FFH
118      DL2:      NOP
119                NOP
120                NOP
121                DJNZ    R5, DL2
122                DJNZ    R6, DL1
123                RET
124      ;7 段数码管之段码表
125      TAB:      DB      0BFH, 86H, 0DBH, 0CFH, 0E6H
126                DB      0EDH, 0FDH, 87H, 0FFH, 0EFH
127
128                END
```

5. 从机程序设计

从机先接收主机发出的寻址帧，并与本机的地址作比较，若相同，则使 SM2=0，同时向主机发送确认被寻址的本机的地址供主机核对。为了便于观察实验或者仿真结果，采用确认被寻址的从机闪烁指示。然后确认被寻址的从机等待主机发送数据，并将收到的数据送相应的 I/O 口(如 P2 口)显示。

如果，收到的地址帧与本机地址不同，则从机就继续处于接收地址帧状态，即 SM2=1 保持不变。

1) #1 从机程序设计

#1 从机的主程序流程图、串行口中断服务程序流程图分别如图 5.30、图 5.31 所示。

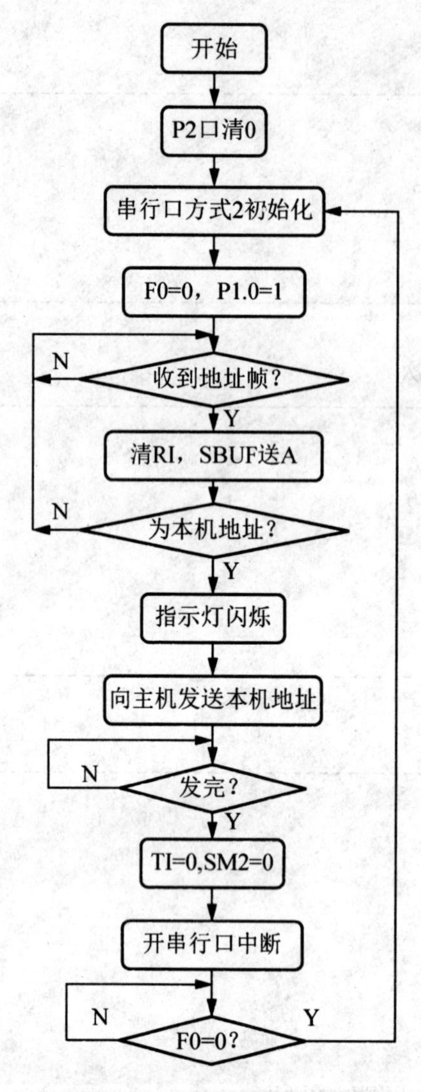

图 5.30 #1 从机主程序流程图

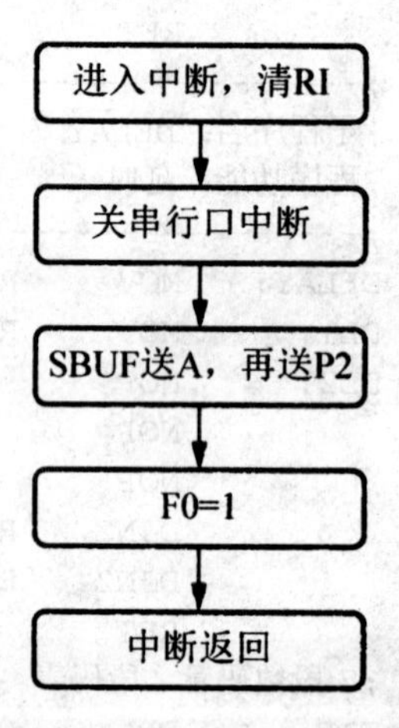

图 5.31 #1 从机串行口中断服务程序流程图

#1 从机参考程序代码：

```
001     ;主程序
002               ORG     0000H
003               SJMP    MAIN              ;转主程序
004               ORG     0023H
005               AJMP    REC               ;转串口中断服务程序
006
007     MAIN:     MOV     P2, #0
008     LOOP:     CLR     F0
009               MOV     SCON, #10110000B
010               CLR     P1.0
011     WAIT:     JNB     RI, $
012               CLR     RI
013               MOV     A, SBUF
014               CJNE    A, #1, WAIT
```

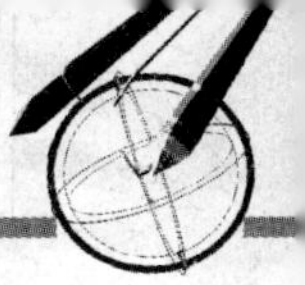

```
015             ACALL   FLASH
016             MOV     A, #1
017             MOV     SBUF, A
018             JNB     TI, $
019             CLR     TI
020             CLR     SM2
021             SETB    EA
022             SETB    ES
023             JNB     F0, $
024             SJMP    LOOP
025     ;----------------------------------------------------------------
026     ;子程序名：REC
027     ;程序功能：#1 从机串口中断服务，接收数据
028     ;----------------------------------------------------------------
029     REC:    CLR     RI
030             CLR     EA
031             MOV     A, SBUF
032             MOV     DPTR, #TAB
033             MOVC    A, @A+DPTR
034             MOV     P2, A
035             SETB    F0
036             RETI
037     ;----------------------------------------------------------------
038     ;子程序名：FLASH
039     ;程序功能：主机外部中断 0 服务程序，准备向#1 从机发送数据
040     ;----------------------------------------------------------------
041     FLASH:  MOV     R7, #5
042     FL1:    SETB    P1.0
043             ACALL   DELAY
044             CLR     P1.0
045             ACALL   DELAY
046             DJNZ    R7, FL1
047             RET
048     ;----------------------------------------------------------------
049     ;子程序名：DELAY
050     ;程序功能：延时
051     ;----------------------------------------------------------------
052     DELAY:  MOV     R6, #0FFH
053     DL1:    MOV     R5, #0FFH
054     DL2:    NOP
055             NOP
056             NOP
057             DJNZ    R5, DL2
058             DJNZ    R6, DL1
059             RET
060     ;7 段数码管之段码表
061     TAB:    DB      0BFH, 86H, 0DBH, 0CFH, 0E6H
062             DB      0EDH, 0FDH, 87H, 0FFH, 0EFH
063
064             END
```

2) #2 从机程序设计

#2 从机的主程序流程图、串行口中断服务程序流程图与#1 从机类似，请读者自行分析绘制。

#2 从机主程序参考代码如下。

```
001   ;主程序
002              ORG     0000H
003              SJMP    MAIN              ;转主程序
004              ORG     0023H
005              AJMP    REC               ;转串口中断服务程序
006
007   MAIN:      MOV     P2, #0
008   LOOP:      CLR     F0
009              MOV     SCON, #10110000B
010              CLR     P1.0
011   WAIT:      JNB     RI, $
012              CLR     RI
013              MOV     A, SBUF
014              CJNE    A, #2,WAIT
015              ACALL   FLASH
016              MOV     A, #2
017              MOV     SBUF, A
018              JNB     TI, $
019              CLR     TI
020              CLR     SM2
021              SETB    EA
022              SETB    ES
023              JNB     F0, $
024              SJMP    LOOP
025   ;------------------------------------------------------------------
026   ;子程序名：REC
027   ;程序功能：#2 从机串口中断服务，接收数据
028   ;------------------------------------------------------------------
029   REC:       CLR     RI
030              CLR     EA
031              MOV     A, SBUF
032              MOV     DPTR, #TAB
033              MOVC    A, @A+DPTR
034              MOV     P2, A
035              SETB    F0
036              RETI
037   ;------------------------------------------------------------------
038   ;子程序名：FLASH
039   ;程序功能：#2 从机寻址指示灯 D3 闪烁 5 次
040   ;------------------------------------------------------------------
041   FLASH:     MOV     R7, #5
042   FL1:       SETB    P1.0
043              ACALL   DELAY
044              CLR     P1.0
045              ACALL   DELAY
```

```
046              DJNZ    R7, FL1
047              RET
048     ;---------------------------------------------------------------
049     ;子程序名: DELAY
050     ;程序功能: 延时
051     ;---------------------------------------------------------------
052     DELAY:   MOV     R6, #0FFH
053     DL1:     MOV     R5, #0FFH
054     DL2:     NOP
055              NOP
056              NOP
057              DJNZ    R5, DL2
058              DJNZ    R6, DL1
059              RET
060     ;7 段数码管之段码表
061     TAB:     DB      0BFH, 86H, 0DBH, 0CFH, 0E6H
062              DB      0EDH, 0FDH, 87H, 0FFH, 0EFH
063
064              END
```

特别提示

#2 从机中的子程序 REC、FLASH、DELAY 以及段码表与#1 从机的完全相同。

6. 仿真调试

(1) 开机，主机数码管显示“8”，#1 从机、#2 从机的数码管无显示。

(2) 用“数据设置”键设置待发送的数据，如“1”。

(3) 单击“#2 从机接收”键，此时可以依次观察到：“#2 从机寻址指示”灯闪烁 5 次，“发送确认指示”灯闪烁 5 次，#2 从机数码管显示“1”。

(4) 重复步骤(2)、(3)，可以向#2 从机发送不同的数据。

特别提示

向#1 从机发送数据的方法与#2 从机的类似。

本 章 小 结

在单片机应用系统中，经常会遇到数据通信的问题，如在单片机与外围设备之间、一个单片机应用系统与另一个单片机应用系统之间、单片机应用系统与 PC 之间的数据传送都离不开通信技术。

两个实体之间的通信有两种基本方式：并行通信和串行通信。按照串行数据的时钟控制方式，串行通信又分为同步通信和异步通信两类。字符帧格式、波特率是异步

通信两类。字符帧格式、波特率是异步通信的两个重要指标。

按照数据传送方向，串行通信可分为单工传送、半双工传送和全双工传送3种制式。

串行通信接口电路的种类和型号很多，能够完成异步通信的硬件电路称为UART(Universal Asychronous Receiver/Transmitter)；即通用异步接收器/发送器；能够完成同步通信的硬件电路称为USRT(Universal Sychronous Receiver/Transmitter)；既能够完成异步又能同步通信的硬件电路称为USART(Universal Sychronous Receiver/Transmitter)。在单片机应用系统中，数据通信主要采用异步串行通信。

51系列单片机内部有一个可编程全双工串行通信接口，它具有UART的全部功能，该接口不仅可以同时进行数据的接收和发送，还可以作为同步移位寄存器使用。该串行口有4种工作方式，帧格式有8位、10位和11位3种，并能设置各种波特率。

51系列单片机为串行口设置了两个特殊功能寄存器：串行口控制寄存器SCON、电源及波特率选择寄存器PCON。

串行通信的编程方式有两种：查询方式和中断方式。在编程中要注意的是，TI和RI两个标志位是以硬件自动置1而以软件清零的。

第 6 章

小型应用系统编程实例

教学提示

通过实例介绍51系列单片机小型应用系统的编程方法，同时让学生掌握几个常用外围芯片（如DS18B20、DS1302、ADC0808等）的使用方法。

教学要求

首先完成实例的仿真调试，然后有选择地将实例转化为实物，通过实物制作使学生掌握单片机应用系统的开发流程，强化学生综合应用所学知识的能力，理解仿真设计与实物制作之间的关系。

项目九　可设置时分秒的数字钟

项目目的

(1) 掌握数码管动态显示的编程方法。
(2) 掌握独立式按键的识别过程。
(3) 掌握“时”、“分”、“秒”数据送显处理方法。
(4) 进一步熟悉定时器中断的编程方法。

项目要求

在 PROTEUS ISIS 中绘制如图 6.1 所示的硬件电路，编程实现下列功能。
(1) 开机显示 12－00－00，并开始计时。
(2) 按“秒”键控制“秒”的调整，每按一次加 1 秒。
(3) 按“分”键控制“分”的调整，每按一次加 1 分。
(4) 按“时”键控制“时”的调整，每按一次加 1 个小时。

项目引入

1. 硬件电路

“可设置时分秒的数字钟”的硬件电路如图 6.1 所示，包括时钟电路、复位电路、键盘电路、显示电路等。时、分、秒调整按键分别接在 P0 口 P0.0、P0.1、P0.2 引脚上；8 位 7 段数码管的段码由 P1 口控制，位码由 P3 口控制。元器件清单见表 6-1。

表 6-1　“可设置时分秒的数字钟”元器件清单

元器件名称	电路中标号	参　数	数　量	Proteus 中的名称
单片机芯片	U1	AT89C51	1	AT89C51
晶体振荡器	X1	12MHz	1	CRYSTAL
瓷片电容	C1，C2	30pF	2	CAP
电解电容	C3	10 μF	1	CAP-ELEC
电阻	R1～R4	10kΩ	4	RES
排阻	RP1		1	RESPACK-8
8 位 7 段数码管		共阴，蓝色	1	7SEG-MPX8-CC-BLUE
按键	时，分，秒		3	BUTTON

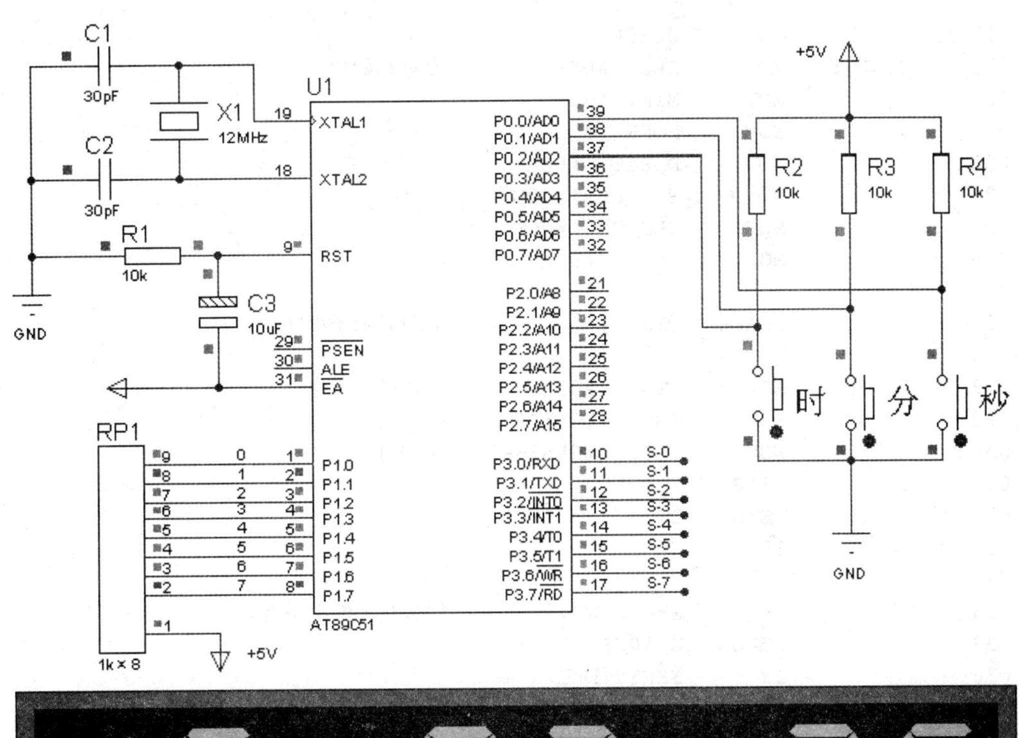

图 6.1 可设置时分秒的数字钟

2. 程序代码

```
001     ;变量定义
002     SEC       EQU    30H             ;秒存放地址
003     MIN       EQU    31H             ;分存放地址
004     HOUR      EQU    32H             ;时存放地址
005     HKEY      BIT    P0.2            ;时设置键
006     MKEY      BIT    P0.1            ;分设置键
007     SKEY      BIT    P0.0            ;秒设置键
008     D_BUF     EQU    40H             ;显示段码数据缓冲
009     D_BIT     EQU    48H             ;显示位码数据缓冲
010     SEC_DA    EQU    49H             ;秒定时
011     SEC_DB    EQU    4AH
012     TEMP      EQU    4BH             ;存放计算中间值
013     ;主程序
014               ORG    0000H
015               LJMP   START
016               ORG    000BH
017               LJMP   INT_T0
```

```
018              ORG     0030H
019    START:    MOV     SEC, #00H             ;变量初始化
020              MOV     MIN, #00H
021              MOV     HOUR, #12
022              MOV     D_BIT, #00H
023              MOV     SEC_DA, #00H
024              MOV     SEC_DB, #00H
025              MOV     TEMP, #0FEH
026
027              LCALL   DISP                  ;调用显示子程序
028
029              MOV     TMOD, #01H            ;单片机初始化
030              MOV     TH0, #(65536-2000) / 256
031              MOV     TL0, #(65536-2000) MOD 256
032              SETB    TR0
033              SETB    ET0
034              SETB    EA
035
036    WT:       JB      SKEY, NK1             ;秒调整，低电平有效
037              LCALL   D_10MS
038              JB      SKEY, NK1
039              INC     SEC
040              MOV     A, SEC
041              CJNE    A, #60, NS60
042              MOV     SEC, #00H
043    NS60:     LCALL   DISP
044              JNB     SKEY, $
045
046    NK1:      JB      MKEY, NK2             ;分调整，低电平有效
047              LCALL   D_10MS
048              JB      MKEY, NK2
049              INC     MIN
050              MOV     A, MIN
051              CJNE    A, #60, NM60
052              MOV     MIN, #00H
053    NM60:     LCALL   DISP
054              JNB     MKEY, $
055
056    NK2:      JB      HKEY, NK3             ;时调整，低电平有效
057              LCALL   D_10MS
058              JB      HKEY, NK3
059              INC     HOUR
060              MOV     A, HOUR
061              CJNE    A, #24, NH24
062              MOV     HOUR, #00H
063    NH24:     LCALL   DISP
064              JNB     HKEY, $
065
066    NK3:      LJMP    WT
067    ;------------------------------------------------------------
068    ;子程序名：D_10MS
```

```
069     ;程序功能：延时，用于按键防抖动
070     ;--------------------------------------------------------------------
071     D_10MS:  MOV     R6, #10
072     D1:      MOV     R7, #248
073              DJNZ    R7, $
074              DJNZ    R6, D1
075              RET
076     ;--------------------------------------------------------------------
077     ;子程序名：DISP
078     ;程序功能：时、分、秒数据处理、送显
079     ;--------------------------------------------------------------------
080     DISP:    MOV     A, #D_BUF
081              ADD     A, #8
082              DEC     A
083              MOV     R1, A
084              MOV     A, HOUR
085              MOV     B, #10
086              DIV     AB
087              MOV     @R1, A
088
089              DEC     R1
090              MOV     A, B
091              MOV     @R1, A
092
093              DEC     R1
094              MOV     A, #10
095              MOV     @R1, A
096
097              DEC     R1
098              MOV     A, MIN
099              MOV     B, #10
100              DIV     AB
123              MOV     @R1, A
124
125              DEC     R1
126              MOV     A, B
127              MOV     @R1, A
128
129              DEC     R1
130              MOV     A, #10
131              MOV     @R1, A
132
133              DEC     R1
134              MOV     A, SEC
135              MOV     B, #10
136              DIV     AB
137              MOV     @R1, A
138
139              DEC     R1
140              MOV     A, B
141              MOV     @R1, A
```

```
142             DEC     R1
143             RET
144     ;----------------------------------------------------------------
145     ;子程序名：INT_T0
146     ;程序功能：定时器 T0 中断服务程序
147     ;----------------------------------------------------------------
148     INT_T0:  MOV     TH0, #(65536-2000)/256
149             MOV     TL0, #(65536-2000) MOD 256
150             MOV     A, #0FFH
151             MOV     P3, A
152
153             MOV     A, #D_BUF           ;取段码，处理，送显
154             ADD     A, D_BIT
155             MOV     R0, A
156             MOV     A, @R0
157             MOV     DPTR, #TABLE
158             MOVC    A, @A+DPTR
159             MOV     P1, A
160
161             MOV     A, D_BIT            ;取位码，送显
162             MOV     DPTR, #TAB
163             MOVC    A, @A+DPTR
164             MOV     P3, A
165
166             INC     D_BIT               ;位码处理
167             MOV     A, D_BIT
168             CJNE    A, #08H, KNA
169             MOV     D_BIT, #00H
170
171     KNA:    INC     SEC_DA              ;秒定时
172             MOV     A, SEC_DA
173             CJNE    A, #100, DONE
174             MOV     SEC_DA, #00H
175             INC     SEC_DB
176             MOV     A, SEC_DB
177             CJNE    A, #05H, DONE
178             MOV     SEC_DB, #00H
179             INC     SEC                 ;正常递进
180             MOV     A, SEC
181             CJNE    A, #60, NEXT
182             MOV     SEC, #00H
183             INC     MIN
184             MOV     A, MIN
185             CJNE    A, #60, NEXT
186             MOV     MIN, #00H
187             INC     HOUR
188             MOV     A, HOUR
189             CJNE    A, #24, NEXT
190             MOV     HOUR, #00H
191     NEXT:   LCALL   DISP                ;调用显示子程序
192     DONE:   RETI
```

```
193     ;------------------------------------------------------------------
194     TABLE:    DB      3FH,06H,5BH,4FH,66H,6DH,7DH,07H,7FH,6FH,40H;段码
195     TAB:      DB      0FEH,0FDH,0FBH,0F7H,0EFH,0DFH,0BFH,07FH;位码
196     ;------------------------------------------------------------------
197               END
```

项目分析

(1) 画出主程序及各子程序的流程图。

(2) 分析独立式按键的识别过程，如何做键盘防抖动处理。

(3) 分析数码管动态显示的编程方法。

(4) 分析利用定时器中断定时的编程方法。

(5) 分析“时”、“分”、“秒”数据送显处理方法。

项目十　数字电压表

项目目的

(1) 掌握模/数转换的基本原理。

(2) 掌握芯片 ADC0808 的使用方法。

(3) 掌握数码管动态显示时小数点的处理方法。

项目要求

在 PROTEUS ISIS 中绘制如图 6.2 所示的硬件电路，编程实现下列功能。

(1) 能够测量 0～5V 的直流电压值。

(2) 测量数据保持两位小数。

(3) 测量精度 5%，即模数转换的结果每变化 1 位相当于 0.05V。

项目引入

1. 硬件电路

“数字电压表”的硬件电路如图 6.2 所示，包括时钟电路、复位电路、显示电路、测量电路等。测量电路由模数转换芯片 ADC0808、三端可调电阻及参考电源组成，模拟量输入接在 ADC0808 的第 3 通道上，数字量的输出接在 AT89C51 的 P1 口上。ADC0808 是典型的 8 位 8 通道逐次逼近型 A/D 转换器，芯片内带地址译码器，输出带三态数据锁存器。

元器件清单见表 6-2。

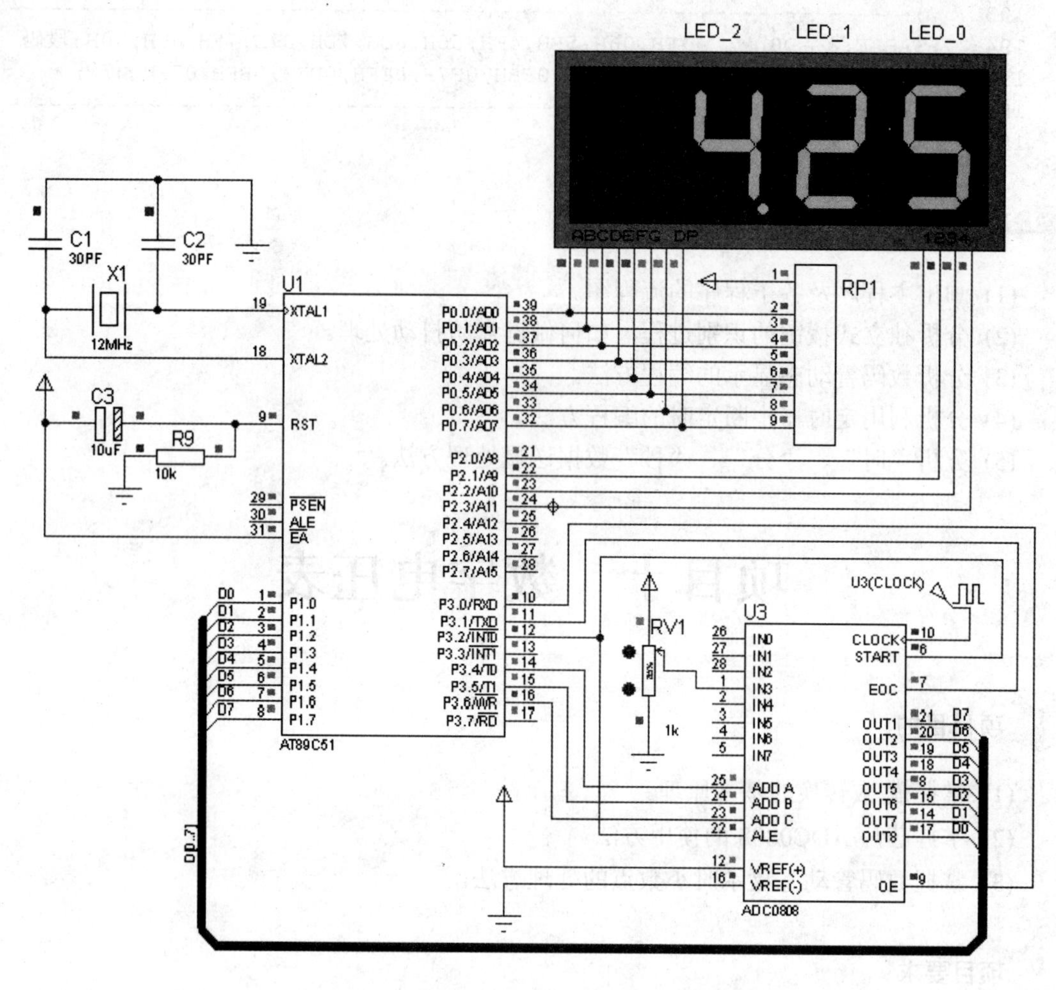

图 6.2 数字电压表

表 6-2 “数字电压表”元器件清单

元器件名称	电路中标号	参　　数	数　　量	Proteus 中的名称
单片机芯片	U1	AT89C51	1	AT89C51
晶体振荡器	X1	12MHz	1	CRYSTAL
瓷片电容	C1，C2	30pF	2	CAP
电解电容	C3	10μF	1	CAP-ELEC
电阻	R9	10kΩ	4	RES
排阻	RP1		1	RESPACK-8
三端可调电阻	RV1	1kΩ	1	POT-HG
4 位 7 段数码管		共阴，蓝色	1	7SEG-MPX4-CC-BLUE
模/数转换器	U3	ADC0808	1	ADC0808
外部时钟	U3(CLOCK)		1	DCLOCK

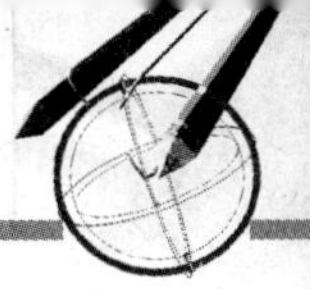

课外阅读

ADC0808 的技术参数及使用方法请读者自行查阅有关书籍。

2. 程序代码

```
001        ;数码管显示
002        LED_0      EQU       30H                   ;存放3个数码管的段码
003        LED_1      EQU       31H
004        LED_2      EQU       32H
005        ;ADC 芯片控制
006        ADC        EQU       35H                   ;存放转换后的数据
007        ST         BIT       P3.2                  ; ADC0808控制
008        OE         BIT       P3.0
009        EOC        BIT       P3.1
010        ;主程序
011                   ORG       0000H
012                   LJMP      BEGIN
013                   ORG       0030H
014        BEGIN:     MOV       LED_0, #00H
015                   MOV       LED_1, #00H
016                   MOV       LED_2, #00H
017                   MOV       DPTR, #TAB1           ;送段码表首地址
018
019                   SETB      P3.4                  ;选择ADC0808的通道3
020                   SETB      P3.5
021                   CLR       P3.6
022
023        WAIT:      CLR       S T
024                   SETB      ST
025                   CLR       ST                    ;启动转换
026                   JNB       EOC, $                ;等待转换结束
027
028                   SETB      OE                    ;允许输出
029                   MOV       ADC, P1               ;暂存转换结果
030                   CLR       OE                    ;关闭输出
031
032                   LCALL     INTOV2                ;测量数据转换
033                   LCALL     DISP                  ;显示AD转换结果
034                   SJMP      WAIT
035        ;---------------------------------------------------------------
036        ;子程序名：INTOV2
037        ;程序功能：将 AD 转换结果转换成 BCD 码
038        ;---------------------------------------------------------------
039        INTOV2:    MOV       DPTR, #TAB2
040                   MOV       A, ADC
041                   MOVC      A, @A+DPTR
042                   MOV       B, #2
043                   DIV       AB
044                   MOV       R1, B
```

```
045              MOV     B, #10
046              DIV     AB
047              MOV     LED_2, A
048              MOV     LED_1, B
049              CJNE    R1, #01, KK1
050              MOV     LED_0, #05         ;ADC不能被2整除
051     BACK:    RET
052     KK1:     MOV     LED_0, #00         ;ADC能被2整除
053              AJMP    BACK
054     ;----------------------------------------------------------------------
055     ;子程序名：DISP
056     ;程序功能：数码管显示测量结果
057     ;----------------------------------------------------------------------
058     DISP:    MOV     DPTR, #TAB1        ;取段码表首址
059              MOV     A, LED_0
060              MOVC    A, @A+DPTR
061              CLR     P2.3
062              MOV     P0, A              ;送显
063              LCALL   DELAY
064              SETB    P2.3
065
066              MOV     DPTR, #TAB1
067              MOV     A, LED_1
068              MOVC    A, @A+DPTR
069              CLR     P2.2
070              MOV     P0, A
071              LCALL   DELAY
072              SETB    P2.2
073
074              MOV     DPTR, #TAB1
075              MOV     A, LED_2
076              MOVC    A, @A+DPTR
077              SETB    ACC.7              ;小数点
078              CLR     P2.1
079              MOV     P0, A
080              LCALL   DELAY
081              SETB    P2.1
082              RET
083     ;----------------------------------------------------------------------
084     ;子程序名：DELAY
085     ;程序功能：毫秒级延时，用于显示
086     ;----------------------------------------------------------------------
087     DELAY:           MOV                R6, #10
088     D1:      MOV     R7, #250
089              DJNZ    R7, $
090              DJNZ    R6, D1
091              RET
092     ;----------------------------------------------------------------------
093     TAB1:    DB      3FH,06H,5BH,4FH,66H,6DH,7DH,07H,7FH,6FH;字形码
094     ;----------------------------------------------------------------------
095     ;参考电压Vref=5V，测量范围V=0～5V，精度5%，即将5V均匀划分为100份
096     ;ADC的转换结果每变动1位相当于：100/256=0.39
097     ;将测量范围 100 按 256 份离散后的数据表如下
098     ;----------------------------------------------------------------------
099     TAB2:    DB      0,  0,  0,  1,  0,  2,  0,  0,  3,  0
```

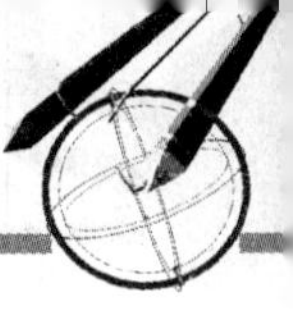

```
100            DB      4,  0,   0,  5,  0,  6,  0,  0,  7,  0
101            DB      8,  0,   0,  9,  0,  0,  10, 0,  11, 0
102            DB      0,  12,  0,  13, 0,  0,  14, 0,  15, 0
103            DB      0,  16,  0,  17, 0,  0,  18, 0,  19, 0
104            DB      0,  20,  0,  0,  21, 0,  22, 0,  0,  23
105            DB      0,  24,  0,  0,  25, 0,  26, 0,  0,  27
106            DB      0,  28,  0,  0,  29, 0,  0,  30, 0,  31
107            DB      0,  0,   32, 0,  33, 0,  0,  34, 0,  35
108            DB      0,  0,   36, 0,  37, 0,  0,  38, 0,  39
109            DB      0,  0,   40, 0,  0,  41, 0,  42, 0,  0
110            DB      43, 0,   44, 0,  0,  45, 0,  46, 0,  0
111            DB      47, 0,   48, 0,  0,  49, 0,  50, 0,  0
112            DB      51, 0,   0,  52, 0,  53, 0,  0,  54, 0
113            DB      55, 0,   0,  56, 0,  57, 0,  0,  58, 0
114            DB      59, 0,   0,  60, 0,  0,  61, 0,  62, 0
115            DB      0,  63,  0,  64, 0,  0,  65, 0,  66, 0
116            DB      0,  67,  0,  68, 0,  0,  69, 0,  70, 0
117            DB      0,  71,  0,  0,  72, 0,  73, 0,  0,  74
118            DB      0,  75,  0,  0,  76, 0,  77, 0,  0,  78
119            DB      0,  79,  0,  0,  80, 0,  0,  81, 0,  82
120            DB      0,  0,   83, 0,  84, 0,  0,  85, 0,  86
121            DB      0,  0,   87, 0,  88, 0,  0,  89, 0,  90
122            DB      0,  0,   91, 0,  0,  92, 0,  93, 0,  0
123            DB      94, 0,   95, 0,  0,  96, 0,  97, 0,  0
124            DB      98, 0,   99, 0,  0,  100
125
126            END
```

项目分析

(1) 画出主程序及各子程序的流程图。

(2) 分析 A/D 转换数据的处理方法。若不用数据表，如何修改程序？

(3) 若精度保持不变，测量范围改为－2.5～＋2.5V，如何修改电路和程序？

项目十一　简单的万年历

项目目的

(1) 掌握芯片 DS1302 的存储结构及使用方法。

(2) 掌握液晶显示器 LM032L 的存储结构及使用方法。

(3) 掌握“年”、“月”、“日”、“时”、“分”、“秒”数据送显处理方法。

项目要求

在 Proteus ISIS 中绘制如图 6.3 所示的硬件电路，编程实现下列功能。

(1) 开机显示：10－10－01（年－月－日），08－30－00（时－分－秒）。

(2) 之后开始“秒”、“分”、“时”、“日”、“月”、“年”计时。

项目引入

1. 硬件电路

“简单的万年历”的硬件电路如图 6.3 所示，包括时钟电路、复位电路、日历时钟发生电路、液晶显示电路等。元器件清单见表 6-3。

表 6-3 “简单的万年历”元器件清单

元器件名称	电路中标号	参　数	数　量	Proteus 中的名称
单片机芯片	U1	AT89C51	1	AT89C51
晶体振荡器	X1	12MHz	1	CRYSTAL
	X2	32.768MHz	1	
瓷片电容	C1，C2，C4，C5	30pF	4	CAP
电解电容	C3	10μF	1	CAP-ELEC
电阻	R1	10kΩ	1	RES
时钟、日历发生器	U2		1	DS1302
锁存器	U3		1	74LS373
与非门	U4：A		1	74LS00
干电池	BAT1，BAT2	1.5V	2	CELL
液晶显示器	LCD1	20×2	1	LM032L

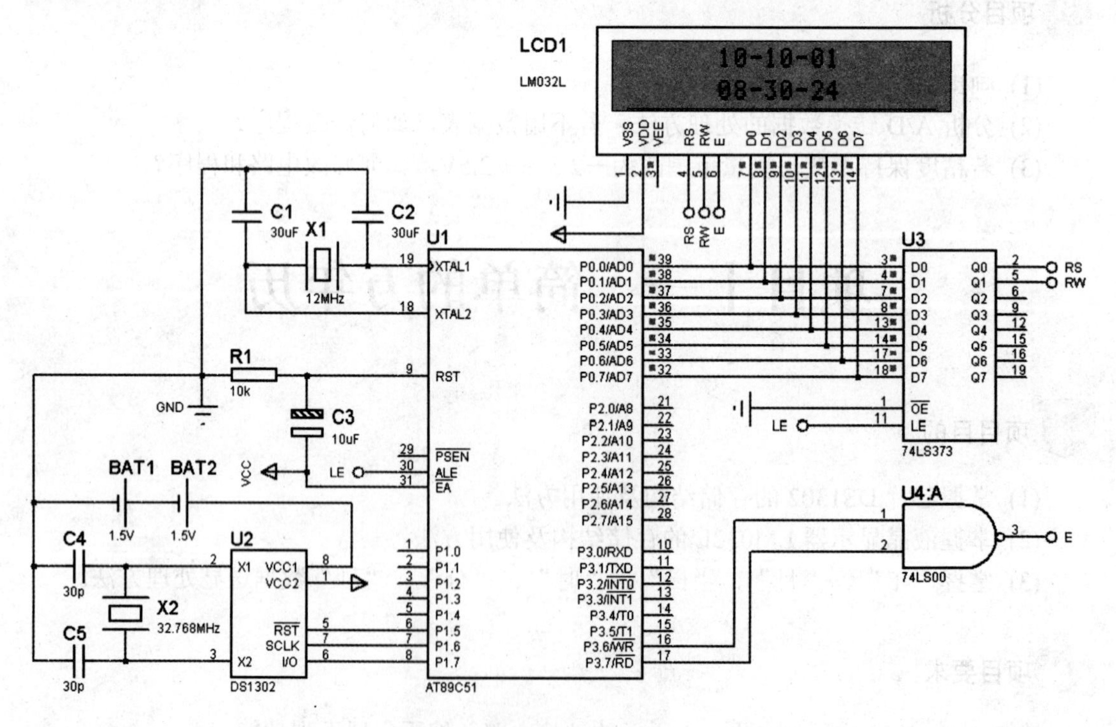

图 6.3 万年历

课外阅读

LM032L、DS1302 的技术参数及使用方法请读者自行查阅有关书籍。

2. 程序代码

```
001      ;1602 LCD 寄存器地址
002      CMD_WR     EQU     0                    ;LCD 命令存储器地址
003      DATA_WR    EQU     1
004      BUSY_RD    EQU     2
005      ;1602 LCD 控制命令
006      CLS        EQU     1                    ;清屏，光标归位
007      HOME       EQU     2                    ;地址计数器清零，DDRAM数据不变，光标归位
008      SETMODE    EQU     4                    ;设置字符进入时的屏幕移位方式
009      SETVISIBLE         EQU                  8;设置显示开关，光标开关，闪烁开关
010      SHIFT      EQU     16                   ;设置字符、光标移动方向
011      SETFUNCTION        EQU 32               ;设置DL、显示行数(1或2)、字体(5×10或5×7)
012      SETCGADDREQU       64                   ;设置6位的CGRAM地址以读/写数据
013      SETDDADDREQU       128                  ;设置7位的DDRAM地址以读/写数据
014      ;DS1302端口位定义
015      T_IO       BIT     P1.7                 ;数据传送
016      T_CLK      BIT     P1.6                 ;时钟控制
017      T_RST      BIT     P1.5                 ;复位
018      ;数据缓冲区
019      SECOND     DATA    60H                  ;60H～66H：秒、分、时、日、月、星期、年
020      DATAOUT    DATA    6DH
021      LISTOUT    DATA    80H
022      ;主程序
023                 ORG     0000H
024                 JMP     MAIN
025                 ORG     0030H
026      MAIN:      MOV     SP, #0E0H
027                 MOV     60H, #00000000B ;秒：00秒
028                 MOV     61H, #00110000B ;分：30分
029                 MOV     62H, #00001000B ;时：8时
030                 MOV     63H, #00000001B ;日：1日
031                 MOV     64H, #00010000B ;月：10月
032                 MOV     65H, #00000100B ;周：未显示
033                 MOV     66H, #10H       ;年：2010年
034                 LCALL   SET1302         ;初始化DS1302
035      START:     LCALL   GET1302         ;从DS1302中读数据
036                 NOP
037                 NOP
038                 LCALL   SHJCHL          ;数据处理
039                 LCALL   LCD_D           ;LCD显示
040                 JMP     START
041      ;-----------------------------------------------------------------------
042      ;子程序名：SHJCHL
043      ;程序功能：将从 DS1302 读出的数据进行处理，为显示做准备
044      ;-----------------------------------------------------------------------
045      SHJCHL:    MOV     R0, #SECOND     ;60H
```

```
046             MOV     R1, #LISTOUT
047             MOV     R7, #7              ;60H～66H：秒、分、时、日、月、星期、年
048     LOOP0:  MOV     A, @R0
049             ANL     A, #0FH
050             ADD     A, #30H
051             MOV     @R1, A              ;低位
052             DEC     R1
053             MOV     A, @R0
054             SWAP    A
055             ANL     A, #0FH
056             ADD     A, #30H
057             MOV     @R1, A              ;高位
058             INC     R0
059             DEC     R1
060             MOV     @R1, #2DH
061             DEC     R1
062             DJNZ    R7, LOOP0
063             DEC     R1
064             MOV     @R1, #0
065             RET
066     ;-----------------------------------------------------------------
067     ;子程序名：LCD_D
068     ;程序功能：显示日期、时间
069     ;-----------------------------------------------------------------
070     LCD_D:  MOV     A, #038H
071             CALL    W_CMD
072             MOV     A, #SETVISIBLE+4     ;开显示屏：0000 1100
073             CALL    W_CMD
074             MOV     A, #0X86
075             CALL    W_CMD
076             MOV     R1, #DATAOUT
077             CALL    WRSTR
078             MOV     A, #0XC6
079             CALL    W_CMD
080             MOV     R1, #DATAOUT+12
081             CALL    WRSTR
082             MOV     DPTR, #200
083             CALL    WTMS
084             RET
085     ;-----------------------------------------------------------------
086     ;子程序名：WRSTR
087     ;程序功能：LCD 快速显示字符
088     ;-----------------------------------------------------------------
089     WRSTR:  MOV     R0, #DATA_WR
090     WRSTR1: CJNE    R1, #70H, NEXT1
091             JMP     WRSTR0
092     NEXT1:  CJNE    R1, #71H, NEXT2
093             JMP     WRSTR0
094     NEXT2:  CJNE    R1, #6FH, NEXT3
095             JMP     WRSTR0
096     NEXT3:  CLR     A
```

```
097                MOV     A, @R1
098                JZ      WRSTR2
099                MOVX    @R0, A
100                CALL    WTBUSY                ;等待LCD释放
101     WRSTR0:    INC     R1
102                CJNE    R1, #78H, WRSTR1      ;屏蔽时\分\秒
103     WRSTR2:    RET
104     ;-----------------------------------------------------------------
105     ;子程序名: W_CMD
106     ;程序功能: 向 LCD 发送操作命令
107     ;入口参数: A, 存放命令字
108     ;-----------------------------------------------------------------
109     W_CMD:     MOV     R0, #CMD_WR           ;命令存储器地址
110                MOVX    @R0, A
111                JMP     WTBUSY                ;LCD忙
112     WTBUSY:    SETB    RS0                   ;改用第二组通用寄存器
113                MOV     R1, #BUSY_RD
114                MOVX    A, @R1
115                JB      ACC.7, WTBUSY
116                CLR     RS0
117                RET
118     ;-----------------------------------------------------------------
119     ;子程序名: WTMS
120     ;程序功能: 毫秒级延时程序
121     ;-----------------------------------------------------------------
122     WTMS:      XRL     DPL, #0FFH
123                XRL     DPH, #0FFH
124                INC     DPTR
125     WTMS1:     MOV     TL0, #09CH            ;用上定时器协助延时
126                MOV     TH0, #0FFH
127                MOV     TMOD, #1
128                SETB    TR0
129     WTMS2:     JNB     TF0, WTMS2
130                CLR     TR0
131                CLR     TF0
132                INC     DPTR
133                MOV     A, DPL
134                ORL     A, DPH
135                JNZ     WTMS1
136                RET
137     ;-----------------------------------------------------------------
138     ;子程序名: Set1302
139     ;程序功能: 设置 DS1302, 初始化时间、日期, 并启动计时
140     ;-----------------------------------------------------------------
141     Set1302:   CLR     T_RST
142                CLR     T_CLK
143                SETB    T_RST
144                MOV     B, #8EH               ;控制寄存器(CONTROL)
145                LCALL   W_Byte
146                MOV     B, #00H               ;禁止写DS1302: 写操作前WP=0
147                LCALL   W_Byte
```

```
148              SETB    T_CLK
149              CLR     T_RST
150
151              MOV     R0, #Second         ;60H
152              MOV     R7, #7              ;60H~66H：秒、分、时、日、月、星期、年
153              MOV     R1, #80H            ;秒写操作(SEC)
154     S13021:  CLR     T_RST
155              CLR     T_CLK
156              SETB    T_RST
157              MOV     B, R1               ;写秒、分、时、日、月、星期、年地址
158              LCALL   W_Byte
159              MOV     A, @R0              ;写秒数据
160              MOV     B, A
161              LCALL   W_Byte
162              INC     R0
163              INC     R1
164              INC     R1
165              SETB    T_CLK
166              CLR     T_RST
167              DJNZ    R7, S13021
168
169              CLR     T_RST
170              CLR     T_CLK
171              SETB    T_RST
172              MOV     B, #8EH             ;控制寄存器
173              LCALL   W_Byte
174              MOV     B, #80H             ;控制，WP=1，写保护
175              LCALL   W_Byte
176              SETB    T_CLK
177              CLR     T_RST
178              RET
179     ;----------------------------------------------------------------
180     ;子程序名：Get1302
181     ;程序功能：从DS1302中读取秒、分、时、日、月、星期、年数据，分别存放在60H~66H中
182     ;----------------------------------------------------------------
183     Get1302: MOV     R0, #Second         ;60H
184              MOV     R7, #7              ;60H~66H：秒、分、时、日、月、星期、年
185              MOV     R1, #81H            ;秒(SEC)数据的存放地址
186     G13021:  CLR     T_RST
187              CLR     T_CLK
188              SETB    T_RST
189              MOV     B, R1               ;秒、分、时、日、月、星期、年的地址
190              LCALL   W_Byte
191              LCALL   R_Byte
192              MOV     @R0, A              ;存读出的秒数据到60H
193              INC     R0
194              INC     R1
195              INC     R1
196              SETB    T_CLK
197              CLR     T_RST
198              DJNZ    R7, G13021
```

```
199                RET
200     ;------------------------------------------------------------------
201     ;子程序名：W_Byte
202     ;程序功能：写 1302 一字节（内部子程序）
203     ;入口参数：寄存器 B，存放的是 LCD 的命令代码
204     ;------------------------------------------------------------------
205     W_Byte:    MOV      R4, #8
206     W_1bit:    MOV      A, B
207                RRC      A
208                MOV      B, A
209                MOV      T_IO, C
210                SETB     T_CLK
211                CLR      T_CLK
212                DJNZ     R4, W_1bit
213                RET
214     ;------------------------------------------------------------------
215     ;子程序名：R_Byte
216     ;程序功能：读 1302 一字节（内部子程序）
217     ;出口参数：累加器 A，存放的是从 LCD 相关单元中读出的数据
218     ;------------------------------------------------------------------
219     R_Byte:    MOV      R4, #8
220     R_1bit:    MOV      C, T_IO
221                RRC      A
222                SETB     T_CLK
223                CLR      T_CLK
224                DJNZ     R4, R_1bit
225                RET
226
227                END
```

项目分析

(1) 简要总结 LM032L 的特点及其使用方法。

(2) 简要总结 DS1302 的特点及其使用方法。

(3) 如果想实现日期、时间的动态调整，需要增加几个按键？试画出电路图，并编程实现。

项目十二　数字温度计

项目目的

(1) 掌握 DS18B20 的技术参数及其使用方法。

(2) 掌握 74LS47 的技术参数及其使用方法。

(3) 掌握数码管动态显示的编程方法。

(4) 掌握定时器中断的编程方法。

项目要求

在 Proteus ISIS 中绘制如图 6.4 所示的硬件电路，用一片 DS18B20 构成测温系统，用两位数码管显示 DS18B20 所测的温度值，显示范围为 0℃～99℃。

项目引入

1. 硬件电路

“数字温度计”的硬件电路如图 6.4 所示，包括时钟电路、复位电路、测温电路、显示电路等。主要元器件清单见表 6-4。

表 6-4 “数字温度计”主要元器件清单

元器件名称	电路中标号	参　数	数　量	Proteus 中的名称
单片机芯片	U1		1	AT89C51
数码管驱动器	U2		1	74LS47
温度传感器	U3		1	DS18B20
2 位 7 段数码管		共阴，蓝色	1	7SEG-MPX2-CA-BLUE

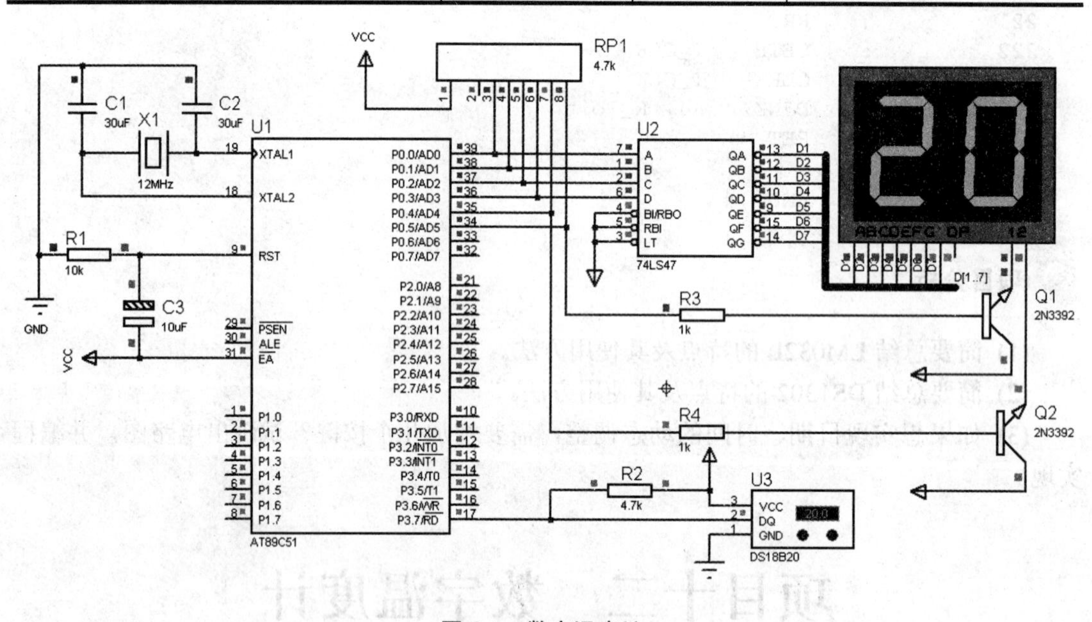

图 6.4 数字温度计

课外阅读

74LS47、DS18B20 的技术参数及使用方法请读者自行查阅有关书籍。

2. 程序代码

```
001                                        ;变量定义
002     DAT       BIT      P3.7            ;数据通信口
```

```
003     SWPH      EQU     0D2H            ;定时器10ms中断
004     SWPL      EQU     0FFH
005     WDLSB     DATA    30H             ;读出的温度低字节
006     WDMSB     DATA    31H             ;读出的温度高字节
007     ;主程序
008               ORG     0000H
009               LJMP    MAIN
010               ORG     000BH
011               LJMP    TMR0            ;用T0实现定时显示
012               ORG     0030H
013     MAIN:     CLR     EA              ;定时器T0的初始化
014               MOV     TMOD, #01H
015               MOV     TH0, #SWPH
016               MOV     TL0, #SWPL
017               SETB    EA
018               SETB    ET0
019               SETB    TR0
020
021               MOV     R2, #2          ;清显示缓冲
022               MOV     R0, #42H
023     OVER:     MOV     @R0, #00H
024               INC     R0
025               DJNZ    R2, OVER
026
027     LOOP:     LCALL   DSWD            ;调用读出DS18B20温度程序
028               SJMP    LOOP
029     ;----------------------------------------------------------------
030     ;子程序名：TMR0
031     ;程序功能：定时器 T0 中断服务程序，定时 10ms
032     ;----------------------------------------------------------------
033     TMR0:     MOV     TH0, #SWPH      ;定时10ms
034               MOV     TL0, #SWPL
035               JB      21H, DSL        ;用于高低位轮流显示
036               MOV     P0, 42H         ;高位
037               ORL     P0, #00100000B
038               SJMP    KKK
039     DSL:      MOV     P0, 43H         ;低位
040               ORL     P0, #00010000B
041     KKK:      CPL     21H
042               RETI
043     ;----------------------------------------------------------------
044     ;子程序名：DSWD
045     ;程序功能：读出 DS18B20 温度
046     ;----------------------------------------------------------------
047     DSWD:     LCALL   RSTSNR          ;调用复位程序
048               JNB     F0, KEND        ;如果没有应答，返回主程序
049               LCALL   SEND_BYTE       ;跳过ROM匹配
050               MOV     R0, #44H        ;发出温度转换命令
051               LCALL   SEND_BYTE
052               SETB    EA
053
```

```
054                 MOV     48H, #1         ;延时75ms以上准备读
055     SS2:        MOV     49H, #255
056     SS1:        MOV     4AH, #255
057     SS0:        DJNZ    4AH, SS0
058                 DJNZ    49H, SS1
059                 DJNZ    48H, SS2
060
061                 CLR     EA
062                 LCALL   RSTSNR
063                 JNB     F0, KEND
064                 MOV     R0, #0CCH       ;跳过ROM匹配
065                 LCALL   SEND_BYTE
066                 MOV     R0, #0BEH       ;发出读温度命令
067                 LCALL   SEND_BYTE
068                 LCALL   READ_BYTE
069                 MOV     WDLSB, A
070                 LCALL   READ_BYTE
071                 MOV     WDMSB, A
072                 LCALL   TRANS12
073     KEND:       SETB    EA
074                 RET
075     ;-----------------------------------------------------------------
076     ;子程序名：TRANS12
077     ;程序功能：温度转换程序（只取整数），30H=LSB，31H=MSB
078     ;-----------------------------------------------------------------
079     TRANS12:    MOV     A, 30H
080                 ANL     A, #0F0H
081                 MOV     3AH, A
082                 MOV     A, 31H
083                 ANL     A, #0FH
084                 ORL     A, 3AH
085                 SWAP    A
086
087                 MOV     B, #10
088                 DIV     AB
089                 MOV     43H, B
090
091                 MOV     B, #10
092                 DIV     AB
093                 MOV     42H, B
094                 MOV     41H, A
095                 RET
096     ;-----------------------------------------------------------------
097     ;子程序名：SEND_BYTE
098     ;程序功能：发送一个字节程序
099     ;-----------------------------------------------------------------
100     SEND_BYTE:MOV       A, R0
101                 MOV     R5, #8
102     SEN3:       CLR     C
103                 RRC     A
104                 JC      SEN1
```

```
105                LCALL   WRITE_0
106                SJMP    SEN2
107     SEN1:      LCALL   WRITE_1
108     SEN2:      DJNZ    R5, SEN3          ;循环8次，写一个字节
109                RET
110     ;-----------------------------------------------------------------
111     ;子程序名：READ_BYTE
112     ;程序功能：读一个字节程序
113     ;-----------------------------------------------------------------
114     READ_BYTE:MOV      R5, #8
115     READ1:     LCALL   READ
116                RRC     A
117                DJNZ    R5, READ1         ;循环8次，读一个字节
118                MOV     R0, A
119                RET
120     ;-----------------------------------------------------------------
121     ;子程序名：RSTSNR
122     ;程序功能：复位程序，如果复位则 F0=1，否则 F0=0
123     ;-----------------------------------------------------------------
124     RSTSNR:    SETB    DAT
125                NOP
126                NOP
127                CLR     DAT
128
129                MOV     R6, #250          ;主机发复位脉冲，
130                DJNZ    R6, $             ;持续3ms×200=600ms
131                MOV     R6, #50
132                DJNZ    R6, $
133
134                SETB    DAT               ;主机释放总线，口线改为输入
135                MOV     R6, #15
136                DJNZ    R6, $
137                CALL    CHCK              ;调用应答检查程序
138                MOV     R6, #60
139                DJNZ    R6, $
140                SETB    DAT
141                RET
142     ;-----------------------------------------------------------------
143     ;子程序名：CHCK
144     ;程序功能：应答检查程序
145     ;-----------------------------------------------------------------
146     CHCK:      MOV     C, DAT
147                JC      RST0
148                SETB    F0                ;检测到信号，置位F0
149                SJMP    CHCK0
150     RST0:      CLR     F0                ;未准备好F0复位
151     CHCK0:     RET
152     ;-----------------------------------------------------------------
153     ;子程序名：WRITE_0
154     ;程序功能：写 0
155     ;-----------------------------------------------------------------
```

```
156     WRITE_0: CLR     DAT
157              MOV     R6, #30
158              DJNZ    R6, $
159              SETB    DAT
160              RET
161     ;-------------------------------------------------------------------
162     ;子程序名：WRITE_1
163     ;程序功能：写 1
164     ;-------------------------------------------------------------------
165     WRITE_1: CLR     DAT
166              NOP
167              NOP
168              NOP
169              NOP
170              NOP
171              SETB    DAT
172              MOV     R6, #30
173              DJNZ    R6, $
174              RET
175     ;-------------------------------------------------------------------
176     ;子程序名：READ
177     ;程序功能：读一位数据程序
178     ;-------------------------------------------------------------------
179     READ:    SETB    DAT                  ;先复位至少1μs产生读起始信号
180              NOP
181              NOP
182              CLR     DAT
183              NOP
184              NOP
185              SETB    DAT                  ;置位DAT准备接收数据
186              NOP
187              NOP
188              NOP
189              NOP
190              NOP
191              NOP
192              NOP
193              MOV     C, DAT
194              MOV     R6, #23
195              DJNZ    R6, $
196              RET
197     ;-------------------------------------------------------------------
198     ;子程序名：DELAY10
199     ;程序功能：延时子程序
200     ;-------------------------------------------------------------------
201     DELAY10: MOV     R4, #20
202     D2:      MOV     R5, #30
203              DJNZ    R5, $
204              DJNZ    R4, D2
205              RET
206
207              END
```

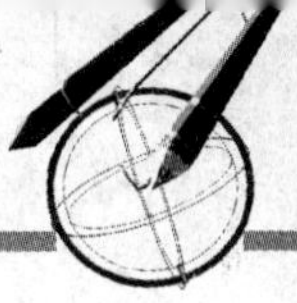

项目分析

(1) 简要总结 DS18B20 的特点及其使用方法。
(2) 简要总结 74LS47 的特点及其使用方法。
(3) 请修改硬件电路和程序，使温度的显示范围变为-20.0℃～100.0℃。

本 章 小 结

本章通过 4 个项目“可设置时分秒的数字钟”、“数字电压表”、“简单的万年历”、“数字温度计”，进一步强化 51 系列单片机小型应用系统编程方法训练，同时让学生掌握几个常用外围芯片（如 DS18B20、DS1302、ADC0808 等）的使用方法。通过有选择地将实例转化为实物，可以使学生掌握单片机应用系统的开发流程，强化学生综合应用所学知识的能力，理解仿真设计与实物制作之间的关系。

附录 A

51 系列单片机的组成原理

单片机(Single Chip Microcomputer)是指集成在一块芯片上的微型计算机，即将组成微型计算机的各种功能部件，包括 CPU(Central Processing Unit)、随机存取存储器 RAM(Random Access Memory)、只读存储器 ROM(Read Only Memory)、基本输入/输出(Input/Output)接口电路、定时器/计数器等部件制作在一块集成芯片上，构成一个完整的微型计算机，从而实现微型计算机的基本功能。

单片机具有结构简单、控制功能强、可靠性高、体积小、价格低等优点，在许多行业都得到了广泛的应用。从航天航空、地质石油、冶金采矿、机械电子、轻工纺织到机电一体化设备、邮电通信、日用设备和器械等，单片机都发挥着巨大作用。

在实际应用中，通常很难直接和被控对象进行电气连接，必须外加各种扩展接口电路、外部设备、被控对象等硬件和软件，才能构成一个单片机应用系统，如图 A.1 所示。

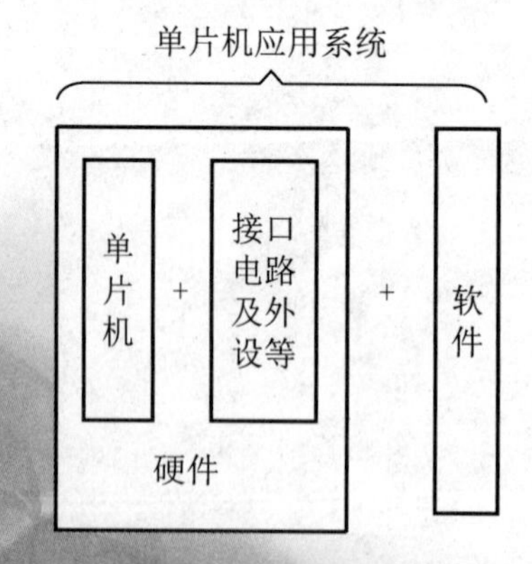

图 A.1　单片机应用系统的组成

由此可见，单片机应用系统的设计人员必须从硬件和软件两个角度来深入了解单片机，并能够将二者有机结合起来，才能形成具有特定功能的应用系统或整机产品。

A.1　MCS-51单片机系列

单片机制造商众多，型号繁杂，但以美国Intel公司生产的MCS-51系列8位单片机应用最为广泛。MCS-51系列单片机共有十几种芯片，见表A-1。

51子系列是基本型，而52子系列则属增强型。

芯片型号中带有字母“C”的为CHMOS芯片，具有高速度、高密度和低功耗的特点。在便携式、手提式或野外作业仪器设备上低功耗是非常有意义的。

一般情况下，片内带ROM适合于定型大批量应用产品的生产；片内带EPROM适合于研制产品样机；外接EPROM的方式适用于研制新产品。至于Intel公司推出的片内带EEPROM的新型单片机，可以在线写入程序。

MCS-51系列单片机的典型芯片是8031、8051、8751。除此片内ROM形式之外，三者的内部结构及引脚完全相同。因此，下面以8051为例，说明MCS-51系列单片机的内部结构及信号引脚。

表A-1　MCS-51系列单片机

子系列	片内ROM形式			片内ROM容量	片内RAM容量	寻址范围	I/O特性			中断源
	无	ROM	EPROM				计数器	并行口	串行口	
51子系列	8031	8051	8751	4KB	128B	2×64KB	2×16	4×8	1	5
	80C31	80C51	87C51	4KB	128B	2×64KB	2×16	4×8	1	5
52子系列	8032	8052	8752	8KB	256B	2×64KB	3×16	4×8	1	6
	80C32	80C52	87C52	8KB	256B	2×64KB	3×16	4×8	1	6

A.2　MCS-51单片机的内部结构

8051单片机的内部结构如图A.2所示，下面简要介绍各部分的功能。

1. 中央处理器(CPU)

中央处理器是单片机的核心，完成运算和控制功能。MCS-51系列单片机的CPU能处理8位二进制数或代码。

2. 内部数据存储器(内部RAM)

8051芯片中共有256个RAM单元，但其中后128单元被专用寄存器占用，能作为寄存器供用户使用的只是前128单元，用于存放可读写的数据。因此通常所说的内部数据存储器就是指前128单元，简称内部RAM。

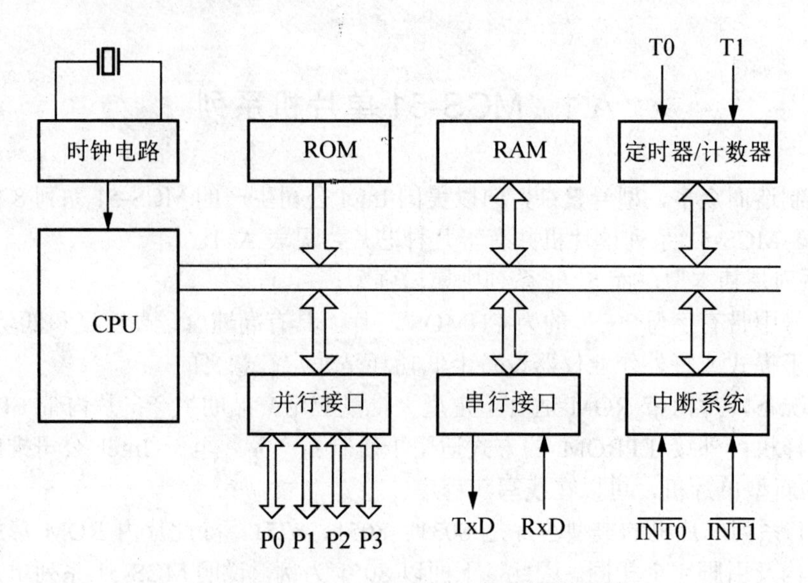

图 A.2　MCS-51 单片机内部结构框图

3. 内部程序存储器(内部 ROM)

8051 共有 4KB 掩膜 ROM，用于存放程序、原始数据或表格，因此称为程序存储器，简称内部 ROM。

4. 定时器/计数器

8051 共有两个 16 位的定时器/计数器，以实现定时或计数功能，并以其定时或计数结果对计算机进行控制。

5. 并行 I/O 口

MCS-51 系列单片机共有 4 个 8 位的 I/O 口(P0、P1、P2、P3)，以实现数据的并行输入/输出。

6. 串行口

MCS-51 系列单片机有一个全双工的串行口，以实现单片机和其他设备之间的串行数据传送。该串行口功能较强，既可作为全双工异步通信收发器使用，也可作为同步移位器使用。

7. 中断控制系统

MCS-51 系列单片机的中断功能较强，以满足控制应用的需要。8051 共有 5 个中断源，即外中断 2 个，定时/计数中断 2 个，串行中断 1 个。全部中断分为高级和低级共两个优先级别。

8. 时钟电路

MCS-51 系列单片机芯片的内部有时钟电路，但石英晶体和微调电容需外接。时钟电路为单片机产生时钟脉冲序列。系统允许的晶振频率一般为 6MHz 和 12MHz。

A.3　MCS-51 单片机的信号引脚

MCS-51 是标准的 40 引脚双列直插式(DIP)集成电路芯片，引脚排列如图 A.3 所示。

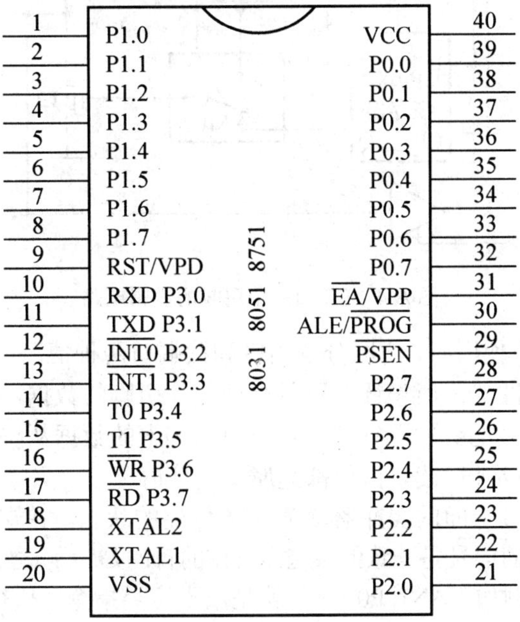

引脚	名称	名称	引脚
1	P1.0	VCC	40
2	P1.1	P0.0	39
3	P1.2	P0.1	38
4	P1.3	P0.2	37
5	P1.4	P0.3	36
6	P1.5	P0.4	35
7	P1.6	P0.5	34
8	P1.7	P0.6	33
9	RST/VPD	P0.7	32
10	RXD P3.0	$\overline{\text{EA}}$/VPP	31
11	TXD P3.1	ALE/$\overline{\text{PROG}}$	30
12	$\overline{\text{INT0}}$ P3.2	$\overline{\text{PSEN}}$	29
13	$\overline{\text{INT1}}$ P3.3	P2.7	28
14	T0 P3.4	P2.6	27
15	T1 P3.5	P2.5	26
16	$\overline{\text{WR}}$ P3.6	P2.4	25
17	$\overline{\text{RD}}$ P3.7	P2.3	24
18	XTAL2	P2.2	23
19	XTAL1	P2.1	22
20	VSS	P2.0	21

8031 8051 8751

图 A.3　MCS-51 单片机引脚图

A.3.1　并行 I/O 口引脚

MCS-51 系列单片机共有 4 个 8 位的并行 I/O 口，分别用特殊功能寄存器 P0、P1、P2、P3 表示，具有字节寻址和位寻址功能，参见附录 B。

在访问片外扩展存储器时，低 8 位地址和数据由 P0 口分时传送，高 8 位地址由 P2 口传送。在无片外扩展存储器的系统中，这 4 个口的每一位均可作为双向的 I/O 端口使用。

1. P0 口(P0.0～P0.7)

P0 口一个引脚的逻辑电路如图 A.4 所示。由图可见，电路中包含有 1 个数据输出锁存器、2 个三态数据输入缓冲器、1 个数据输出的驱动电路和 1 个输出控制电路。当对 P0 口进行写操作时，由锁存器和驱动电路构成数据输出通路。由于通路中已有输出锁存器，因此数据输出时可以与外设直接连接，而不需再加数据锁存电路。

考虑到 P0 口既可以作为通用的 I/O 口进行数据的输入/输出，也可以作为单片机系统的地址/数据线使用。为此在 P0 口的电路中有一个多路转接电路 MUX。在控制信号的作用下，多路转接电路可以分别接通锁存器或地址/数据线输出。当作为通用的 I/O 口使用时，内部的控制信号为低电平，封锁与门将输出驱动电路的上拉场效应管(FET)截止，同时使多路转接电路 MUX 接通锁存器 Q 端的输出通路。

当 P0 口作为输出口使用时，内部的写脉冲加在 D 触发器的 CP 端，数据写入锁存器，并向端口引脚输出。

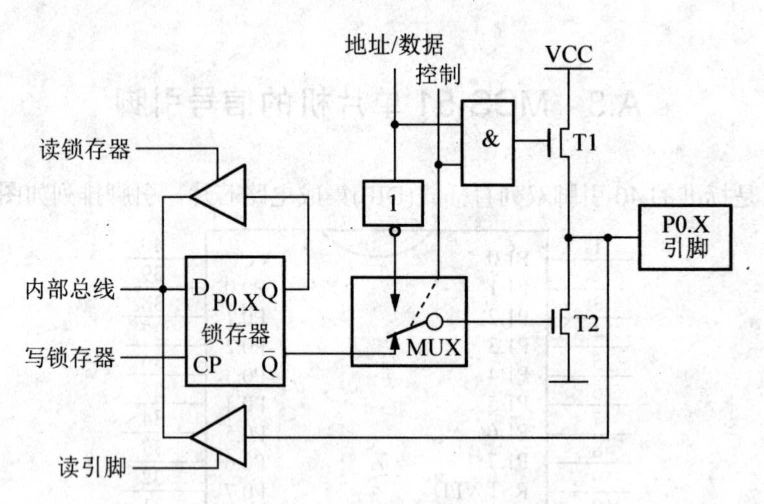

图 A.4　P0 口一个引脚的逻辑电路

当 P0 口作为输入口使用时，应区分读引脚和读端口两种情况。为此在口电路中有两个用于读入驱动的三态缓冲器。所谓读引脚就是读芯片引脚的数据，这时使用下方的数据缓冲器，由“读引脚”信号把缓冲器打开，把端口引脚上的数据从缓冲器通过内部总线读进来。使用传送指令(MOV)进行读口操作都是属于这种情况。

而读端口则是指通过上面的缓冲器读锁存器 Q 端的状态。在端口已处于输出状态的情况下，本来 Q 端与引脚的信号是一致的，这样安排的目的是为了适应对口进行“读—修改—写”操作指令的需要。例如“ANL P0，A”就是属于这类指令，执行时先读入 P0 口锁存器中的数据，然后与 A 的内容进行逻辑与，再把结果送回 P0 口。对于这类“读—修改—写”指令，不直接读引脚而读锁存器是为了避免可能出现的错误。因为在端口已处于输出状态的情况下，如果端口的负载恰是一个晶体管的基极，导通了的 PN 结会把端口引脚的高电平拉低，这样直接引脚就会把本来的“1”误读为“0”。但若从锁存器 Q 端读，就能避免这样的错误，得到正确的数据。

但要注意，当 P0 口进行一般的 I/O 输出时，由于输出电路是漏极开路电路，必须外接上拉电阻才能有高电平输出；当 P0 口进行一般的 I/O 输入时，必须先向电路中的锁存器写入“1”，使 FET 截止，以避免锁存器为“0”状态时对引脚读入的干扰。

在实际应用中，P0 口绝大多数情况下都是作为单片机系统的地址/数据线使用，这要比作一般 I/O 口应用简单。当输出地址或数据时，由内部发出控制信号，打开上面的与门，并使多路转接电路 MUX 处于内部地址/数据线与驱动场效应管栅极反相接通状态。这时的输出驱动电路由于上下两个 FET 处于反相，形成推拉式电路结构，使负载能力大为提高。而当输入数据时，数据信号则直接从引脚通过输入缓冲器进入内部总线。

2. P1 口(P1.0～P1.7)

P1 口一个引脚的逻辑电路如图 A.5 所示。

因为 P1 口通常是作为通用 I/O 口使用的，所以在电路结构上与 P0 口有一些不同之处。首先它不再需要多路转接电路 MUX；其次是电路的内部有上拉电阻，与场效应管共同组成输出驱动电路。

为此 P1 口作为输出口使用时，已能向外提供推拉电流负载，无须再外接上拉电阻。当 P1 口作为输入口使用时，同样也需先向其锁存器写“1”，使输出驱动电路的 FET 截止。

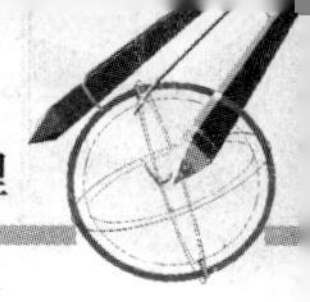

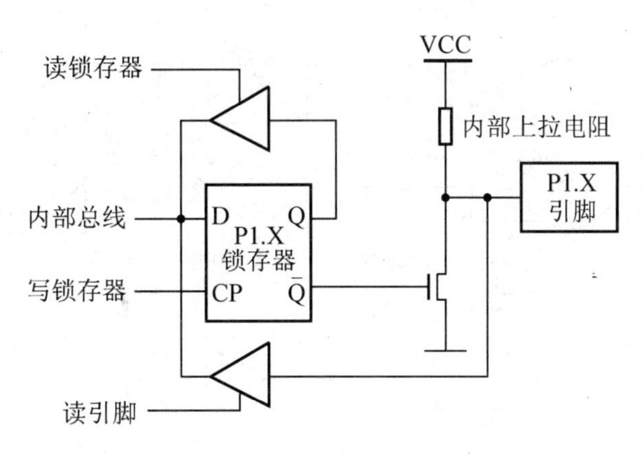

图 A.5　P1 口一个引脚的逻辑电路

3. P2 口(P2.0～P2.7)

P2 口一个引脚的逻辑电路如图 A.6 所示。

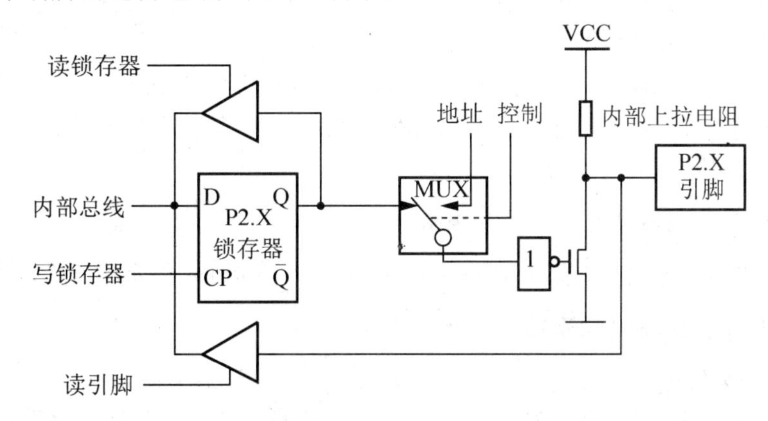

图 A.6　P2 口一个引脚的逻辑电路

P2 口电路中比 P1 口多了一个多路转接电路 MUX，这又正好与 P0 口一样。P2 口可以作为通用 I/O 口使用。这时多路转接开头倒向锁存器 Q 端。但通常应用情况下，P2 口是作为高位地址线使用，此时多路转接开头应倒向相反方向。

4. P3 口(P3.0～P3.7)

P3 口一个引脚的逻辑电路如图 A.7 所示。

P3 口的特点在于为适应引脚信号第二功能的需要，增加了第二功能控制逻辑。由于第二功能信号有输入和输出两类，因此分两种情况说明。

对于第二功能为输出的信号引脚，当作为 I/O 使用时，第二功能信号引线应保持高电平，与非门开通，以维持从锁存器到输出端数据输出通路的畅通。当输出第二功能信号时，该位的锁存器应置“1”，使与非门对第二功能信号的输出是畅通的，从而实现第二功能信号的输出。

对于第二功能为输入的信号引脚，在口线的输入通路上增加了一个缓冲器，输入的第二功能信号就从这个缓冲器的输出端取得。而作为 I/O 使用的数据输入，仍取自三态缓冲器的输出端。不管是作为输入口使用还是第二功能信号输入，输出电路中的锁存器输出和第二功能输出信号线都应保持高电平。

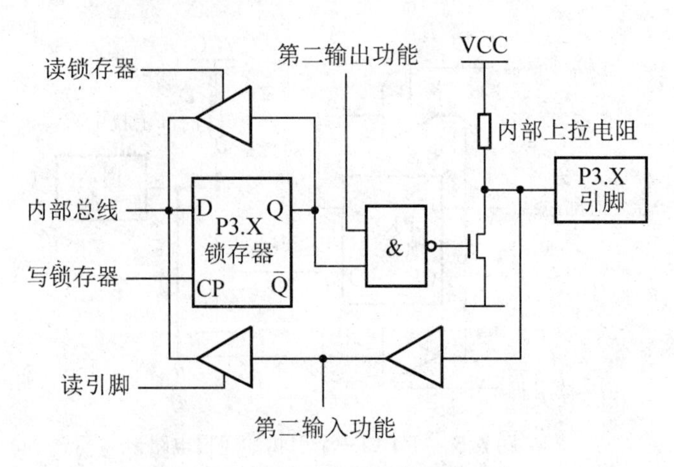

图 A.7　P3 口一个引脚的逻辑电路

A.3.2　控制信号引脚

1. 地址锁存控制信号 ALE

在系统扩展时，ALE 用于控制把 P0 口输出的低 8 位地址锁存器锁存起来，以实现低位地址和数据的隔离。此外由于 ALE 是以晶振六分之一的固定频率输出的正脉冲，因此可作为外部时钟或外部定时脉冲使用。

2. 外部程序存储器读选通信号 $\overline{\text{PSEN}}$

在读外部 ROM 时 $\overline{\text{PSEN}}$ 有效(低电平)，以实现外部 ROM 单元的读操作。

3. 访问程序存储控制信号 $\overline{\text{EA}}$

当 $\overline{\text{EA}}$ 信号为低电平时，对 ROM 的读操作限定在外部程序存储器；而当 $\overline{\text{EA}}$ 信号为高电平时，则对 ROM 的读操作是从内部程序存储器开始，并可延至外部程序存储器。

A.3.3　复位信号引脚 RST

当输入的复位信号延续两个机器周期以上高电平即为有效，用以完成单片机的复位初始化操作。常见的复位电路如图 A.8 所示。

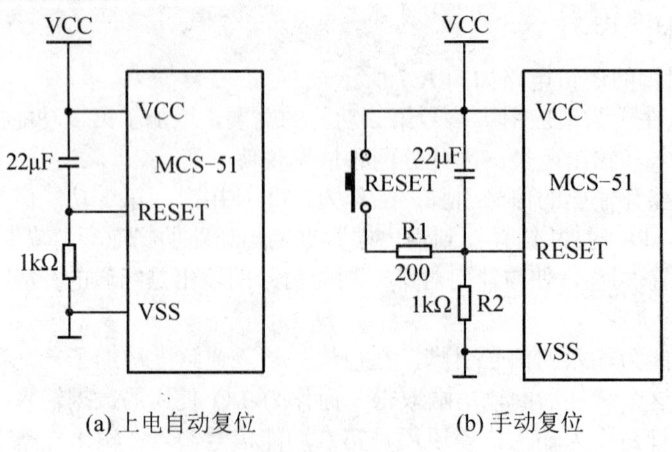

图 A.8　常见复位电路

A.3.4　时钟信号引脚 XTAL1 和 XTAL2

时钟电路用于产生单片机工作所需要的时钟信号，当使用芯片内部时钟时，此二引线端用于外接石英晶体和微调电容，如图 A.9(a)所示；当使用外部时钟时，用于接外部时钟脉冲信号，如图 A.9(b)所示。

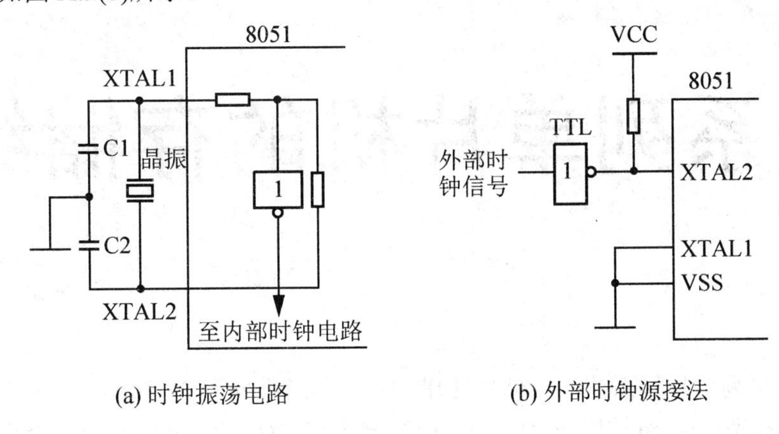

(a) 时钟振荡电路　　(b) 外部时钟源接法

图 A.9　时钟电路

A.3.5　信号引脚的第二功能

P3 口的 8 条引线都定义有第二功能，见表 A-2。

表 A-2　P3 口各引脚与第二功能表

引　脚	第二功能	信号名称
P3.0	RXD	串行数据接收
P3.1	TXD	串行数据发送
P3.2	$\overline{\text{INT0}}$	外部中断 0 申请
P3.3	$\overline{\text{INT1}}$	外部中断 1 申请
P3.4	T0	定时器/计数器 0 的外部输入
P3.5	T1	定时器/计数器 1 的外部输入
P3.6	$\overline{\text{WR}}$	外部 RAM 写选通
P3.7	$\overline{\text{RD}}$	外部 RAM 读选通

1. EPROM 存储器程序固化所需要的信号

有内部 EPROM 的单片机芯片(例如 8751)，为写入程序需提供专门的编程脉冲和编程电源，这些信号也是由信号引脚以第二功能的形式提供的，即：

编程脉冲：30 脚(ALE/$\overline{\text{PROG}}$)。

编程电压(25V)：31 脚($\overline{\text{EA}}$/V_{PP})。

2. 备用电源引入

MCS-51 系列单片机的备用电源也是以第二功能的方式由 9 脚(RST/VPD)引入的。当电源发生故障电压降低到下限值时，备用电源经此端向内部 RAM 提供电压，以保护内部 RAM 中的信息不丢失。

附录 B

51 系列单片机的存储结构

MCS-51 系列单片机系统的存储器(如图 B.1 所示)可分为 5 类：片内程序存储器(内部 ROM)、片外程序存储器(扩展 ROM)、片内数据存储器(内部 RAM 的低 128B)、片内特殊功能寄存器(SFR，内部 RAM 的高 128B)、片外数据存储器(扩展 RAM)。

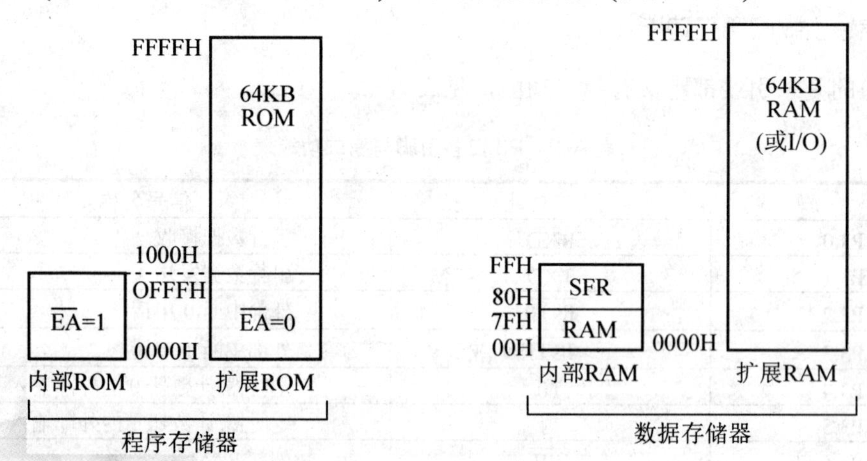

图 B.1　单片机系统的存储结构

B.1　片内程序存储器(内部 ROM)

程序存储器用于存放编译好的程序和数据。8051 片内有 4KB 的 ROM，片外最多能扩展 64KB 程序存储器，片内外的 ROM 是统一编址的，如图 B.1 所示。当 $\overline{EA}$ 端保持高电平时，8051 的程序计数器 PC 在 0000H～0FFFH 地址范围(即前 4KB 地址) 是执行片内 ROM 中的程序，当 PC 在 1000H～FFFFH 地址范围时，自动执行片外程序存储器中的程序；当 $\overline{EA}$ 保持低电平时，只能寻址外部程序存储器，片外存储器可以从 0000H 开始编址。

8051 单片机内部 ROM 中 0000H～002AH 共 43 个字节用作存储特定程序的入口地址，使用时应予以注意。

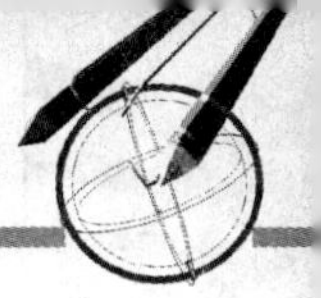

1. 系统启动地址区 0000H～0002H

单片机系统复位后，程序计数器 PC 的值为 0000H，单片机从 0000H 字节开始取指令执行程序。如果程序不从 0000H 字节开始，应在这 3 个字节中存放一条无条件转移指令，以便直接转去执行指定的程序。

2. 中断服务程序地址区 0003H～002AH

共 40 个字节，被均匀地分为 5 段，作为 5 个中断源的中断地址区。其中：

0003H～000AH：外部中断 0 中断地址区

000BH～0012H：定时器/计数器 0 中断地址区

0013H～001AH：外部中断 1 中断地址区

001BH～0022H：定时器/计数器 1 中断地址区

0023H～002AH：串行中断地址区

中断响应后，按中断种类，自动转到各自的中断区去执行中断服务程序。因此以上字节不能用于存放程序的其他内容，只能存放中断服务程序。但通常情况下，8 个字节难以存下一个完整的中断服务程序，因而一般也在中断响应的地址区安放一条无条件转移指令，指向程序存储器的其他真正存放中断服务程序的空间去执行，这样中断响应后，CPU 读到这条转移指令，便转向其他地方去继续执行中断服务程序。

B.2　片内数据存储器(内部 RAM 的低 128B)

8051 单片机的片内部数据存储器共 128 个字节(字节地址 00H～7FH)，按其用途又划分为 3 个区域：工作寄存器区、位寻址区、通用 RAM 区，如图 B.2 所示。

7FH～30H	通用RAM区
2FH～20H	位寻址区
1FH～18H	第3组工作寄存器
17H～10H	第2组工作寄存器
0FH～08H	第1组工作寄存器
07H～00H	第0组工作寄存器

图 B.2　8051 片内部数据存储器

1. 工作寄存器区

字节地址范围 00H～1FH(共 32 个字节)，均匀分成 4 个工作寄存器组，每组拥有 8 个字节。在任一时刻，CPU 只能使用其中的一组寄存器，并且把正在使用的那组寄存器称为当前工作寄存器组。到底是哪一组，由程序状态字寄存器 PSW 中 RS1、RS0 位的状态组合来决定，见表 B-1。单片机系统复位时，当前工作寄存器组默认为第 0 组。

表 B-1　程序状态字与工作寄存器组的对应关系

PSW.4(RS1)	PSW.3(RS0)	工作寄存器组	地址范围
0	0	第 0 组	00H～07H
0	1	第 1 组	08H～0FH
1	0	第 2 组	10H～17H
1	1	第 3 组	18H～1FH

当前工作寄存器组的 8 个字节分别用 R0～R7 作编号，其中 R0、R1 可位寻址。工作寄存器常用于存放操作数及中间结果等，由于它们的功能及使用不作预先规定，因此又称为通用寄存器。

工作寄存器为 CPU 提供了就近数据存储的便利，有利于提高单片机的运算速度。此外，使用工作寄存器还能提高程序编制的灵活性，因此在单片机的应用编程中应充分利用这些寄存器，以简化程序设计，提高程序运行速度。

2. 位寻址区

字节地址范围 20H～2FH(共 16 个字节)，既可作为一般的片内数据存储器使用，进行字节操作，也可以对字节中每一位进行位操作，因此把该区称为位寻址区。每个字节有 8 个位，因此位寻址区共有 128 位，位地址为 00H～7FH，见表 B-2。CPU 能直接寻址这些位，执行例如置“1”、清“0”、求“反”、转移、传送和逻辑等操作。通常称 MCS-51 系列单片机具有布尔处理功能，布尔处理的存储空间指的就是这些为寻址区。

位地址有两种表示形式：一是表中位地址形式，如 4DH；另一种是字节地址.位序形式，如 29H.5。

表 B-2　片内 RAM 位寻址区的位地址

字节地址	MSB			位地址				LSB
2FH	7FH	7EH	7DH	7CH	7BH	7AH	79H	78H
2EH	77H	76H	75H	74H	73H	72H	71H	70H
2DH	6FH	6EH	6DH	6CH	6BH	6AH	69H	68H
2CH	67H	66H	65H	64H	63H	62H	61H	60H
2BH	5FH	5EH	5DH	5CH	5BH	5AH	59H	58H
2AH	57H	56H	55H	54H	53H	52H	51H	50H
29H	4FH	4EH	4DH	4CH	4BH	4AH	49H	48H
28H	47H	46H	45H	44H	43H	42H	41H	40H
27H	3FH	3EH	3DH	3CH	3BH	3AH	39H	38H
26H	37H	36H	35H	34H	33H	32H	31H	30H
25H	2FH	2EH	2DH	2CH	2BH	2AH	29H	28H
24H	27H	26H	25H	24H	23H	22H	21H	20H
23H	1FH	1EH	1DH	1CH	1BH	1AH	19H	18H

续表

字节地址	MSB	位地址						LSB
22H	17H	16H	15H	14H	13H	12H	11H	10H
21H	0FH	0EH	0DH	0CH	0BH	0AH	09H	08H
20H	07H	06H	05H	04H	03H	02H	01H	00H

3. 通用 RAM 区

字节地址范围 30H～7FH(共 80 个字节)，只能按字节寻址，没有其他任何规定或限制，所以称它为通用 RAM 区。在一般应用中常把堆栈开辟在此区中。

B.3　片内特殊功能寄存器(SFR，内部 RAM 的高 128B)

8051 单片机的内部共有 21 个特殊功能寄存器(Special Function Register)，不连续地分布在字节地址范围 80H～FFH 中，其中有 11 个特殊功能寄存器是可以位寻址的，见表 B-3。

对专用寄存器的字节寻址问题作以下几点说明。

(1) 除 21 个 SFR 外，用户不能使用片内 RAM 高 128B 之中的其他字节。

(2) 程序计数器 PC 不占据 RAM 单元，它在物理上是独立的，因此是不可寻址的寄存器。

(3) 对 SFR 只能使用直接寻址方式，书写时既可使用 SFR 名称(如 ACC)，也可使用 SFR 字节地址(如 E0H)。

(4) 表 B-3 中有 11 个字节地址能被 8 整除的 SFR，它们均具有位寻址能力，有效的位地址共有 83 个，这些位都具有专门的定义和用途。有效位地址可用以下 4 种方法来表示。

位地址：如 D7H。

位符号：如 CY。

SFR 字节地址.位序：如 D0H.7。

SFR 名称.位序：如 PSW.7。

下面逐一简要介绍各特殊功能寄存器的功能。

表 B-3　片内特殊功能寄存器

序号	SFR 名称	SFR 字节地址	MSB	位地址/位名称						LSB	说　明
1	B	F0H	F7H	F6H	F5H	F4H	F3H	F2H	F1H	F0H	可位寻址
2	ACC	E0H	E7H	E6H	E5H	E4H	E3H	E2H	E1H	E0H	可位寻址
3	PSW	D0H	D7H	D6H	D5H	D4H	D3H	D2H	D1H	D0H	可位寻址
			CY	AC	F0	RS1	RS0	OV	F1	P	
4	IP	B8H	BFH	BEH	BDH	BCH	BBH	BAH	B9H	B8H	可位寻址
			/	/	/	PS	PT1	PX1	PT0	PX0	

续表

序号	SFR名称	SFR字节地址	MSB	位地址/位名称						LSB	说　明
5	P3	B0H	B7H	B6H	B5H	B4H	B3H	B2H	B1H	B0H	可位寻址
			P3.7	P3.6	P3.5	P3.4	P3.3	P3.2	P3.1	P3.0	
6	IE	A8H	AFH	AEH	ADH	ACH	ABH	AAH	A9H	A8H	可位寻址
			EA	/	/	ES	ET1	EX1	ET0	EX0	
7	P2	A0H	A7H	A6H	A5H	A4H	A3H	A2H	A1H	A0H	可位寻址
			P2.7	P2.6	P2.5	P2.4	P2.3	P2.2	P2.1	P2.0	
8	SBUF	99H									
9	SCON	98H	9FH	9EH	9DH	9CH	9BH	9AH	99H	98H	可位寻址
			SM0	SM1	SM2	REN	TB8	RB8	TI	RI	
10	P1	90H	97H	96H	95H	94H	93H	92H	91H	90H	可位寻址
			P1.7	P1.6	P1.5	P1.4	P1.3	P1.2	P1.1	P1.0	
11	TH1	8DH									
12	TH0	8CH									
13	TL1	8BH									
14	TL0	8AH									
15	TMOD	89H	GAT	C/T	M1	M0	GAT	C/T	M1	M0	
16	TCON	88H	8FH	8EH	8DH	8CH	8BH	8AH	89H	88H	可位寻址
			TF1	TR1	TF0	TR0	IE1	IT1	IE0	IT0	
17	PCON	87H	SMO	/	/	/	/	/	/	/	
18	DPH	83H									DPTR高字节
19	DPL	82H									DPTR低字节
20	SP	81H									
21	P0	80H	87H	86H	85H	84H	83H	82H	81H	80H	可位寻址
			P0.7	P0.6	P0.5	P0.4	P0.3	P0.2	P0.1	P0.0	

B.3.1　程序计数器(Program Counter，PC)

PC 是一个 16 位的计数器，它的作用是控制程序的执行顺序。其内容为将要执行指令的地址，寻址范围达 64KB。PC 有自动加 1 功能，从而实现程序的顺序执行。

PC 在物理上是独立的，没有地址，是不可寻址的。因此用户无法对它进行读写。但可以通过转移、调用、返回等指令改变其内容，以实现程序的转移。因其地址不在 SFR 之内，一般不计作专用寄存器。

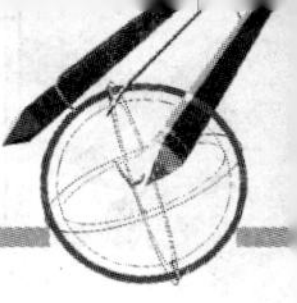

B.3.2　累加器(Accumulator，ACC)

ACC 为 8 位寄存器，是最常用的 SFR，功能较多，地位重要。它既可用于存放操作数，也可用来存放运算的中间结果。MCS-51 系列单片机中大部分单操作数指令的操作数就取自 ACC，许多双操作数指令中的一个操作数也取自 ACC。

B.3.3　B 寄存器

B 寄存器是一个 8 位寄存器，主要用于乘除运算。乘法运算时，B 是乘数。乘法操作后，乘积的高 8 位存于 B 中。除法运算时，B 是除数。除法操作后，余数存于 B 中。此外，B 寄存器也可作为一般数据寄存器使用。

B.3.4　程序状态字(Program Status Word，PSW)

PSW 是一个可位寻址的 8 位寄存器，用于存储程序运行中的各种状态信息。其中有些位状态是根据程序执行结果，由硬件自动设置的，而有些位状态则使用软件方法设定。PSW 的位状态可以用专门指令进行测试，也可以用指令读出。一些条件转移指令将根据 PSW 有些位的状态，进行程序转移。

PSW 各位的定义参见表 B-3，其中 PSW.1 位(F1)保留未用。

1. CY(PSW.7)

进位标志位。CY 是 PWS 中最常用的标志位，其功能有二：一是存放算术运算的进位标志，在进行加或减运算时，如果操作结果最高位有进位或借位时，CY 由硬件置“1”，否则清“0”；二是在位操作中，作累加位使用。位传送、位与位或等位操作时，操作位之一固定是进位标志位。

2. AC(PSW.6)

辅助进位标志位。在进行加减运算中，当有低 4 位向高 4 位进位或借位时，AC 由硬件置“1”，否则 AC 位被清“0”。在 BCD 码调整中也要用到 AC 位状态。

3. F0(PSW.5)

用户标志位。这是一个供用户定义的标志位，需要利用软件方法置位或复位，用以控制程序的转向。

4. RS1 和 RS0(PSW.4，PSW.3)

寄存器组选择位。用于选择 CPU 的当前工作寄存器组，参见表 B-1。这两个选择位的状态是由软件设置的，被选中的寄存器组即为当前工作寄存器组。但当单片机上电或复位后，RS1 RS0=00。

5. OV(PSW.2)

溢出标志位。在带符号数加减运算中，OV=1 表示加减运算超出了累加器 A 所能表示的符号数有效范围(−128～+127)，即产生了溢出，因此运算结果是错误；否则，OV=0 表示运算正确，即无溢出产生。

在乘法运算中，OV=1 表示乘积超过 255，即乘积分别在 B 与 A 中；否则，OV=0，表示乘积只在 A 中。

在除法运算中，OV=1 表示除数为 0，除法不能进行；否则，OV=0，除数不为 0，除法可正常进行。

6. P(PSW.0)

奇偶标志位。表明累加器 A 内容的奇偶性，如果 A 中有奇数个“1”，则 P 置“1”，否则置“0”。凡是改变累加器 A 中内容的指令均会影响 P 标志位。

此标志位对串行通信中的数据传输有重要的意义。在串行通信中常采用奇偶校验的办法来校验数据传输的可靠性。

B.3.5 数据指针(DPTR)

DPTR 为 16 位寄存器，编程时，DPTR 既可以按 16 位寄存器使用，也可以按两个 8 位寄存器分开使用，即：

DPH：DPTR 高位字节

DPL：DPTR 低位字节

DPTR 通常在访问外部数据存储器时作地址指针使用，由于外部数据存储器的寻址范围为 64KB，故把 DPTR 设计为 16 位。

B.3.6 堆栈指针(SP)

堆栈是一个特殊的存储区，用来暂存数据和地址，它是按“先进后出”的原则存取数据的。堆栈共有两种操作：进栈和出栈，如图 B.3 所示。不管是进栈还是出栈，都是对栈顶字节进行的。

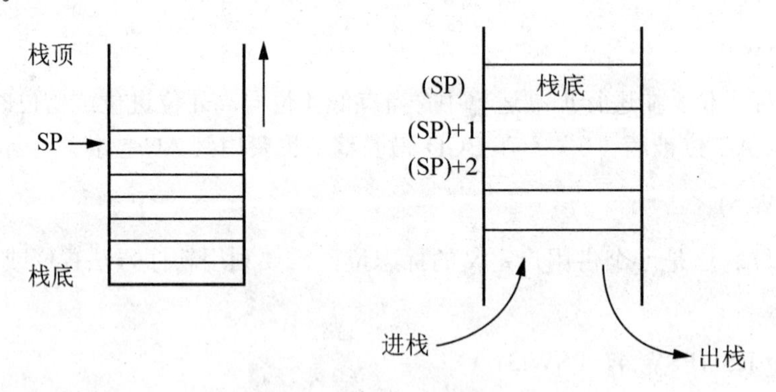

图 B.3 堆栈结构示意图

SP 是一个 8 位寄存器，总是指向堆栈栈顶，即其值为栈顶字节的地址。单片机系统复位后，SP 的值为 07H，使得堆栈实际上从 08H 单元开始。但从图 B.2 可知，08H～1FH 单元分别属于工作寄存器 1～3 区，如程序中要用到这些区，则必须对堆栈指针 SP 进行初始化，原则上设在任何一个区域均可，但一般设为 30H～7FH 较为适宜。

数据写入堆栈称为入栈(PUSH)，入栈操作规则为：先 SP 的值加 1，后写入数据；从堆栈中取出数据称为出栈(POP)，出栈操作规则为：先读出数据，后 SP 的值减 1。

堆栈的设立是为了中断操作和子程序的调用而用于保存数据的，即常说的断点保护和现场保护，保护的方式有以下两种。

1. 自动方式

在中断服务程序响应或子程序调用时，返回地址自动进栈。当需要返回执行主程序时，返回的地址自动交给PC，以保证程序从断点处继续执行，这种方式是不需要编程人员干预的。

2. 人工指令方式

使用专有的堆栈操作指令进行进出栈操作。进栈指令 PUSH，在中断服务程序或子程序调用时作为现场保护；出栈指令 POP，用于子程序完成时，为主程序恢复现场。

B.3.7 I/O口专用寄存器(P0、P1、P2、P3)

I/O口寄存器P0、P1、P2和P3分别是MCS-51系列单片机的4组I/O口锁存器。MCS-51系列单片机并没有专门的I/O口操作指令，而是把I/O口也当做一般的寄存器来使用，数据传送都统一使用MOV指令来进行，这样的好处在于：4组I/O口还可以当做寄存器直接寻址方式参与其他操作。

B.3.8 定时/计数器(TL0、TH0、TL1和TH1)

MCS-51系列单片机中有两个16位的定时器/计数器T0和T1，它们由4个8位寄存器组成的，两个16位定时器/计数器却是完全独立的。可以单独对这4个寄存器进行寻址，但不能把T0和T1当做16位寄存器来使用。

B.3.9 中断允许寄存器(IE)

IE在片内RAM中的字节地址为A8H，位地址分别是A8H～AFH，如图B.4所示。IE控制CPU对中断源的开放或屏蔽以及每个中断源是否允许中断。

位地址	AFH	AEH	ADH	ACH	ABH	AAH	A9H	A8H
IE	EA	/	/	ES	ET1	EX1	ET0	EX0

图B.4 中断允许寄存器IE

1. 中断允许总控制位EA

如果EA=0，则所有中断请求均被禁止；如果EA=1，则是否允许中断由各个中断控制位决定。

2. 外部中断0控制位EX0

如果EX0=1，则允许外部中断0申请中断；如果EX0=0，则禁止外部中断0申请中断。

3. 外部中断1控制位EX1

如果EX1=1，则允许外部中断1申请中断；如果EX1=0，则禁止外部中断1申请中断。

4. 定时器/计数器0中断控制位ET0

如果ET0=1，则允许定时器/计数器0申请中断；如果ET0=0，则禁止定时器/计数器0申请中断。

5. 定时器/计数器 1 中断控制位 ET1

如果 ET1=1，则允许定时器/计数器 1 申请中断；如果 ET1=0，则禁止定时器/计数器 1 申请中断。

6. 串行口中断控制位 ES

如果 ES=1，则允许串行口申请中断；如果 ES=0，则禁止串行口申请中断。

B.3.10 中断优先级寄存器(IP)

IP 在片内 RAM 中的字节地址为 B8H，位地址分别是 B8H～BFH，如图 B.5 所示。51 系列单片机有两个中断优先级，可由软件设置 IP 中的相应位的状态来控制。

1. 外部中断 0 优先级控制位 PX0

若 PX0=1，则外部中断 0 被设定为高优先级中断；若 PX0=0，则外部中断 0 被设定为低优先级中断。

2. 外部中断 1 优先级控制位 PX1

若 PX1=1，则外部中断 1 被设定为高优先级中断；若 PX1=0，则外部中断 1 被设定为低优先级中断。

3. 定时器/计数器 0 中断优先级控制位 PT0

若 PT0=1，则定时器/计数器 0 被设定为高优先级中断；若 PT0=0，则定时器/计数器 0 被设定为低优先级中断。

4. 定时器/计数器 1 中断优先级控制位 PT1

若 PT1=1，则定时器/计数器 1 被设定为高优先级中断；若 PT1=0，则定时器/计数器 1 被设定为低优先级中断。

5. 串行口中断优先级控制位 PS

若 PS=1，则串行口中断被设定为高优先级中断；若 PS=0，则串行口中断被设定为低优先级中断。

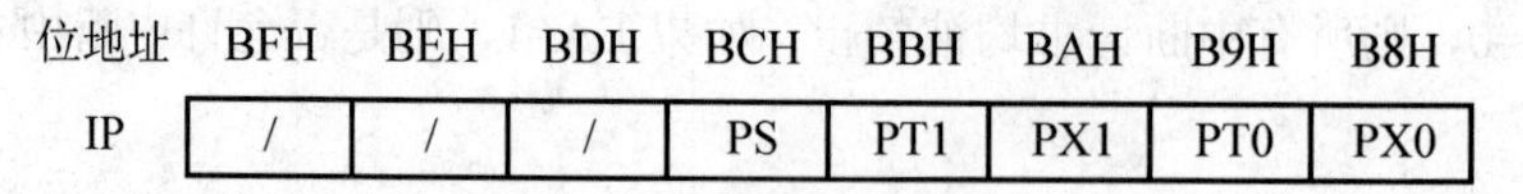

位地址 BFH BEH BDH BCH BBH BAH B9H B8H
IP / / / PS PT1 PX1 PT0 PX0

图 B.5 中断优先级寄存器 IP

当系统复位时后，IP 的低 5 位全部清零，即将所有的中断源设置为低优先级中断。

51 系列单片机对中断优先级的控制包括以下原则。

(1) CPU 同时接收到几个中断请求时，首先响应优先级最高的中断请求。

(2) 同一优先级的中断源同时向 CPU 请求中断时，CPU 通过内部硬件查询，按自然优先级确定应该响应哪一个中断请求。自然优先级顺序由高至低为

外中断 0→定时中断 0→外中断 1→定时中断 1→串行中断

(3) 正在进行的中断过程不能被新的同级或低优先级中断请求所中断。

(4) 正在进行的低优先级中断服务程序能被高优先级中断请求所中断。

为了实现以上优先原则，中断系统内部有两个对用户不透明的、不可寻址的“中断优先级状态触发器”。其一指示某高优先级中断正在得到服务，所有后来的中断都被阻断；其二用于指明已进入低优先级服务，所有同级的中断均被阻断，但不能阻断高优先级的中断。

B.3.11　中断请求标志寄存器(TCON)

在程序设计过程中，可以通过查询特殊功能寄存器 TCON、SCON 中的中断请求标志位来判断中断请求来自哪个中断源。

TCON 是定时器/计数器的控制寄存器。它锁存两个定时器/计数器的溢出中断标志及外部中断 0、1 的中断标志。TCON 中的中断请求标志位如图 B.6 所示。

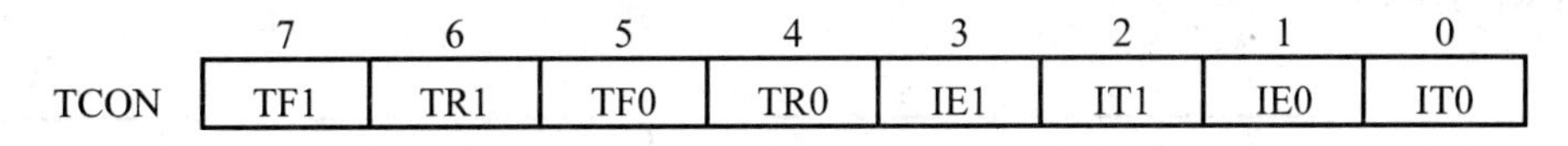

	7	6	5	4	3	2	1	0
TCON	TF1	TR1	TF0	TR0	IE1	IT1	IE0	IT0

图 B.6　TCON 中的中断请求标志位

1. 定时器/计数器 T/C1 溢出中断请求标志位 TF1

在 T/C1 启动后，开始从初值加“1”计数，直至计数器全满产生溢出时，硬件置位 TF1。此时，若 ET1=1、EA=1，即可向 CPU 请求中断。CPU 响应中断后，TF1 由硬件自动清零。若 ET1、EA 中有一个不为 1，则不能响应中断，只能查询 TF1 位。

2. 定时器/计数器 T/C0 溢出中断请求标志位 TF0

操作功能同 TF1。

3. 外部中断 1 触发方式控制位(电平触发、边沿触发) IT1

IT1=0，送入外部中断 1 的中断请求信号，为电平触发。当 CPU 检测到 P3.3 引脚的输入信号为低电平时，置位 IE1(TCON.3)；当 P3.3 引脚的输入信号为高电平时，将 IE1 清零。由于在电平触发方式下，CPU 响应中断时不能自动清除 IE1 标志，IE1 的标志由外部中断 1 的状态决定；所以，在中断返回前，必须撤除 P3.3 引脚的低电平。

IT1=1，送入外部中断 1 的中断请求信号为边沿触发(下降沿有效)。当连续两个机器周期先检测到高电平后检测到低电平时，置位 IE1；CPU 响应中断时，能自动清除 IE1 标志。为保证检测到电平跳变，P3.3 引脚的高、低电平应各自保持一个机器周期以上。

4. 外部中断 0 触发方式控制位 IT0

工作过程与 IT1 相同。

5. 外部中断 1 请求标志位 IE1

当 P3.3 引脚有一个电平触发或边沿触发信号时，即置位 IE1。此时若 EX1=1、EA=1，则 CPU 响应外部中断 1 的中断服务请求。但若 EX1、EA 中有一个不为 1，则 CPU 不响应

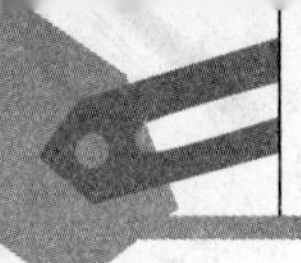

外部中断 1 的中断服务请求。

6. 外部中断 0 请求标志位 IE0

操作过程与 IE1 相同。

7. T/C0 运行控制位 TR0

TR0 = 1，T/C0 开始工作。TR0 = 0，T/C0 停止工作。可由软件编程进行置位或清零。

8. T/C1 运行控制位 TR1

TR1 = 1，T/C1 开始工作。TR1 = 0，T/C1 停止工作。可由软件编程进行置位或清零。

B.3.12 串行中断控制寄存器(SCON)

SCON 是串行口控制寄存器。它锁存串行口的发送中断标志和接收中断标志。SCON 中的中断请求标志位如图 B.7 所示。

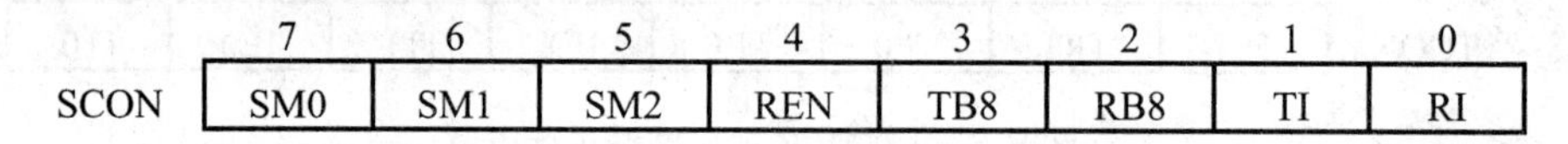

	7	6	5	4	3	2	1	0
SCON	SM0	SM1	SM2	REN	TB8	RB8	TI	RI

图 B.7 SCON 中的中断请求标志位

1. 串行口接收中断标志位 RI

当允许串行口接收数据时，每接收完一个串行帧，由硬件置位 RI。若 EA=1、ES=1，则 CPU 响应串行口接收中断请求；若 EA、ES 中有一个不为 1，则不允许中断，此时只能通过查询方式判断接收结束。

在方式 0 中，接收完 8 位数据后，由硬件置位；在其他方式中，在接收停止位的中间由硬件置位。RI=1 时，也可申请中断，响应中断后都必须由软件清除 RI。

2. 串行口发送中断标志位 TI

当 CPU 将一个数据写入串行口发送缓冲区 SBUF 时，就启动发送。每发送完一个串行帧，由硬件置位 TI。此时，若 ES=1、EA=1，则 CPU 响应串行口发送中断请求。若 EA、ES 中有一个不为 1，则不允许中断，此时只能通过查询方式判断发送结束。

在方式 0 中，发送完 8 位数据后，由硬件置位；在其他方式中，在发送停止位之初由硬件置位。因此 TI 是发送完一帧数据的标志。TI=1 时，也可向 CPU 申请中断，响应中断后都必须由软件清除 TI。

3. 接收数据的第 9 位 RB8

在方式 2 和方式 3 中，由软件置位或复位，可作为奇偶校验位。在多机通信中，可作为区别地址帧或数据帧的标识位，一般约定地址帧时 TB8 为 1、数据帧时 TB8 为 0。

4. 发送数据的第 9 位 TB8

功能同 RB8。

5. 允许/禁止串行接收位 REN

由软件置位或清零。REN=1 时，允许接收；REN=0 时，禁止接收。

6. 多机通信控制位 SM2

用于方式 2 和方式 3 中。在方式 2 和方式 3 处于接收状态时，若 SM2=1 且接收到的第 9 位数据 RB8 为 0 时，不激活 RI；若 SM2=1 且 RB8=1 时，则置 RI=1。在方式 2 和方式 3 处于接收或发送状态时，若 SM2=0，不论接收到第 9 位 RB8 为 0 还是 1，TI、RI 都以正常方式被激活。在方式 1 处于接收状态时，若 SM2=1，则只有收到有效的停止位后，RI 置 1。在方式 0 中，SM2 应为 0。

7. 串行方式选择位 SM1、SM0

有 4 种方式供选择，见表 B-4。

表 B-4　串行口的工作方式

SM0　SM1	工作方式	功　能	波 特 率
0　0	方式 0	8 位同步移位寄存器	$f_{osc}/12$
0　1	方式 1	10 位 UART	可变
1　0	方式 2	11 位 UART	$f_{osc}/64$ 或 $f_{osc}/32$
1　1	方式 3	11 位 UART	可变

B.3.13　定时器/计数器工作方式寄存器(TMOD)

TMOD 是一个 8 位的特殊功能寄存器，字节地址为 89H，不能位寻址。其低 4 位用于 T/C0，高 4 位用于 T/C1，如图 B.8 所示。

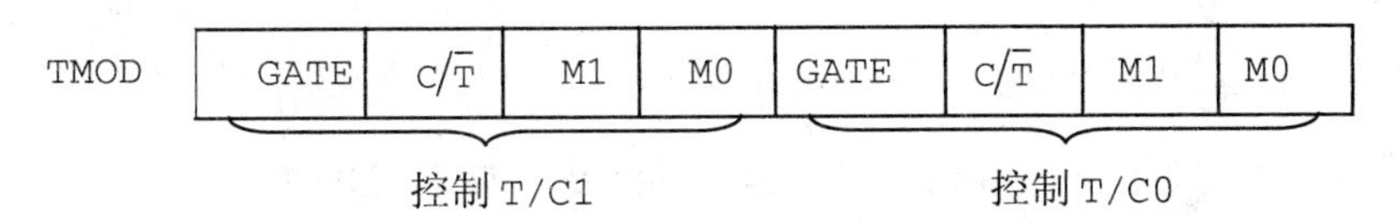

图 B.8　特殊功能寄存器 TMOD

1. 门控位 GATE

该位用于决定是用软件还是用外部中断引脚 $\overline{INT0}$ 或 $\overline{INT1}$ 来控制 T/C 工作。GATE=0，由软件编程控制位 TR0(T/C0)或 TR1(T/C1)控制 T/C 工作。GATE=1，由外部中断引脚 $\overline{INT0}$ 或 $\overline{INT1}$ 控制 T/C 工作。

2. 功能选择位 $C/\overline{T}$

该位用于选择 T/C 的功能。$C/\overline{T}=0$，定时。$C/\overline{T}=1$，计数。

3. 工作方式选择位 M1M0

(1) M1M0=00：工作方式 0，最大计数值为 2^{13}，初值不能自动重装。
(2) M1M0=01：工作方式 1，最大计数值为 2^{16}，初值不能自动重装。
(3) M1M0=10：工作方式 2，最大计数值 2^{8}，初值能自动重装。
(4) M1M0=11：工作方式 3，TH0、TL0 独立，TL0 是定时器/计数器，TH0 只能定时。

B.3.14 电源及波特率选择寄存器(PCON)

PCON 主要是为 CHMOS 型单片机的电源控制而设置的专用寄存器，字节地址为 87H，不可以位寻址。在 CHMOS 型单片机中，PCON 除了最高位以外，其他位都是虚设的，其格式如图 B.9 所示。

PCON	SMOD	/	/	/	GF1	GF0	PD	IDL

图 B.9 电源及波特率选择寄存器 PCON

各位的含义如下。

1. 待机方式位 IDL

IDL=1 为待机方式。此时振荡器仍运行，并向中断逻辑、串行口、定时器/计数器提供时钟，CPU 时钟被阻断，CPU 不工作，中断功能存在，SP、PSW、ACC 及通用寄存器被“冻结”。采用中断可退出待机方式。

2. 掉电方式位 PD

PD=1 为掉电方式。当检测到单片机有故障时，置 PD 为 1，单片机停止工作，内部 RAM 单元被保存。当电源恢复后，硬件复位 10 ms 即退出掉电方式。

3. 通用标志位 GF0、GF1

功能可由用户自定义。

4. 波特率倍增位 SMOD

在方式 1、方式 2 和方式 3 时，串行通信的波特率与 SMOD 有关。当 SMOD=0 时，波特率不变；当 SMOD=1 时，波特率×2。

B.4 Keil μVision4 中存储空间的划分

在μVision4 的软件仿真环境中，标准 80C51 的所有有效存储空间资源都可以使用存储器(Memory)对话框进行查看和修改。

μVision4 把存储空间资源分成以下 4 种类型加以管理。

1. 内部可直接寻址 RAM(类型 data，简称 d)

在标准 80C51 中，可直接寻址空间为 0～0x7F 范围的 RAM 和 0x80～0xFF 范围的 SFR(特殊功能寄存器)。在μVision4 中把它们组合成空间连续的可直接寻址的 data 空间。

2. 内部可间接寻址 RAM(类型 idata，简称 i)

在标准 80C51 中，可间接寻址空间为 0～0xFF 范围内的 RAM。其中，地址范围 0x00～0x7F 内的 RAM 和地址范围 0x80～0xFF 内的 SFR 既可以间接寻址，也可以直接寻址；地址范围 0x80～0xFF 的 RAM 只能间接寻址。在μVision4 中把它们组合成空间连续的可间

接寻址的 idata 空间。

3. 外部数据空间 XRAM(类型 xdata，简称 x)

在标准 80C5l 中，外部可间接寻址 64KB 地址范围的数据存储器，在μVision4 中把它们组合成空间连续的可间接寻址的 xdata 空间。

4. 程序空间 code(类型 code，简称 c)

在标准 80C5l 中，程序空间有 64KB 的地址范围。程序存储器的数据按用途可分为程序代码(用于程序执行)和程序数据(程序使用的固定参数)。

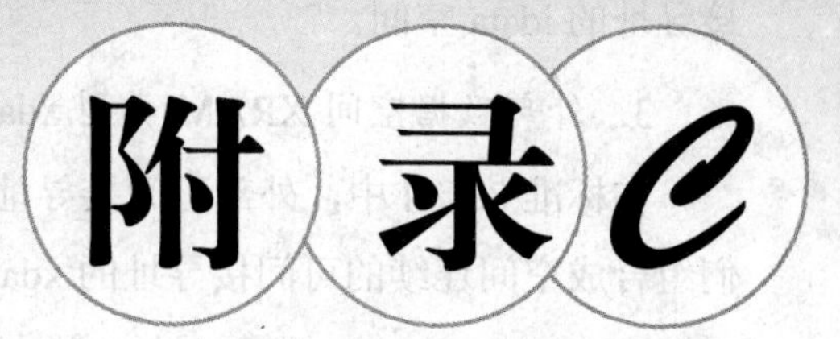

51 系列单片机的寻址方式

单片机能够按照人们的意愿工作，是因为人们通过程序给了它相应指令。指令是 CPU 用于控制功能部件完成某一指定动作的指示和命令，而程序由一条条指令组成的，所有指令的集合称为指令系统。不同厂商生产的单片机都有其特有的指令系统。指令系统越丰富，说明 CPU 的功能越强。

MCS-51 系列单片机指令系统共有 33 种功能、42 种助记符、111 条指令、7 种寻址方式。在附录 C 中主要介绍指令系统中的指令格式、符号约定以及寻址方式。

C.1 指令格式

MCS-51 系列单片机的汇编语言指令格式：

[标号：] 操作码 [操作数] [；注释]

1. 标号

标号是用户设定的符号，表示该语句所在的地址。

标号是可选项。

标号由以字母开头的 1～8 个 ASCII 字符组成，且不能与程序中已经定义过的符号相同。

标号后必须用冒号。

2. 操作码

操作码是由英文缩写组成的字符串，它规定了指令的操作功能，是指令格式中唯一不能空缺的部分。

如 MOV 表示数据传送操作、ADD 表示加法操作等。

3. 操作数

操作数用于给指令的操作提供数据或地址。

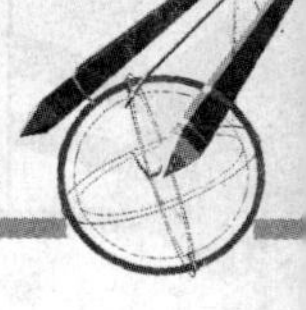

操作数是可选项，操作数的个数为 0～3。

操作数与操作码之间须用空格分隔，各操作数之间必须用逗号分隔。

在双操作数指令中，把左边的操作数称为目的操作数，而右边操作数称之为源操作数。例如：

```
RET                          ;没有操作数，操作数隐含在操作码中
CPL    A                     ;有一个操作数
MOV    A, #00H               ;有两个操作数
CJNE   A, #00H, NEXT         ;三个操作数
```

4. *注释*

注释是对语句或程序段功能的说明，用以提高程序的可读性。

注释要用分号“；”开头，注释的长度不限，但每行开头仍须使用分号“；”。

注释是可选项。

C.2　符号约定

在介绍寻址方式以及附录 D-51 系列单片机的指令系统之前，先了解一些汇编语言中特殊符号的含义，这对今后编写规范的汇编程序是相当有用的。

C.2.1　数值的表示形式

(1) 二进制数：末尾用字母 B 标识。如：01010011B。

(2) 十进制数：末尾用字母 D 标识或不用任何标识。如：96D、78。

(3) 十六进制数：末尾用字母 H 标识，在表示时，如果以字母开头，则须在其前面添加“0”。如：1AH、0F8H、0D9H。

(4) ASCII 字符或代码：用单引号括起来标识。如：“GOD”、“288”。

C.2.2　指令的书写约定

指令的书写必须遵守一定的规则，为了叙述方便，采用表 C-1 的约定。

表 C-1　指令的书写约定

符　　号	含　　义
Rn	表示当前工作寄存器组中的 R0～R7
Ri	表示当前工作寄存器组中、可作为地址寄存器的 R0～R1，用于间接寻址
#data	表示 8 位立即数，即常数 00H～FFH
#data16	表示 16 位立即数，即常数 0000H～FFFFH
addr16	表示 16 位地址，用于 64KB 范围内寻址，用于 LCALL 和 LJMP 指令中
addr11	表示 11 位地址，用于 2KB 范围内寻址，用于 ACALL 和 AJMP 指令中
direct	8 位直接地址，可以是内部 RAM 区的某一字节或某一 SFR 的地址
rel	带符号的 8 位偏移量(从下条指令的第一个字节开始的-128～+127 范围)
bit	位寻址区、SFR 中的直接寻址位

续表

符　号	含　义
(x)	表示字节地址为 x 的单元中的数据
((x))	表示以字节地址 x 中的数据作为地址的单元中的数据
←	将←后面的内容传送到前面去
@	间接寄存器寻址或基址寄存器的前缀
/	加在位地址前面，表示对该位的状态取反
A	表示累加器 ACC
C	表示 PSW 中的进位标志位 CY

C.3 寻 址 方 式

从指令格式知道，绝大部分指令执行时都需要用到操作数，寻找操作数(即参与操作的数据或数据的地址)的方式称为寻址方式。一条指令采用什么样的寻址方式，是由指令的功能决定的。

MCS-51 指令系统提供了寄存器寻址、直接寻址、立即数寻址、寄存器间接寻址、变址寻址、相对寻址和位寻址 7 种寻址方式。寻址方式越多，指令功能就越强。

C.3.1 立即数寻址

A

3AH

3AH

图 C.1 立即数寻址示意图

立即数寻址是指将操作数直接写在指令中。注意：立即数前面必须加“#”号，以区别于直接地址。

例如：

MOV A，#3AH ；A←#3AH，#3AH 为立即数，执行过程如图 C.1 所示。

C.3.2 直接地址寻址

直接地址寻址是指把存放操作数的片内 RAM 的地址(00H～0FFH)直接写在指令中。特殊功能寄存器 SFR(80H～0FFH)在指令中可以用 SFR 名称表示，也可以用 SFR 字节地址来表示。

例如：

MOV A，3AH ；A←(3AH)，3AH 为直接地址

设(3AH)=88H，那么上述指令的执行过程如图 C.2 所示。

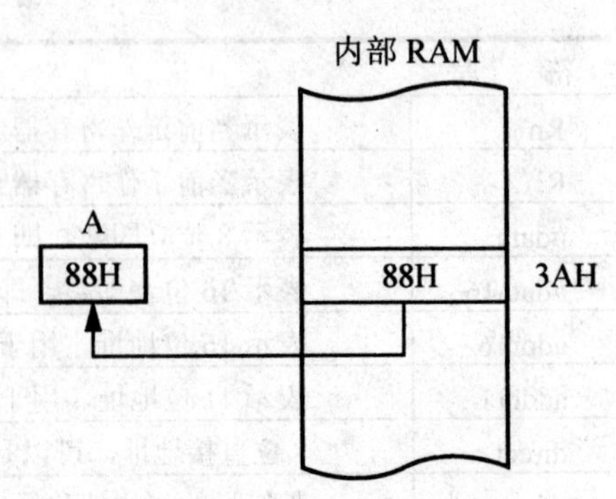

图 C.2 直接地址寻址示意图

又如：

MOV A，P1 ； A←(P1)，P1 为 SFR

C.3.3 寄存器寻址

寄存器寻址是指将操作数存放于寄存器中，

寄存器包括工作寄存器 R0～R7、累加器 A、通用寄存器 B、地址寄存器 DPTR 等。

例如：

MOV　R1，A　　；R1←(A)，R1、A 均为寄存器

如果程序状态寄存器 PSW 的 RS1RS0=01(即选中第二组工作寄存器，对应地址为 08H～0FH)，设(A)=20H，则执行上述指令后，09H 字节(即 R1)的数据就变为 20H，如图 C.3 所示。

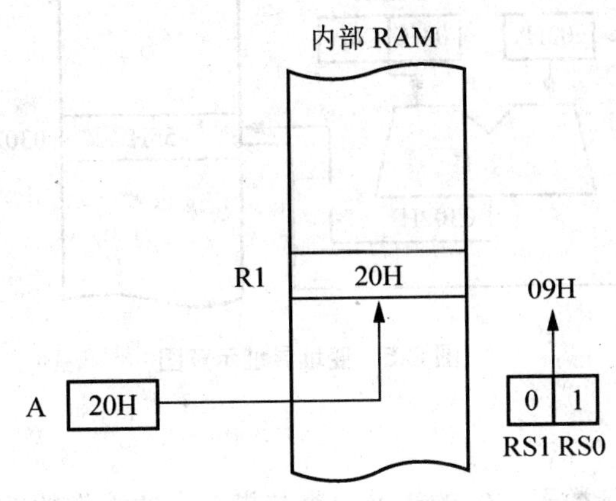

图 C.3　寄存器寻址示意图

C.3.4　寄存器间接寻址

寄存器间接寻址是指寄存器中存放的操作数的地址，执行指令时，首先根据寄存器的内容，找到所需要的操作数地址，再由该地址找到操作数并完成相应操作。

在 MCS-51 指令系统中，寄存器间接寻址寄存器只有 R0、R1 和 DPTR3 个。注意间接寻址寄存器前面必须加上符号“@”。

例如：

MOV A，@R0　　；A←((R0))，R0 中存放的是操作数的地址

设(R0)=3AH，(3AH)=65H，则上述指令的执行结果是(A)=65H，指令的执行过程如图 C.4 所示。

C.3.5　变址寻址

变址寻址是指将基址寄存器与变址寄存器的内容相加，结果作为操作数的地址。基址寄存器可以是 DPTR 或 PC，变址寄存器为累加器 A。

变址寻址方式的指令只有 3 条，并且只有读操作而无写操作。

```
MOVC   A, @A+DPTR
MOVC   A, @A+PC
JMP    @A+DPTR
```

变址寻址方式主要用于查表操作。

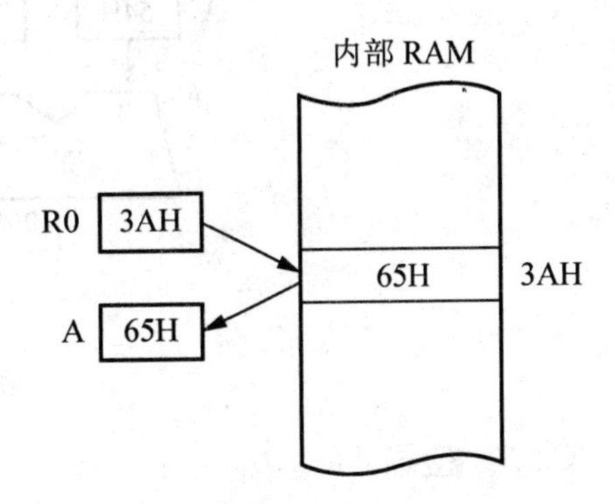

图 C.4　寄存器间址寻址示意图

例如：

MOVC　A，@A+DPTR　；A←((A)+(DPTR))

设(A)=02H，(DPTR)=0300H，外部 ROM 中(0302H)=55H，则上述指令的执行结果是(A)=55H，指令的执行过程如图 C.5 所示。

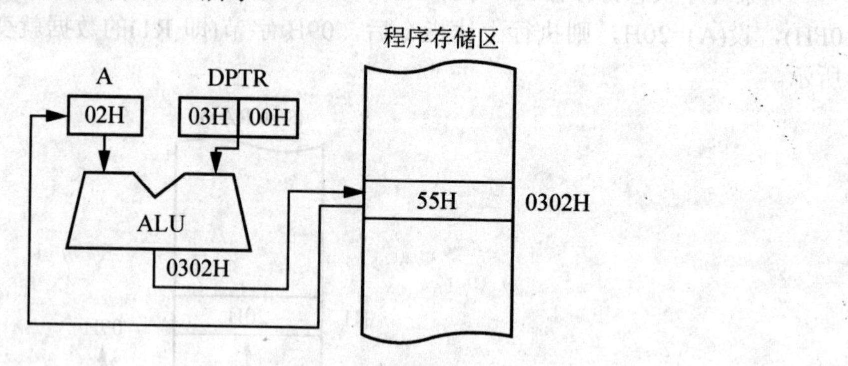

图 C.5　变址寻址示意图

C.3.6　相对寻址

相对寻址是指程序计数器 PC 的当前内容与指令中的操作数(即地址偏移量 rel)相加，其结果作为跳转指令的转移地址(也称目的地址)。相对寻址主要用于实现程序的分支转移，目的地址的计算公式如下：

目的地址 ＝ 源地址＋转移指令字节数＋rel 的真值

例如：

SJMP　54H　；　PC←(PC)+2+54H，转移指令 SJMP 占两个字节

设 PC 的当前内容为 2000H，当执行指令 SJMP　54H 时，先从 2000H 和 2001H 单元取出指令，PC 自动变为 2002H；再把 PC 的内容与操作数 54H 相加，形成目标地址 2056H，再送回 PC，使得程序跳转到 2056H 单元继续执行。该指令的执行过程如图 C.6 所示。

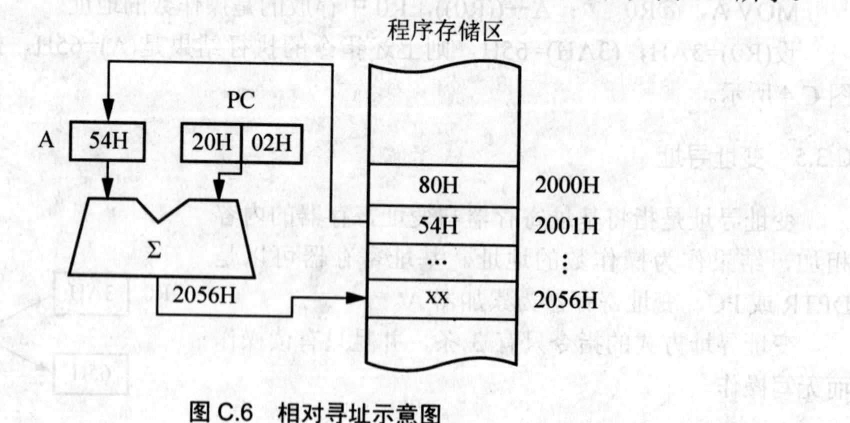

图 C.6　相对寻址示意图

C.3.7　位寻址

位寻址是指操作数存放的是位地址。

MCS-51 系列单片机中，可以位寻址的区域有两个：一是内部 RAM 的位寻址区，地址

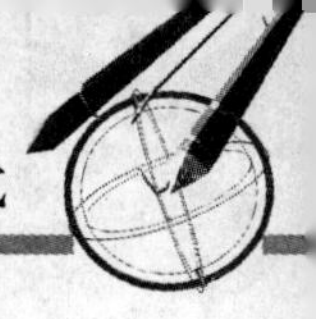

范围是 20H～2FH，共 16 个 RAM 单元，位地址为 00H～7FH；二是特殊功能寄存器 SFR 中有 11 个寄存器可以位寻址。详见附录 B。

例如：

SETB　3DH　；3DH←1。

设(27H)=00H，执行上述指令后，(27H)=20H。由于 3DH 对应着片内 RAM 27H.5 位，因此该位变为 1，即 27H 单元的内容变为 20H。该指令的执行过程如图 C.7 所示。

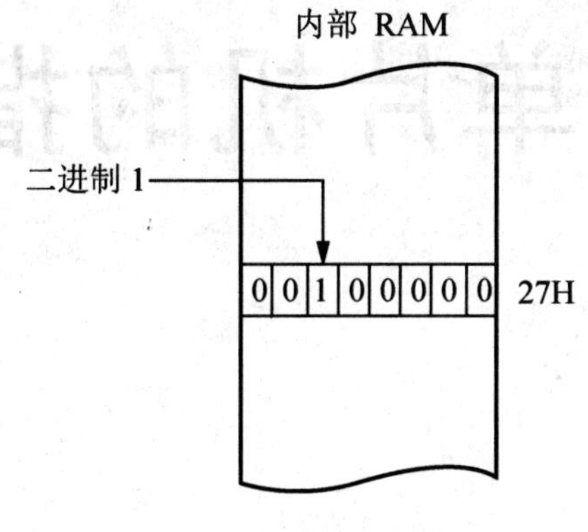

图 C.7　位寻址示意图

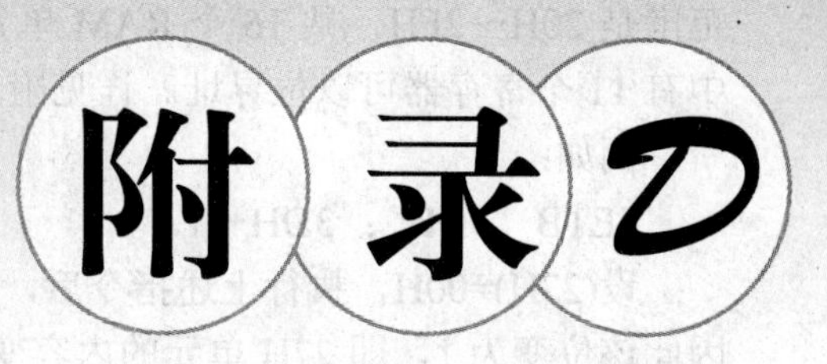

51 系列单片机的指令系统

MCS-51 系列单片机指令系统包括 111 条指令，按功能可以划分为以下 5 类：数据传送指令(28 条)、算术运算指令(24 条)、逻辑运算指令(25 条)、控制转移指令(17 条)、位操作指令(17 条)。另外，单片机汇编语言程序设计中，除了使用指令系统规定的指令外，还要用到一些伪指令。

表中“指令助记符(不含操作码)”的含义参见附录 C。

表中“字节数”是指该指令占用的字节数。

表中“周期数”是指执行该指令所需的机器周期数。

D.1　MCS-51 数据传送指令

数据传送指令可以实现片内 RAM、寄存器、片外 RAM 以及程序存储器之间的数据传送。数据传送操作是指把数据从源地址传送到目的地址，源地址内容不变。数据传送指令不影响标志 C、AC 和 OV，但可能会对奇偶标志 P 有影响。

D.1.1　内部 8 位数据传送指令

内部 8 位数据传送指令共 15 条(表 D-1)，主要用于 MCS-51 系列单片机内部 RAM 与寄存器之间的数据传送。

指令基本格式：MOV　<目的操作数>，<源操作数>

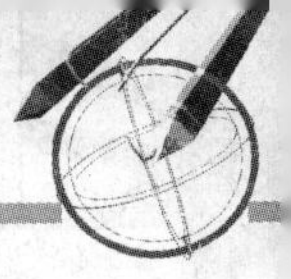

表 D-1　内部 8 位数据传送指令

指令助记符			字节数	周期数	相应操作	源操作数寻址方式	对 PSW 的影响
操作码	目的操作数	源操作数					
MOV	A	，Rn	1	1	A←(Rn)	寄存器寻址	P
		，direct	2	1	A ←(direct)	直接地址寻址	
		，@Ri	1	1	A ←((Ri))	寄存器间接寻址	
		，#data	2	1	A ←#data	立即数寻址	
MOV	Rn	，A	1	1	Rn ←(A)	寄存器寻址	
		，direct	2	2	Rn ←(direct)	直接地址寻址	
		，#data	2	1	Rn ←#data	立即数寻址	
MOV	direct	，A	2	1	direct ←(A)	寄存器寻址	
		，Rn	2	2	direct ←(Rn)	寄存器寻址	
		，direct1	3	2	direct ← (direct1)	直接地址寻址	
		，@Ri	2	2	direct ←((Ri))	寄存器间接寻址	
		，#data	3	2	direct ←#data	立即数寻址	
MOV	@Ri	，A	1	1	(Ri)←(A)	寄存器寻址	
		，direct	2	2	(Ri)←(direct)	直接地址寻址	
		，#data	2	1	(Ri)←#data	立即数寻址	

D.1.2　16 位数据传送指令

16 位数据传送指令只有 1 条(表 D-2)，其功能是把 16 位常数送入数据指针寄存器 DPTR。

表 D-2　16 位数据传送指令

指令助记符			字节数	周期数	相应操作	源操作数寻址方式	对 PSW 的影响
操作码	目的操作数	源操作数					
MOV	DPTR	，#data16	3	2	DPH ← #data 高 8 位， DPL ← #data 低 8 位	立即数寻址	

D.1.3　外部数据传送指令

外部数据传送指令共有 4 条(表 D-3)，其功能是对片外 RAM 中的数据进行读写，并且这种读写必须通过累加器 A 来进行。

表 D-3　外部数据传送指令

指令助记符			字节数	周期数	相应操作	源操作数寻址方式	对 PSW 的影响
操作码	目的操作数	源操作数					
MOVX	A	，@DPTR	1	2	A←((DPTR))	寄存器间接寻址	P
		，@Ri	1	2	A ←((Ri))	寄存器间接寻址	
	@DPTR	，A	1	2	(DPTR) ←(A)	寄存器寻址	
	@Ri		1	2	(Ri) ←(A)	寄存器寻址	

D.1.4　数据交换指令

数据交换指令共有 5 条(表 D-4)，其功能是把累加器 A 中的内容与源操作数所指的数据相互交换。

表 D-4　数据交换指令

指令助记符			字节数	周期数	相应操作	源操作数寻址方式	对 PSW 的影响
操作码	目的操作数	源操作数					
XCH	A	，Rn	1	1	(A)↔(Rn)，字节交换	寄存器寻址	P
		，direct	2	1	(A)↔(direct)，字节交换	直接地址寻址	
		，@Ri	1	1	(A)↔((Ri))，字节交换	寄存器间接寻址	
XCHD	A	，@Ri	1	1	$(A)_{3-0}$↔$((Ri))_{3-0}$，半字节交换，低 4 位交换，高 4 位不变	寄存器间接寻址	P
SWAP	A		1	1	$(A)_{3-0}$↔$(A)_{7-4}$，累加器 A 中高、低 4 位互相交换		

D.1.5　查表指令

查表指令共有两条(表D-5)，其功能是对存放于程序存储器中的数据表格进行查找传送。

表 D-5　查表指令

指令助记符			字节数	周期数	相应操作	源操作数寻址方式	对 PSW 的影响
操作码	目的操作数	源操作数					
MOVC	A	，@A+DPTR	1	2	A ←((A)+(DPTR))	变址寻址	P
		，@A+PC	1	2	A ←((A)+(PC))	变址寻址	

D.1.6　堆栈操作指令

堆栈操作指令共有两条(表 D-6)，其功能是将数据进栈或将栈顶出栈。堆栈操作必须是字节操作，且只能直接地址寻址。

表 D-6　堆栈操作指令

指令助记符			字节数	周期数	相应操作	源操作数寻址方式	对PSW的影响
操作码	目的操作数	源操作数					
PUSH		direct	2	2	SP←(SP)+1，(SP)←(direct)，进	直接地址寻址	
POP	direct		2	2	direct←((SP))，SP←(SP)-1，出		

D.2　算术运算指令

算术运算指令共有 24 条，包括：加、减、乘、除法四则运算，加、减 1 操作，BCD 码运算和调整。虽然 51 系列单片机的算术逻辑单元 ALU 仅能对 8 位无符号整数进行运算，但利用进位标志 C，则可进行多字节无符号整数的运算。同时利用溢出标志，还可以对带符号数进行补码运算。

除加、减 1 指令外，算术运算指令大多数都会对 PSW 有影响。

D.2.1　加法指令

加法指令共有 4 条(表 D-7)，其功能是把累加器 A 的内容与源操作数的内容相加，运算结果送回累加器 A 中。

表 D-7　加法指令

指令助记符			字节数	周期数	相应操作	源操作数寻址方式	对PSW的影响
操作码	目的操作数	源操作数					
ADD	A	，Rn	1	1	A←(A)+(Rn)	寄存器寻址	CY、OV、AC和P
		，direct	2	1	A←(A)+(direct)	直接地址寻址	
		，@Ri	1	1	A←(A)+((Ri))	寄存器间接寻址	
		，#data	2	1	A←(A)+#data	立即数寻址	

D.2.2　带进位加法指令

带进位加法指令共有 4 条(表 D-8)，其功能是把累加器 A 的内容与源操作数的内容、进位标志位 CY 的内容相加，运算结果送回累加器 A 中。

表 D-8　带进位加法指令

指令助记符			字节数	周期数	相应操作	源操作数寻址方式	对PSW的影响
操作码	目的操作数	源操作数					
ADDC	A	，Rn	1	1	A←(A)+(Rn)+(CY)	寄存器寻址	CY、OV、AC和P
		，direct	2	1	A←(A)+(direct) +(CY)	直接地址寻址	
		，@Ri	1	1	A←(A)+((Ri)) +(CY)	寄存器间接寻址	
		，#data	2	1	A←(A)+#data+(CY)	立即数寻址	

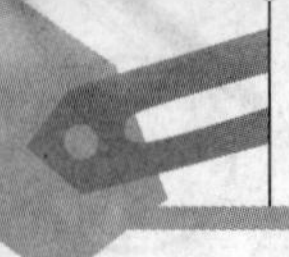

D.2.3 带借位减法指令

带进位减法指令共有 4 条(表 D-9)，其功能是把累加器 A 的内容与源操作数的内容、借位标志位 CY 的内容相减，运算结果送回累加器 A 中。注意：减法指令中没有不带借位的减法指令，所以在需要时，必须先将 CY 清 0。

在进行减法运算时，CY=1 表示有借位，CY=0 则无借位。OV=1 说明带符号数相减时，从一个正数减去一个负数结果为负数，或者从一个负数中减去一个正数结果为正数的错误情况。

表 D-9 带进位减法指令

指令助记符			字节数	周期数	相应操作	源操作数寻址方式	对 PSW 的影响
操作码	目的操作数	源操作数					
SUBB	A	，Rn	1	1	A←(A)-(Rn)-(CY)	寄存器寻址	CY、OV、AC 和 P
		，direct	2	1	A←(A)-(direct) -(CY)	直接地址寻址	
		，@Ri	1	1	A←(A)-((Ri)) -(CY)	寄存器间接寻址	
		，#data	2	1	A←(A)-#data-(CY)	立即数寻址	

D.2.4 乘、除法指令

乘、除法指令各有 1 条(表 D-10)。

乘法指令的功能是把累加器 A 和寄存器 B 中的 8 位无符号数相乘，所得到的是 16 位乘积，并将结果的低 8 位存在累加器 A，而高 8 位存在寄存器 B 中。如果 OV=1，说明乘积大于 FFH，否则 OV=0，但进位标志位 CY 总是等于 0。

除法指令的功能是把累加器 A 的 8 位无符号整数除以寄存器 B 中的 8 位无符号整数，所得到的商存在累加器 A，而余数存在寄存器 B 中。除法运算总是使 OV 和进位标志位 CY 等于 0。如果 OV=1，表明寄存器 B 中的内容为 00H，那么执行结果为不确定值，表示除法有溢出。

表 D-10 乘、除法指令

指令助记符			字节数	周期数	相应操作	源操作数寻址方式	对 PSW 的影响
操作码	目的操作数	源操作数					
MUL		AB	1	4	A←(A)*(B)的低 8 位 B←(A)*(B)的高 8 位	寄存器寻址	OV、P，CY←0
DIV		AB	1	4	A←(A)/(B)的商 B←(A)/(B)的余数	寄存器寻址	OV、P，CY←0

D.2.5 加 1、减 1 指令

加 1、减 1 指令各有 5 条、4 条(表 D-11)。

加 1 或减 1 指令的功能是将源操作数的内容加 1 或减 1，结果送回源操作数。如果直

接地址 direct 是 I/O 口，其功能是先读入 I/O 锁存器的内容，然后在 CPU 进行加 1 或减 1 操作，再输出到 I/O 口上，即执行“读—修改—写”操作。

表 D-11 加 1、减 1 指令

指令助记符			字节数	周期数	相应操作	源操作数寻址方式	对 PSW 的影响
操作码	目的操作数	源操作数					
INC		A	1	1	A←(A)+1	寄存器寻址	
		Rn	1	1	Rn←(Rn)+1	寄存器寻址	
		direct	2	1	direct←(direct)+1	直接地址寻址	
		@Ri	1	1	(Ri)←((Ri))+1	寄存器间接寻址	
		DPTR	1	2	DPTR←(DPTR)+1	寄存器寻址	
DEC		A	1	1	A←(A)-1	寄存器寻址	
		Rn	1	1	Rn←(Rn)-1	寄存器寻址	
		direct	2	1	direct←(direct)+1	直接地址寻址	
		@Ri	1	1	(Ri)←((Ri))-1	寄存器间接寻址	

D.2.6 BCD 码调整指令

BCD 码调整指令仅 1 条(表 D-12)。在进行 BCD 码运算时，这条指令总是跟在 ADD 或 ADDC 指令之后，其功能是将执行加法运算后存于累加器 A 中的结果进行调整和修正。

表 D-12 BCD 码调整指令

指令助记符			字节数	周期数	相应操作	源操作数寻址方式	对 PSW 的影响
操作码	目的操作数	源操作数					
DA		A	1	1	BCD 码加法调整指令	寄存器寻址	OV，P，CY，AC

BCD(Binary Coded Decimal)码是用 4 位二进制数来表示 1 位十进制数，4 位二进制数的权分别为 8、4、2、1。BCD 码只是一种表示形式，与其数值没有关系。十进制数码 0～9 所对应的二进制码表 D-13。

表 D-13 十进制数码与 BCD 码对应表

十进制数码	0	1	2	3	4	5	6	7	8	9
二进制码	0000	0001	0010	0011	0100	0101	0110	0111	1000	1001

例如 56D、87D、143D 的 BCD 码分别为：0101 0110，1000 0111，0001 0100 0011。

D.3 逻辑运算及移位指令

逻辑运算和移位指令共有 25 条，有与、或、异或、求反、左右移位、清 0 等逻辑操作，一般不影响 PSW 标志。

D.3.1　逻辑与操作指令

逻辑与操作指令共有 6 条(表 D-14)，其功能是将两个操作数中的内容执行逻辑与操作。如果直接地址 direct 是 I/O 地址，则为“读—修改—写”操作。逻辑与指令通常用于将一个字节中的指定位清 0，其他位不变。

表 D-14　逻辑与操作指令

指令助记符			字节数	周期数	相应操作	源操作数寻址方式	对 PSW 的影响
操作码	目的操作数	源操作数					
ANL	A	，direct	2	1	A←(A)∧(direct)	直接地址寻址	P
		，Rn	1	1	A←(A)∧(Rn)	寄存器寻址	P
		，@Ri	1	1	A←(A)∧((Ri))	寄存器间接寻址	P
		，#data	2	1	A←(A)∧#data	立即数寻址	P
	direct	，A	2	1	direct←(direct)∧(A)	寄存器寻址	
		，#data	3	2	direct←(direct)∧#data	立即数寻址	

D.3.2　逻辑或操作指令

逻辑或操作指令共有 6 条(表 D-15)，其功能是将两个操作数中的内容执行逻辑或操作。如果直接地址 direct 是 I/O 地址，则为“读—修改—写”操作。逻辑或指令通常用于将一个字节中的指定位置 1，其他位不变。

表 D-15　逻辑或操作指令

指令助记符			字节数	周期数	相应操作	源操作数寻址方式	对 PSW 的影响
操作码	目的操作数	源操作数					
ORL	A	，direct	2	1	A←(A) ∨ (direct)	直接地址寻址	P
		，Rn	1	1	A←(A) ∨ (Rn)	寄存器寻址	P
		，@Ri	1	1	A←(A) ∨ ((Ri))	寄存器间接寻址	P
		，#data	2	1	A←(A) ∨#data	立即数寻址	P
	direct	，A	2	1	direct←(direct) ∨ (A)	寄存器寻址	
		，#data	3	2	direct←(direct) ∨#data	立即数寻址	

D.3.3　逻辑异或操作指令

逻辑异或操作指令共有 6 条(表 D-16)，其功能是将两个操作数中的内容执行逻辑异或操作。“异或”原则是相同为 0，不同为 1。如果直接地址 direct 是 I/O 地址，则为“读—修改—写”操作。

表 D-16　逻辑异或操作指令

指令助记符			字节数	周期数	相应操作	源操作数寻址方式	对 PSW 的影响
操作码	目的操作数	源操作数					
XRL	A	，direct	2	1	A←(A) ⊕ (direct)	直接地址寻址	P
		，Rn	1	1	A←(A) ⊕ (Rn)	寄存器寻址	P
		，@Ri	1	1	A←(A) ⊕ ((Ri))	寄存器间接寻址	P
		，#data	2	1	A←(A) ⊕#data	立即数寻址	P
	direct	，A	2	1	direct←(direct) ⊕ (A)	寄存器寻址	
		，#data	3	2	direct←(direct) ⊕#data	立即数寻址	

D.3.4　累加器 A 取反和清 0 指令

累加器 A 取反、清 0 指令各有 1 条(表 D-17)。累加器 A 取反指令 CPL 的功能是将累加器 A 中的内容按位取反。累加器 A 清 0 指令 CLR 的功能是将累加器 A 中的内容清 0。

表 D-17　累加器 A 清 0、取反指令

指令助记符			字节数	周期数	相应操作	源操作数寻址方式	对 PSW 的影响
操作码	目的操作数	源操作数					
CPL		A	1	1	A← $\overline{(A)}$	寄存器寻址	P
CLR		A	1	1	A←#00H	寄存器寻址	P

D.3.5　循环移位指令

循环移位指令共有 4 条(表 D-18)，其功能是将累加器 A 中的内容循环左或右移一位，后两条指令是连同进位位 CY 一起移位。执行带进位的循环移位指令之前，必须给 CY 置 1 或清 0。

表 D-18　循环移位指令

指令助记符			字节数	周期数	相应操作	源操作数寻址方式	对 PSW 的影响
操作码	目的操作数	源操作数					
RL		A	1	1	←A7←-A0←	寄存器寻址	
RR		A	1	1	→A7→-A0→	寄存器寻址	
RLC		A	1	1	Cy←A7←-A0	寄存器寻址	CY
RRC		A	1	1	Cy→A7→-A0	寄存器寻址	CY

D.4 控制转移类指令

控制转移指令用于控制程序的流向，分为无条件转移指令、条件转移指令和调用/返回指令，这些指令的执行一般都不会对 PSW 有影响。

D.4.1 无条件转移指令

无条件转移指令共有 4 条(表 D-19)，执行这组指令后，程序就会无条件地转移到指令所指向的地址上去。

表 D-19 无条件转移指令

指令助记符		字节数	周期数	相应操作	对 PSW 的影响
操作码	操作数				
LJMP	addr16	3	2	PC←addr16，长转移(64KB)	
AJMP	addr11	2	2	PC←(PC)+2，$PC_{10\text{-}0}$←addr11，绝对转移(2KB)	
SJMP	rel	2	2	PC←(PC)+2+rel，相对转移(256B，以本指令的下一条指令为中心的-128～+127 字节以内)	
JMP	@A+DPTR	1	2	PC←(A)+(DPTR)，间接寻址的无条件转移(64KB)，通常用于散转(多分支)程序	

在实际应用中，LJMP、AJMP 和 SJMP 后面的 addr16、addr11 或 rel 都是用标号来代替的，不一定写出它们的具体地址。

D.4.2 条件转移指令

条件转移指令共有 8 条(表 D-20)。程序可利用这组丰富的指令，对当前条件进行判断，看是否满足某种特定的要求，从而控制程序的转向。

累加器 A 判 0 指令(JZ，JNZ)、比较转移指令(CJNE)、减 1 非零转移指令(DJNZ)的转移范围与指令 SJMP 相同。

DJNZ 指令通常用于循环程序中控制循环次数。

表 D-20 条件转移指令

指令助记符				字节数	周期数	相应操作	对 PSW 的影响
操作码	操作数 1	操作数 2	操作数 3				
JZ	rel			2	2	若(A)=0， 则 PC←(PC)+2+rel 若(A)≠0，则程序顺序执行	
JNZ	rel			2	2	若(A)≠0，则 PC←(PC)+2+rel 若(A)=0， 则程序顺序执行	

续表

指令助记符				字节数	周期数	相应操作	对 PSW 的影响
操作码	操作数 1	操作数 2	操作数 3				
CJNE	A	, #data	, rel	3	2	若(A)≠#data，则 PC←(PC)+3+rel 若(A)=#data，　则顺序执行 若(A)<#data，　则 CY=1 若(A)>#data，　则 CY=0	CY
	Rn	, #data	, rel	3	2	若(Rn)≠#data，则 PC←(PC)+3+rel 若(Rn)=#data，　则顺序执行 若(Rn)<#data，　则 CY=1 若(Rn)>#data，　则 CY=0	CY
	@Ri	, #data	, rel	3	2	若((Ri))≠#data，则 PC←(PC)+3+rel 若((Ri))=#data，　则顺序执行 若((Ri))<#data，　则 CY=1 若((Ri))>#data，　则 CY=0	CY
	A	, direct	, rel	3	2	若(A)≠(direct)，　则 PC←(PC)+3+rel 若(A)=(direct)，　则顺序执行 若(A)<(direct)，　则 CY=1 若(A)>(direct)，　则 CY=0	CY
DJNZ	Rn	, rel		2	2	Rn←(Rn)−1 若(Rn)≠0，则 PC←(PC)+2+rel 若(Rn)=0，　则顺序执行	
	direct	, rel		3	2	(direct)← (direct)−1 若(direct)≠0，则 PC←(PC)+2+rel 若(direct)≠0，则顺序执行	

D.4.3　子程序调用、返回指令及空操作指令

子程序调用指令有两条、子程序返回有两条、空操作指令有一条(表 D-21)，指令执行的结果不影响 PSW。

表 D-21　子程序调用、返回指令以及空操作指令

指令助记符		字节数	周期数	相应操作
操作码	操作数			
ACALL	addr11	2	2	PC←(PC)+2；SP←(SP)+1，SP←$(PC)_{0-7}$；SP←(SP)+1，SP←$(PC)_{8-15}$ PC_{0-10} ← addr11，子程序短调用(2KB)
LCALL	addr16	3	2	PC←(PC)+3；SP←(SP)+1，SP←$(PC)_{0-7}$；SP←(SP)+1，SP←$(PC)_{8-15}$ PC← addr16，子程序长调用(64KB)
RET		1	2	PC_{8-15} ←(SP)，SP←(SP)−1；PC_{0-7} ←(SP)，SP ←(SP)−1 子程序返回指令
RETI		1	2	PC_{8-15} ←(SP)，SP ←(SP)−1；PC_{0-7} ←(SP)，SP ←(SP)−1 中断子程序返回指令
NOP		1	1	PC←(PC)+1；空操作，可用于短时间的延时

D.5 位操作类指令

位操作指令的操作数是“位(bit)”，其取值只能是 0 或 1，故又称之为布尔变量(或开关变量)操作指令。布尔处理功能是 MCS-51 系列单片机的一个重要特征，是出于实际应用需要而设置的。

在物理结构上，MCS-51 系列单片机有一个布尔处理机，它以进位标志 CY 作为累加位，以片内 RAM 的位寻址区(即 20H～2FH)和特殊功能寄存器 SFR 中的 11 个可位寻址的寄存器(详见附录 B)为操作对象。

D.5.1 位传送指令

位传送指令有两条(表 D-22)，其功能是实现可寻址位与累加位 CY 之间的数据传送。

表 D-22 内部 8 位数据传送指令

指令助记符			字节数	周期数	相应操作	源操作数寻址方式
操作码	目的操作数	源操作数				
MOV	C	, bit	2	1	CY← (bit)	位寻址
	bit	, C	2	2	bit← (CY)	位寻址

D.5.2 位置位、位清零指令

位置位、位清零指令共有 4 条(表 D-23)，其功能是对 CY 及可寻址位进行置 1 或清 0 操作。

表 D-23 位置位、位清零指令

指令助记符		字节数	周期数	相应操作	源操作数寻址方式
操作码	操作数				
CLR	C	1	1	CY← 0	位寻址
	bit	2	1	bit ← 0	位寻址
SETB	C	1	1	CY← 1	位寻址
	bit	2	1	bit ← 1	位寻址

D.5.3 位运算指令

位运算指令共有 6 条(表 D-24)，位运算都是逻辑运算，有与、或、非 3 种。

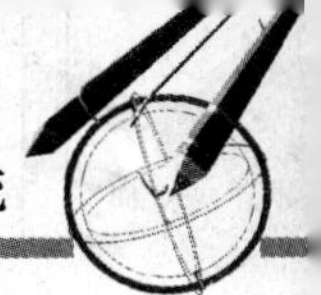

表 D-24　位运算指令

指令助记符			字节数	周期数	相应操作	源操作数寻址方式
操作码	目的操作数	源操作数				
ANL	C	，bit	2	2	CY← CY∧bit	位寻址
	C	，/bit	2	2	CY ← CY ∧ $\overline{\text{bit}}$	位寻址
ORL	C	，bit	2	2	CY ← CY ∨bit	位寻址
	C	，/bit	2	2	CY ← CY ∨ $\overline{\text{bit}}$	位寻址
CPL	C		1	2	CY ← $\overline{CY}$	
	bit		2	1	Bit← $\overline{\text{bit}}$	

D.5.4　位控制转移指令

位控制转移指令共有 5 条(表 D-25)，其功能是以位的状态作为实现程序转移的判断条件。指令结果不影响程序状态字寄存器 PSW。

表 D-25　位控制转移指令

指令助记符			字节数	周期数	相应操作	源操作数寻址方式
操作码	目的操作数	源操作数				
JC	rel		2	2	若 CY=1，则 PC←(PC)+2+rel 否则顺序执行	
JNC	rel		2	2	若 CY=0，则 PC←(PC)+2+rel 否则顺序执行	
JB	bit	，rel	3	2	若 bit=1，则 PC←(PC)+3+rel 否则顺序执行	直接地址寻址
JNB	bit	，rel	3	2	若 bit=0，则 PC←(PC)+3+rel 否则顺序执行	直接地址寻址
JBC	bit	，rel	2	2	若 bit=1，则 PC←(PC)+3+rel，(bit) ←0 否则顺序执行	直接地址寻址

D.6　常用伪指令

伪指令又称指示性指令，具有和指令类似的形式，但汇编时伪指令并不产生可执行的目标代码，只是对汇编过程进行某种控制或提供某些汇编信息。

D.6.1　符号定义伪指令

常用的符号定义伪指令共有 7 条。

1. EQU

指令格式：符号名 EQU 表达式

符号名 EQU 寄存器名

指令功能：用于将一个数值或寄存器名赋给一个指定符号名。只能定义单字节数据，并且必须遵循先定义后使用的原则，因此该语句通常放在源程序的开头部分。经 EQU 指令定义过的符号名不能更改。

经过 EQU 指令赋值的符号可在程序的其他地方使用，以代替其赋值。

例如：MAX EQU 2000；则在程序的其他地方出现 MAX，就用 2000 代替。

2. BIT

指令格式：符号名 BIT 位地址

指令功能：用于将一个位地址赋给指定的符号名。经 BIT 指令定义过的位符号名不能更改。

例如：
```
X_ON   BIT  60H        ;定义一个绝对位地址
X_OFF  BIT  24H.2      ;定义一个绝对位地址
```

3. DATA

指令格式：符号名 DATA 表达式

指令功能：用于将一个内部 RAM 的地址赋给指定的符号名。只能定义单字节数据，但可以先使用后定义，因此用它定义数据可以放在程序末尾。

例如：
```
REGBUF  DATA  40H
PORT0   DATA  80H
```

4. XDATA

指令格式：符号名 XDATA 表达式

指令功能：用于将一个外部 RAM 的地址赋给指定的符号名。

例如：
```
RSEG XSEG1              ;选择一个外部数据段
ORG 100H
MING DS 10              ;在标号 MING 处保留 10 个字节
HOUR   XDATA  MING+5
MUNIT  XDATA  HOUR+5
```

5. DATA

指令格式：符号名 IDATA 表达式

指令功能：用于将一个间接寻址的内部 RAM 地址赋给指定的符号名。

例如：FULLER IDATA 60H

6. CODE

指令格式：符号名 CODE 表达式

指令功能：用于将程序存储器 ROM 地址赋给指定的符号名。

例如：RESET CODE 00H

D.6.2　保留和初始化存储器空间伪指令

保留和初始化存储器空间伪指令共有4条。此类指令用于在存储器空间内保留和初始化字、字节和位单元，保留空间始于当前地址的绝对段和当前偏移地址再定位段。

1. DS

指令格式：[标号：] DS　数值表达式
指令功能：以字节为单位在内部和外部存储器保留存储器空间。
DS指令使当前数据段的地址计数器增加表达式结果之值，地址计数器与表达式结果之和不能超过当前地址空间。标号值将是保留区的第一个字节地址。

例如：
```
ORG  0200H
CUNTER DS 10          ;CUNTER 的地址是0200H
```

2. DBIT

指令格式：[标号：]　DBIT 数值表达式
指令功能：在内部数据区的BIT段以位为单位保留存储空间。其操作类似于DS。

3. DB

指令格式：[标号：] DB 数值表达式
指令功能：以给定表达式的值的字节形式初始化代码空间。其操作类似于DS。

4. DW

指令格式：[标号：] DB 数值表达式
指令功能：以给定表达式的值的双字节形式初始化代码空间。其操作类似于DS。

D.6.3　条件操作伪指令

指令格式：
```
IF  表达式
        [ 程序块 1 ]
    [ ELSE ]
        [ 程序块 2 ]
    ENDIF
```

指令功能：当IF指令中的表达式为真时，被汇编的代码段是程序块1；当IF指令中的表达式为假时，被汇编的代码段是程序块2。在一个条件结构中，仅有一个代码段被汇编，其他的则被忽略。

D.6.4　其他伪指令

1. 定位伪指令ORG

指令格式：[标号：]　ORG　地址表达式
指令功能：规定程序块或数据块存放的起始位置

例如：
```
ORG 1000H       ;表示下面指令 MOV A，#20H 存放于1000H开始的单元
```

MOV A，#20H

2. 汇编结束伪指令 END

指令格式：[标号：]　END

指令功能：汇编语言源程序结束标志，用于整个汇编语言程序的末尾处。

附录E

部分 ASCII 码对照表

信息在计算机上是用二进制表示的，这种表示法让人理解就很困难。因此计算机上都配有输入和输出设备，这些设备的主要目的就是，以一种人类可阅读的形式将信息在这些设备上显示出来供人阅读理解。为保证人类和设备、设备和计算机之间能进行正确的信息交换，人们编制的统一的信息交换代码，这就是 ASCII 码表，它的全称是“美国信息交换标准代码”。表 E-1 给出了部分字符的 ASCII 码值。

表 E-1　部分 ASCII 码对照表

十六进制	十进制	字符	十六进制	十进制	字符	十六进制	十进制	字符
20	32	sp	40	64	@	60	96	'
21	33	!	41	65	A	61	97	a
22	34	"	42	66	B	62	98	b
23	35	#	43	67	C	63	99	c
24	36	$	44	68	D	64	100	d
25	37	%	45	69	E	65	101	e
26	38	&	46	70	F	66	102	f
27	39	`	47	71	G	67	103	g
28	40	(	48	72	H	68	104	h
29	41	)	49	73	I	69	105	i
2a	42	*	4a	74	J	6a	106	j
2b	43	+	4b	75	K	6b	107	k
2c	44	,	4c	76	L	6c	108	l
2d	45	-	4d	77	M	6d	109	m
2e	46	.	4e	78	N	6e	110	n
2f	47	/	4f	79	O	6f	111	o

续表

十六进制	十进制	字符	十六进制	十进制	字符	十六进制	十进制	字符
30	48	0	50	80	P	70	112	p
31	49	1	51	81	Q	71	113	q
32	50	2	52	82	R	72	114	r
33	51	3	53	83	S	73	115	s
34	52	4	54	84	T	74	116	t
35	53	5	55	85	U	75	117	u
36	54	6	56	86	V	76	118	v
37	55	7	57	87	W	77	119	w
38	56	8	58	88	X	78	120	x
39	57	9	59	89	Y	79	121	y
3a	58	:	5a	90	Z	7a	122	z
3b	59	;	5b	91	[	7b	123	{
3c	60	<	5c	92	\	7c	124	|
3d	61	=	5d	93	]	7d	125	}
3e	62	>	5e	94	^	7e	126	~
3f	63	?	5f	95	–	7f	127	del

参 考 文 献

[1] 刘守义．单片机应用技术[M]．西安：西安电子科技大学出版社，2007．

[2] 张永枫．单片机应用实训教程[M]．北京：清华大学出版社，2008．

[3] 彭伟．单片机 C 语言程序设计实训 100 例[M]．北京：电子工业出版社，2009．

[4] 王静霞．单片机应用技术(C 语言版)[M]．北京：电子工业出版社，2009．

[5] 张迎辉，贡雪梅．单片机实训教程[M]．北京：北京大学出版社，2005．

[6] 王宗和．单片机实验与综合训练[M]．北京：高等教育出版社，2005．

[7] 曹天汉．单片机原理与接口技术[M]．北京：电子工业出版社，2006．

[8] 赵文博，刘文涛．单片机语言 C51 程序设计[M]．北京：人民邮电出版社，2005．

北京大学出版社高职高专机电系列教材

序号	书号	书名	编著者	定价	出版日期
1	978-7-301-10464-2	工程力学	余学进	18.00	2006.1
2	978-7-301-10371-9	液压传动与气动技术	曹建东	28.00	2006.1
3	978-7-301-11566-4	电路分析与仿真教程与实训	刘辉珞	20.00	2007.2
4	978-7-5038-4863-6	汽车专业英语	王欲进	26.00	2007.8
5	978-7-5038-4864-3	汽车底盘电控系统原理与维修	闵思鹏	30.00	2007.8
6	978-7-5038-4868-1	AutoCAD 机械绘图基础教程与实训	欧阳全会	28.00	2007.8
7	978-7-5038-4866-7	数控技术应用基础	宋建武	22.00	2007.8
8	978-7-5038-4937-4	数控机床	黄应勇	26.00	2007.8
9	978-7-301-13258-6	塑模设计与制造	晏志华	38.00	2007.8
10	978-7-301-12182-5	电工电子技术	李艳新	29.00	2007.8
11	978-7-301-12181-8	自动控制原理与应用	梁南丁	23.00	2007.8
12	978-7-301-12180-1	单片机开发应用技术	李国兴	21.00	2007.8
13	978-7-301-12173-3	模拟电子技术	张　琳	26.00	2007.8
14	978-7-301-09529-5	电路电工基础与实训	李春彪	31.00	2007.8
15	978-7-5038-4861-2	公差配合与测量技术	南秀蓉	23.00	2007.9
16	978-7-5038-4865-0	CAD/CAM 数控编程与实训(CAXA 版)	刘玉春	27.00	2007.9
17	978-7-5038-4862-9	工程力学	高　原	28.00	2007.9
18	978-7-5038-4869-8	设备状态监测与故障诊断技术	林英志	22.00	2007.9
19	978-7-301-12392-8	电工与电子技术基础	卢菊洪	28.00	2007.9
20	978-7-5038-4867-4	汽车发动机构造与维修	蔡兴旺	50.00(1CD)	2008.1
21	978-7-301-13260-9	机械制图	徐　萍	32.00	2008.1
22	978-7-301-13263-0	机械制图习题集	吴景淑	40.00	2008.1
23	978-7-301-13264-7	工程材料与成型工艺	杨红玉	35.00	2008.1
24	978-7-301-13262-3	实用数控编程与操作	钱东东	32.00	2008.1
25	978-7-301-13261-6	微机原理及接口技术(数控专业)	程　艳	32.00	2008.1
26	978-7-301-12386-7	高频电子线路	李福勤	20.00	2008.1
27	978-7-301-13383-5	机械专业英语图解教程	朱派龙	22.00	2008.3
28	978-7-301-12384-3	电路分析基础	徐　锋	22.00	2008.5
29	978-7-301-13572-3	模拟电子技术及应用	刁修睦	28.00	2008.6
30	978-7-301-13575-4	数字电子技术及应用	何首贤	28.00	2008.6
31	978-7-301-13574-7	机械制造基础	徐从清	32.00	2008.7
32	978-7-301-13657-7	汽车机械基础	邰　茜	40.00	2008.8
33	978-7-301-13655-3	工程制图	马立克	32.00	2008.8
34	978-7-301-13654-6	工程制图习题集	马立克	25.00	2008.8
35	978-7-301-13573-0	机械设计基础	朱凤芹	32.00	2008.8
36	978-7-301-13582-2	液压与气压传动	袁　广	24.00	2008.8
37	978-7-301-13662-1	机械制造技术	宁广庆	42.00	2008.8
38	978-7-301-13661-4	汽车电控技术	祁翠琴	39.00	2008.8
39	978-7-301-13658-4	汽车发动机电控系统原理与维修	张吉国	25.00	2008.8
40	978-7-301-13653-9	工程力学	武昭晖	25.00	2008.8
41	978-7-301-14139-7	汽车空调原理及维修	林　钢	26.00	2008.8
42	978-7-301-13652-2	金工实训	柴增田	22.00	2009.1
43	978-7-301-14656-9	实用电路基础	张　虹	28.00	2009.1
44	978-7-301-14655-2	模拟电子技术原理与应用	张　虹	26.00	2009.1
45	978-7-301-14453-4	EDA 技术与 VHDL	宋振辉	28.00	2009.2
46	978-7-301-14470-1	数控编程与操作	刘瑞已	29.00	2009.3
47	978-7-301-14469-5	可编程控制器原理及应用(三菱机型)	张玉华	24.00	2009.3
48	978-7-301-12385-0	微机原理及接口技术	王用伦	29.00	2009.4
49	978-7-301-12390-4	电力电子技术	梁南丁	29.00	2009.4
50	978-7-301-12383-6	电气控制与 PLC(西门子系列)	李　伟	26.00	2009.6
51	978-7-301-13651-5	金属工艺学	柴增田	27.00	2009.6
52	978-7-301-12389-8	电机与拖动	梁南丁	32.00	2009.7
53	978-7-301-12391-1	数字电子技术	房永刚	24.00	2009.7
54	978-7-301-13659-1	CAD/CAM 实体造型教程与实训(Pro/ENGINEER 版)	诸小丽	38.00	2009.7

序号	书号	书名	编著者	定价	出版日期
55	978-7-301-15378-9	汽车底盘构造与维修	刘东亚	34.00	2009.7
56	978-7-301-13656-0	机械设计基础	时忠明	25.00	2009.8
57	978-7-301-12387-4	电子线路 CAD	殷庆纵	28.00	2009.8
58	978-7-301-12382-9	电气控制及 PLC 应用(三菱系列)	华满香	24.00	2009.9
59	978-7-301-15692-6	机械制图	吴百中	26.00	2009.9
60	978-7-301-15676-6	机械制图习题集	吴百中	26.00	2009.9
61	978-7-301-16898-1	单片机设计应用与仿真	陆旭明	26.00	2010.2
62	978-7-301-15578-3	汽车文化	刘　锐	28.00	2009.8
63	978-7-301-15742-8	汽车使用	刘彦成	26.00	2009.9
64	978-7-301-16919-3	汽车检测与诊断技术	娄　云	35.00	2010.2
65	978-7-301-17122-6	AutoCAD 机械绘图项目教程	张海鹏	36.00	2010.5
66	978-7-301-17079-3	汽车营销实务	夏志华	25.00	2010.6
67	978-7-301-17148-6	普通机床零件加工	杨雪青	26.00	2010.6
68	978-7-301-16830-1	维修电工技能与实训	陈学平	37.00	2010.7
69	978-7-301-13660-7	汽车构造(上册)——发动机构造	罗灯明	30.00	2010.8
70	978-7-301-17398-5	数控加工技术项目教程	李东君	48.00	2010.8
71	978-7-301-17573-6	AutoCAD 机械绘图基础教程	王长忠	32.00	2010.8
72	978-7-301-17324-4	电机控制与应用	魏润仙	34.00	2010.8
73	978-7-301-17557-6	CAD/CAM 数控编程项目教程(UG 版)	慕　灿	45.00	2010.8
74	978-7-301-17609-2	液压传动	龚肖新	22.00	2010.8
75	978-7-301-17569-9	电工电子技术项目教程	杨德明	32.00	2010.8
76	978-7-301-17679-5	机械零件数控加工	李　文	38.00	2010.8
77	978-7-301-17608-5	机械加工工艺编制	于爱武	45.00	2010.8
78	978-7-301-17696-2	模拟电子技术	蒋　然	35.00	2010.8
79	978-7-301-17707-5	零件加工信息分析	谢　蕾	46.00	2010.8
80	978-7-301-17712-9	电子技术应用项目式教程	王志伟	32.00	2010.8
81	978-7-301-17730-3	电力电子技术	崔　红	23.00	2010.9
82	978-7-301-17711-2	汽车专业英语图解教程	侯锁军	22.00	2010.9
83	978-7-301-17821-8	汽车机械基础项目化教学标准教程	傅华娟	40.00	2010.10
84	978-7-301-17877-5	电子信息专业英语	高金玉	26.00	2010.10
85	978-7-301-17532-3	汽车构造(下册)——底盘构造	罗灯明	29.00	2011.1
86	978-7-301-17958-1	单片机开发入门及应用实例	熊华波	30.00	2011.1
87	978-7-301-18188-1	可编程控制器应用技术项目教程(西门子)	崔维群	38.00	2011.1
88	978-7-301-17694-8	汽车电工电子技术	郑广军	33.00	2011.1
89	978-7-301-18322-9	电子 EDA 技术(Multisim)	刘训非	30.00	2011.1
90	978-7-301-18357-1	机械制图	徐连孝	27.00	2011.1
91	978-7-301-18143-0	机械制图习题集	徐连孝	20.00	2011.1
92	978-7-301-18144-7	数字电子技术项目教程	冯泽虎	28.00	2011.1
93	978-7-301-18470-7	传感器检测技术及应用	王晓敏	35.00	2011.1
94	978-7-301-18477-6	汽车维修管理实务	毛　峰	23.00	2011.3
95	978-7-301-17894-2	汽车养护技术	隋礼辉	24.00	2011.3
96	978-7-301-18471-4	冲压工艺与模具设计	张　芳	39.00	2011.3
97	978-7-301-18630-5	电机与电力拖动	孙英伟	33.00	2011.3
98	978-7-301-18519-3	电工技术应用	孙建领	26.00	2011.3
99	978-7-301-18852-1	机电专业英语	戴正阳	28.00	2011.5
100	978-7-301-18850-7	汽车电器设备原理与维修实务	明光星	38.00	2011.5
101	978-7-301-18770-8	电机应用技术	郭宝宁	33.00	2011.5
102	978-7-301-18494-3	汽车发动机电控技术	张　俊	46.00	2011.6
103	978-7-301-18520-9	电子线路分析与应用	梁玉国	34.00	2011.7
104	978-7-301-18622-0	PLC 与变频器控制系统设计与调试	姜永华	34.00	2011.6
105	978-7-301-19147-7	电控发动机原理与维修实务	杨洪庆	27.00	2011.7
106	978-7-301-19272-6	电气控制与 PLC 程序设计（松下系列）	姜秀玲	36.00	2011.8
107	978-7-301-19302-0	基于汇编语言的单片机仿真教程与实训	张秀国	32.00	2011.8